01

1944 年 8 月的法國，這輛矛尖師的 M4 戰車，在戰鬥中載著步兵搜索還在頑抗的敵人。

1944 年 9 月，剛離開紐倫堡 MAN 工廠生產線的豹式 G 型戰車。

02

03

貨真價實的「怒火號」（Fury）在諾曼第被拍到。這輛 M4 戰車隸屬第二裝甲師，美國陸軍的另一個重裝甲師。

04

1944 年 6 月，一輛奔赴前線的四號 H 型戰車在諾曼第。

05

透過車底側面繪製的愛國塗鴉研判，這輛正在跨越浮橋的矛尖師戰車，應該是正在參與解放比利時的作戰。

06

1944 年 9 月 24 日，被拍到正在穿越施托爾貝格的矛尖師雪曼戰車。這個時間點，此鎮仍有一半在德軍的控制之中。

07

剛佔領施托爾貝格後沒幾天，停在房屋之間的戰車。可以看到雪曼上坐著法蘭克「卡津仔」奧迪弗萊德（最左邊）和他的兩位車組員。

突出部之役剛開始，E 連的戰車兵在克拉倫斯的雪曼戰車「老鷹號」旁吃飯。由左至右是：老煙槍、未知身份的人、恩利、麥克維和克拉倫斯。 08

這個從潛望鏡看出去的畫面，是吉姆・貝茨在突出部之役中，坐在史都華戰車的車首機槍手席上拍攝的。

09

10

在突出部之役的休整片刻，「卡津仔」奧迪弗萊德與他的 M4A3 戰車合影。從這裡可以見到履帶外側有加長的終端連結器。

11
在阿登討論下一步的矛尖師戰車兵弟兄們。M4A1 戰車旁，是矛尖師一直積極爭取的 M4A3E2 戰車，此型戰車是一種大幅增厚裝甲的突擊型雪曼戰車。

12
克拉倫斯（左）和麥克維一起端起一枚 76 公厘高爆彈。該輛戰車是他們在突出部之役後期的老鷹號，原本掛在車旁的自救木已經不翼而飛。

13

正奮力在比利時巴努（Baneux）的結冰路面上前進的矛尖師 M4 戰車。攝於美軍 1945 年 1 月的反攻期間。

14

在突出部的北面，一輛 M4A3 雪曼開過一輛被擊毀的豹式戰車。

不論到哪裡，潘興戰車都會吸引大批人的目光。在這裡，一群人好奇地聚集在老鷹七號的砲塔上，朝車內一探究竟。

在克拉倫斯的潘興戰車上，那門九十公厘砲的砲口制退器十分突出。

17

在德國的一個星期六早上，索爾茲伯里上尉正在檢查一輛 M4 戰車的砲管。潘興戰車在它的隔壁，畫面的最左邊。

18

E 連從戰駕升上車長的喬・卡塞塔，身後是他的雪曼戰車永恆號。

一輛停在克拉倫斯的潘興戰車後方的 E 連雪曼戰車。

19

20

這張在法國拍的照片中，愛蓮娜號前方站著它原始的車組員。由左至右：彼得・懷特、比爾・海伊、羅伯特・羅（Robert Rowe）和查克・米勒。

在布拉茨海姆，克拉倫斯看見車首機槍手休伯特・福斯特（最左邊）用「空中漫步」的方式逃出戰車。

一輛 E 連雪曼戰車在布拉茨海姆作戰時命中後，被車組員拋棄了。砲塔向後指的原因，可能是車長為了讓駕駛與車首機槍手逃生而轉動。

22

23

一輛矛尖師全新的M4A3E8型雪曼，正在跨越艾爾夫運河（Erft Canal）開向科隆。這種暱稱「輕鬆 8」（Easy Eight）的雪曼，配備 23 英寸寬的寬履帶，藉此進一步降低接地壓。

24

潘興在通往科隆必經的涵洞前待命，等待配備推土鏟的戰車將涵洞內的障礙物清除。

25

通過涵洞後，帶著整個 X 特遣隊推進的潘興戰車通過一面白旗進入科隆。可以見到砲塔上較近的是德里吉，恩利。

一名矛尖師的步兵一邊衝向科隆的古蹟羅馬時代城牆角樓，一邊從腰際持機槍掃射。

28

凱瑟琳娜和她的三個姊妹，他們每一個人都在戰爭中成了寡婦。由左至右：安娜、凱瑟琳娜、芭芭拉（Barbara）和瑪麗亞（Maria）。

27

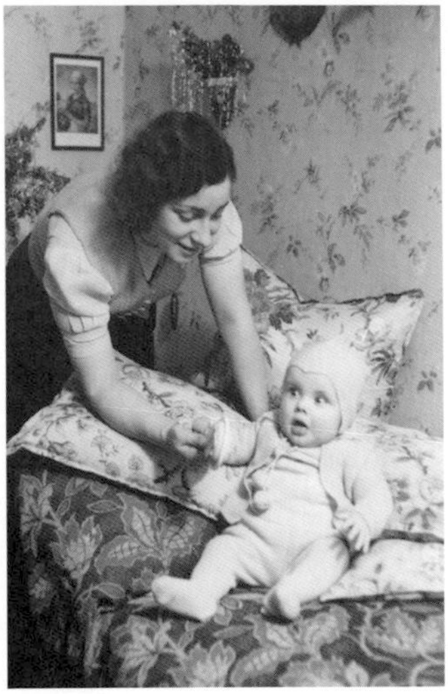

凱瑟琳娜・艾瑟正在照顧她的姪子弗里茨（Fritz）。

29

歐寶 P4 汽車的門後，矛尖師的醫護兵正在救治傷患，可見潘興戰車保持向前警戒。

30
結束十字路口遭遇戰後，潘興持續朝科隆大教堂挺進。

31
大教堂近在眼前，第二輛雪曼跟著凱爾納的戰車，不過從這個角度前者剛好被擋住了。

32

在戰車被打中第二發後，凱爾納翻滾逃出車外。當下情況十分危急，他的射手甚至是頭上腳下地摔出砲塔。

33

潘興開過「科隆的華爾街」，準備前去跟豹式決一死戰。

在這張影片的定格畫面中，捕捉到潘興朝巴特爾博思的豹式開火的瞬間。在潘興後方、街道盡頭，可見到科隆火車站。

在吉姆·貝茨所錄下的這一段影片中，可以見到巴特爾博思和他的車組員趕在豹式殉爆前逃出車外。

從德國勞工陣線大樓的制高點上，貝茨拍下巴特爾博思的豹式燃燒中的畫面。

凱爾納和他的兩個車組員殞命的街道上，一輛推土機正在清理障礙物。圖片右邊，是凱爾納那輛被摧毀的雪曼戰車。

38

在這張從大教堂拍攝的照片可見到，道路與鐵路共築的霍亨索倫大橋，已經坍塌掉入萊茵河。

39

抵達萊茵河後，潘興在大教堂旁的廣場保持警戒。

40

41

從大教堂北塔上往下拍，可見到被擊毀的豹式。

在加雷・赫克托（Gareth Hector）所繪製的畫作，描述的是矛尖師征服科隆。砲塔上的克拉倫斯用手指指前方，讓恩利注意到敵人所控制的萊茵河東岸。

美軍步兵正在科隆大教堂內檢視炸彈造成的損傷。
大教堂那高聳的窗戶和空蕩的內部，
其實正是爆炸威力有效排到室外，從而避免坍塌的關鍵。

43

在豹式被擊毀的隔天，陸軍攝影兵帶著老菸槍（最左邊）和德里吉來檢查這輛戰車。在照片最右方的遠處，能見到凱爾納那輛被擊毀的雪曼。

44

戰車兵們正在為陸軍攝影兵檢查豹式。由左至右是：老煙槍、未知身份的人和德里吉。

45

可以見到德里吉抱著他的戰利品，一把德製的 K98 式步槍。在後方可以見到多姆酒店，戰車兵在那裡的地下酒窖發現了很多好酒。

46

A 連步兵在攻佔科隆後休息時合影。布姆中尉站在隊伍最左邊，巴克跪地，右邊數來第二個是德拉・托瑞。

跨越萊茵河後不久，矛尖師的戰車兵望向那輛被摧毀的四號G型戰車。這輛雪曼的車體裝有額外的鋼板以增強防護。

47

48

其他大兵幫克拉倫斯畫的素描，後方是以大教堂為背景。

50

開往帕德博恩的路上，擺平了一些抵抗後，一名矛尖師戰車兵從戰車內跳出來休息。

49

站在第三排第二班的半履帶車上的人，是到巴克隊上的新兵：史丹・里查斯（Stan Richards）。

51

在這幅由加雷・赫克托繪製，名為「勢不可擋」（Unstoppable）的畫作中，一輛矛尖師 M4A3E8 型經過一輛被美國空中密接支援摧毀的虎一戰車，直入德國的心臟地帶。

52

這張大概是在突擊帕德博恩時拍下的照片裡，E 連的車長正在開會，正對相機的是恩利，最右邊的是「瑞德」維拉。

53

一輛 M24 霞飛戰車，拖著滿載著德軍戰俘的板車，他們都是在一九四五年春季遭矛尖師俘虜。

54

「瑞德」維拉將他的 M4 停在現在已經不存在的德國加油站，這座加油站離易北河不遠，所以查克．米勒才有辦法拍下這張照片。

55

查克在易北河附近清潔他戰車的七十六公厘砲，歐戰在未來幾天內就會畫下句點。

56

在戰爭將告尾聲之時的閒暇時刻中，坐在砲塔上的麥克維手握五〇機槍警戒。

57

戰爭結束時，克拉倫斯（最左）正與他的戰車兵弟兄們一起放鬆自己。

裝甲先鋒

美國戰車兵從突出部、科隆到魯爾的作戰經歷

Adam Makos

SPEARHEAD

An American Tank Gunner, His Enemy, and a Collision of Lives in World War II

紐約時報暢銷書榜作家
亞當・馬科斯——著
李思平——譯

致那些「強大且威猛」的英勇美國戰車兵。

您們來自新世界，但投身前往拯救舊世界。

目錄

前言

有些故事，就在是冒險一搏之際就發生了。

在二〇一二年的一個星期日早上，我走近了位在賓夕法尼亞州阿倫敦（Allentown）的一排磚造房屋，周遭藍領階級的鄉親們都很安靜，沒有人注意到我。

我到此地是來追尋故事的。

我以前大學的同學皮特·塞馬諾夫（Pete Semanoff）指引我，有位沒沒無聞的二戰老兵住在這裡。皮特說這位老兵不只有故事要說，甚至還在寫一本書。據說，他是那場有陸軍攝影師完整記錄、傳奇性的戰車對決戰中的戰車射手。

但他會想要分享他的故事嗎？有人會想讀跟戰車有關的書嗎？這是我在布萊德·彼特（Brad Pitt）那部電影《怒火特攻隊》（*Fury*）以及「戰車世界」（*World of Tanks*）這款遊戲風靡全球前的疑慮。

此外，我腦海中也思考著另一個問題。這位先生是美國第三裝甲師——「矛尖師」（Spearhead）的老兵，但大部分的歷史愛好者熟悉的是嘯鷹師（Screaming Eagles）、大紅一師（The Big Red One）[*]和巴頓的第三軍團的故事。

那第三裝甲師呢？

我唯一所知的第三裝甲師老兵叫做貓王艾維斯（Elvis），但他參加的是冷戰。

在確認了眼前的門牌號碼跟記在手機內的地址資料吻合後，確定自己已經抵達了目的地。

我敲了敲門，應門的正是克拉倫斯．史墨爾（Clarence Smoyer）。他雖然是個八十八歲的老翁，卻出乎意料的高大。他穿的簡約藍色Polo衫蓋著那結實的肚子，而厚厚的眼鏡鏡片則令雙眼看起來變得很小。克拉倫斯邀請我進入他的家門，在廚房內笑著為我拉出一張椅子，也就是在這裡，我開始挖掘出他的故事。

他所說每一句話，字字真誠。

這位和藹的巨人，手握一把金鑰，能開啟那個鎖住二戰最後未被訴說的故事的鎖頭，而他現在已準備好要打開這道鎖了。

當我的著作要寫到關於戰場的事情時，我總會親自走訪實際的環境。在寫《*A Higher Call*》這本書時，我就親到西西里島上滿是塵土的機場看過。而在寫《決戰三十八度線》（*Devotion*）時，則是到北韓那迷霧環繞的群山內探查。

為了在此書中帶給您最深入的歷史細節，我們這次的研究詳細程度可以說是前所未有。這次

＊編註：指美軍一〇一空降師，以及第一步兵師。

我們不僅親自到第三帝國的舊戰場，且還跟著當年創造歷史的人們一起到場。

二〇一三年，史墨爾與其他三個老兵前往德國，並允許我們隨行，以便在他們曾經參與戰鬥的現場進行訪談。我們不僅記錄下了他們的故事，也記錄下他們還記得自己曾說過，以及記憶中其他人說過的話，接著我們再深入研究以核實他們提供的資訊。

為了研究，我們分別翻遍了美國的四間、英國的一間檔案館，甚至遠赴德國黑森林山脈邊的德國聯邦軍事檔案館（Bundesarchiv）。過程中，我們發掘出許多驚人的資料，包括原始命令、戰爭期間拍攝的戰爭英雄與記者間的訪談影片，以及車長間的無線電通話紀錄，讓我們能以分鐘的精準度還原當時作戰的情境。此外，還有每日天氣報告與許許多多的寶貴資料。

準備上車作戰吧。

在開頭短短幾頁中，你就會發現與第三裝甲師身處在敵線後方。這個單位是陸軍中最辛勞的單位之一[1]，也是美軍師級部隊中最具侵略性的其中一個[2]，且被不少人認為是最優秀的裝甲單位。

就連布萊德雷將軍（Omar Bradley）都看出了克拉倫斯與他的弟兄有異於他人之處。當別人請他對麾下各單位的特質下評語時，巴頓軍團的戰車兵是「天賦」[3]，辛普森（William Hood Simpson）的第九軍團是「活潑」[4]，至於第三裝甲師呢？是以「冷酷無情」之勢，率著戰鬥部隊橫掃歐洲[5]。

冷酷無情，這就是您將在本書中跟隨的一群漢子們所得到的評價。

這故事，著重的不是描寫機器、戰車間如何對抗，而是一篇著重於「人」的故事。

我們會讓您與克拉倫斯跟他的弟兄們一起身處在戰車內，與來自全美各地的陌生人成為「一家人」。

我們會讓您走出車外，加入其他部隊面對敵火，與一名裝甲步兵一起為戰車部隊開出一條路。

我們會走到戰線的另一邊，投入一名德軍戰車兵的歷程，以及體會兩位年輕德國女性身陷戰場的驚險經歷。

最後，我們會探詢那些戰爭的倖存者，在超過了半個世紀的光陰後，當初的相遇與後續對他們造成了什麼樣的影響。

這個世界準備好要迎接一本關於戰車的書了嗎？

只有一個辦法才能知道。

緊閉頂門蓋。

繫緊盔帶。

是時候要出發了。

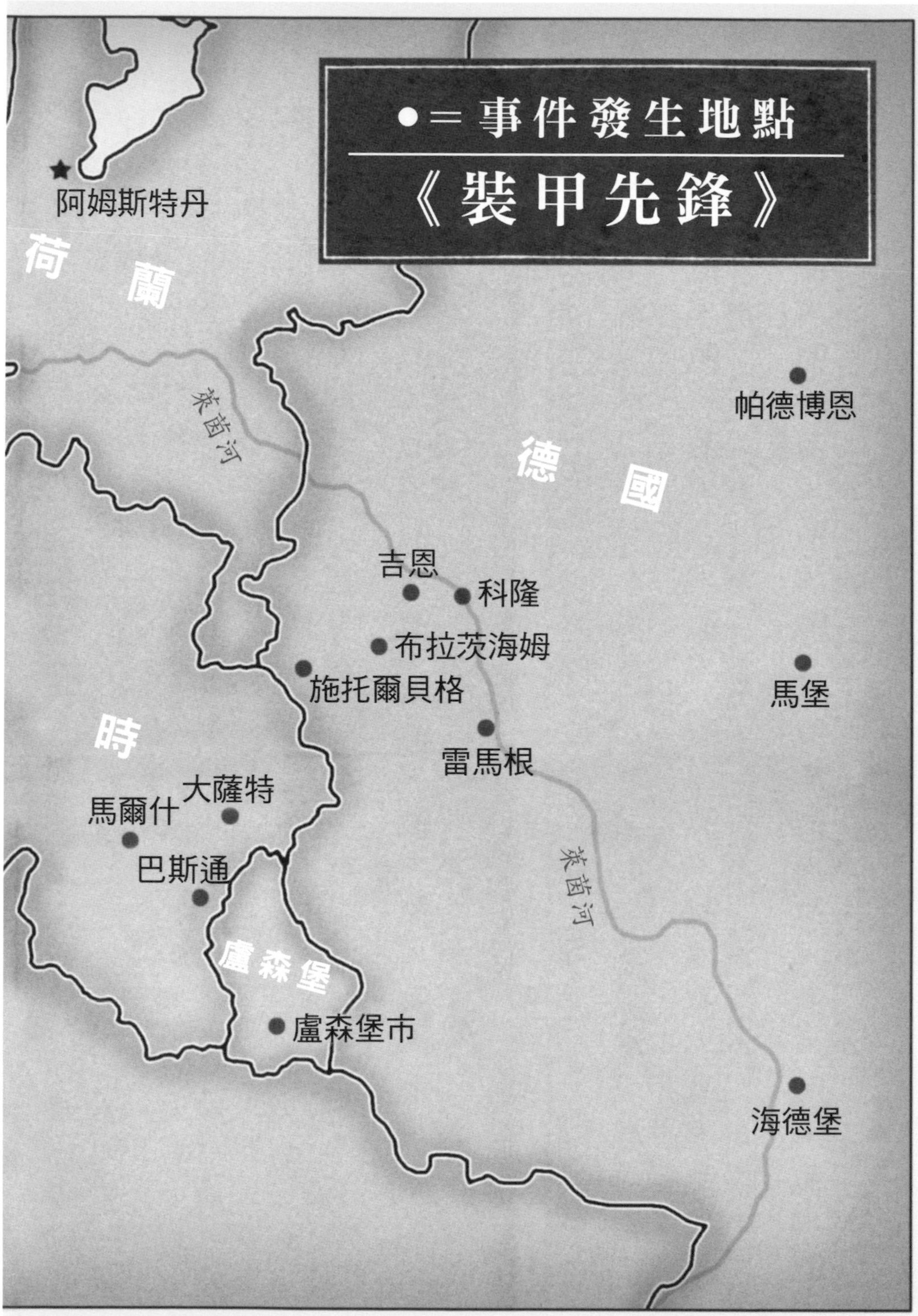
●＝事件發生地點
《裝甲先鋒》
阿姆斯特丹
荷蘭
萊茵河
帕德博恩
德國
吉恩
科隆
布拉茨海姆
施托爾貝格
馬堡
時
雷馬根
大薩特
馬爾什
巴斯通
萊茵河
盧森堡
盧森堡市
海德堡

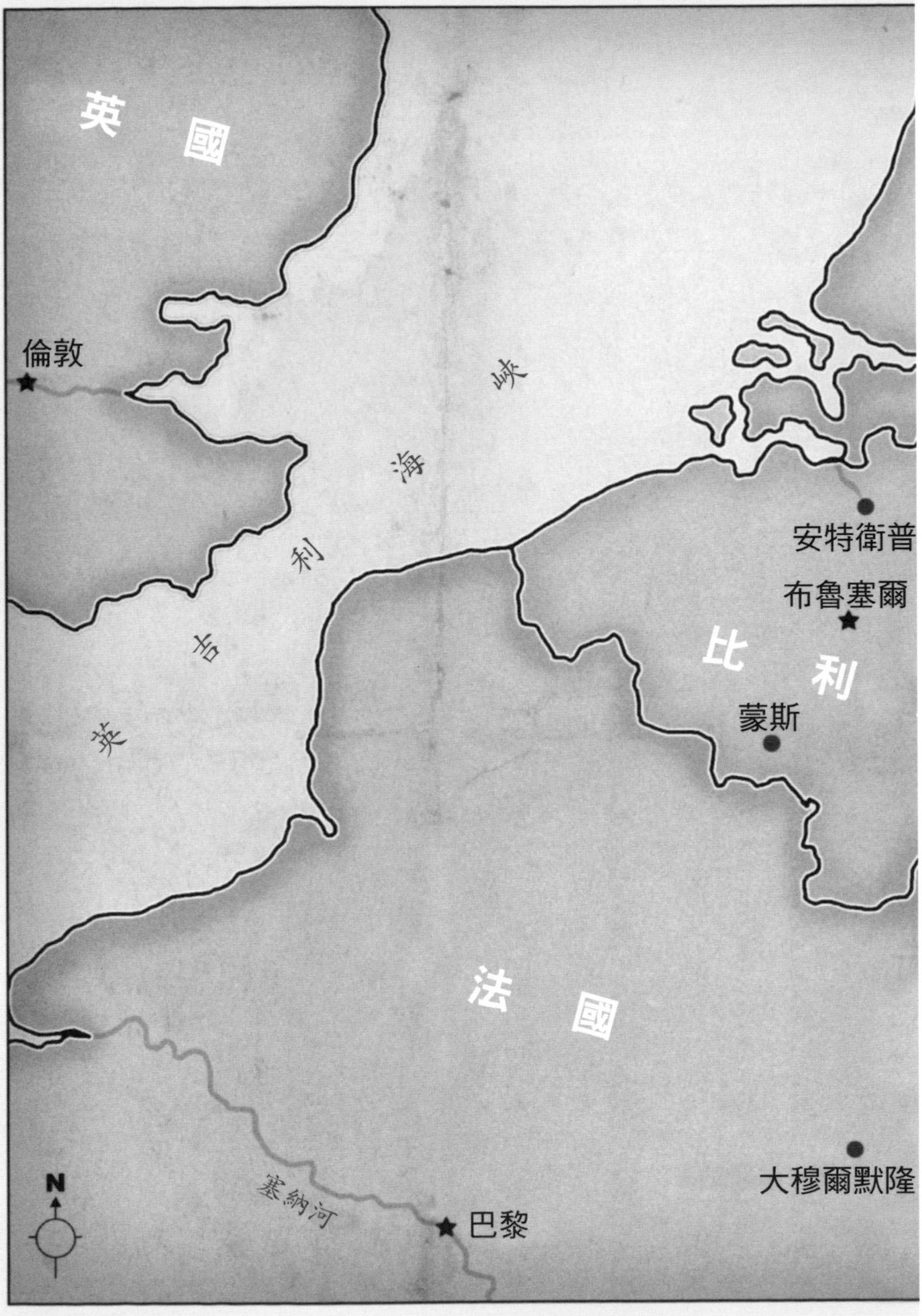
英國
倫敦
英吉利海峽
安特衛普
布魯塞爾
比利時
蒙斯
法國
大穆爾默隆
塞納河
巴黎
N

第一章　溫柔的巨人

一九四四年九月二日
二戰期間德佔比利時

暮光落在鄉間的十字路口。

在藍色薄暮環繞的原野，除了此起彼落的蟲鳴聲外，還混合著一種來自冷卻中引擎的特殊聲響。乒乒乓乓地，在長時間行駛後，灼熱的引擎逐漸冷卻了下來。

為了趕在天色全暗前，幫剛結束長途跋涉的雪曼戰車完成油彈整補，戰車兵安靜且有效率地加緊工作。克拉倫斯・史墨爾上兵蹲在砲塔左後方，小心翼翼將七十五公厘砲彈遞給裝填手頂門內那雙等待的手，深怕發出一丁點的聲響，就意外地向敵人暴露了自己的位置。

當年的克拉倫斯只有二十一歲，又高又瘦，臉上掛著像羅馬人般的鼻子，毛線小帽底下長著一頭濃密的金色捲髮，有著一雙溫和卻保持警覺的藍眼睛。他雖然看起來高大，卻不是一位天生的戰士，甚至連一場架都沒打過。在入伍前，他只有在老家賓夕法尼亞州獵過一次兔子，且還不是出於自願的。在三週前，才剛被晉升為戰車射手——是戰車上僅次於車長的職務，但他一點都不想成為射手。

整備中的戰車排仍保持警戒，而在克拉倫斯所屬的戰車右邊，還有四輛橄欖綠塗裝的戰車，每輛間隔二十英尺呈半月型防禦陣型展開。在他們的北邊，視線外坐落著蒙斯（Mons）[1]這座因工業革命而興起的城鎮。在戰車排左邊，有一條泥路一路延伸入正逐漸變暗、遮蔽住太陽的樹林稜線。大家雖然知道敵人就在那兒，但沒人知道他們的數量，也不知道他們什麼時候過來。

至今距諾曼第登陸作戰已近三個月，克拉倫斯與第三裝甲師的士官兵們已經身處敵線之後[2]。

基於此，此時所有的槍砲指向的是西方。

全盛時期時的第三裝甲師共有多達三百九十輛戰車[3]，這些戰車如今散落在蒙斯鎮與敵人之間，堵住每個他們能堵住的十字路口。克拉倫斯所屬的第二排已經收到連部簡單、但重要的命令——「守住道路，別讓任何東西通過。」當晚他們能否在任務中活下來，則有賴緊密的團隊合作。

克拉倫斯從車長頂門放下雙腳，接著鑽入一個對六呎高的人來說非常擁擠的砲塔室中。他熟練地坐進了砲膛右邊的射手席，接著往前一靠，讓眼睛貼在潛望鏡前。由於射手席並沒有自己的頂門，想看到外面的情況，就只能透過五寸寬的潛望鏡以及左邊的三倍放大直管鏡來看了。

此時，他已經確立了自己的射界。

由於臨戰風險極高，今晚大家都不許下

克拉倫斯・史墨爾

車，甚至連小便都不行。但如果真的忍不住，這時平常大家在車上放的空彈殼就派上用場了。

克拉倫斯腳前的底盤空間算是比較開闊，那裡跟砲塔室一樣，有白色油漆粉刷的裝甲壁與掛在一旁的車內燈。車首部是駕駛手與車首機槍手／副駕駛整天開車的地方，他們現在將座椅向後滑，騰出可以睡覺的空間。在砲膛左側，裝填手睡在鋪在砲塔籃地板上的睡袋內。戰車內聞起來就像汽機油、火藥和汗臭味的混合體，但這對戰車兵來說不僅感到熟悉，甚至是舒適的。

克拉倫斯與他的弟兄們，隸屬於美軍二個重戰車師其中之一的第三裝甲師，麾下的第三十二裝甲團E連第二排（2nd Platoon, Easy Company, 32nd Armor Regiment）。他們在諾曼第登陸後第三週登上了歐陸，這輛M４A１雪曼戰車從那時起就一直是他們的家。

由於極度疲勞，弟兄們很快就入睡了。過去十八天以來，第三裝甲師一直擔任第一軍團的矛頭，在突穿北法時後方還跟著二個師[4]。他們以迅雷不及掩耳之勢，解放了自一九四〇年遭德軍佔領的巴黎，第三裝甲師也因此得到了它的外號[5]：「矛尖師」（Spearhead Division）。

就在這時，新命令來了。

偵察部隊發現了德軍第十五與十七軍團正朝北方移動[6]，夾著尾巴逃出法國並往比利時前進，沿途將通過蒙斯地區眾多的十字路口。第三裝甲師立即轉向並衝往北方攔截，在短短的兩天跨越了一〇七英里[7]，正好趕在德軍成功撤離前，在他們預計行經的路線上設下埋伏。

車長低身鑽進砲塔室，並蓋上了兩片對開的頂門蓋，僅留下一條細縫讓空氣流通，接著他坐在克拉倫斯後方的車長席座墊上，那張娃娃臉上還留著風鏡的勒痕。來自佛羅里達州傑克孫維（Jacksonville）的保羅．菲爾克拉夫（Paul Faircloth）中士，是一名安靜、好相處、身材結實、一頭黑髮和黝黑皮膚，且年齡一樣是二十一歲的年輕人。有人猜他應該是法裔或義大利裔，但他其實有一半切羅基人（Cherokee）的血統。作為排附，保羅在夜裡都在確認其他車組的狀況，並且引導他們停放在正確的陣地，這些工作平常雖然是排長的責任[8]，但因為排長才剛來沒多久，還在學習戰車排的事務。

過去兩天，保羅基本上都站在車長席上、半身探出頂蓋觀察外面。在那個位置，他能預判縱隊的動向，並提示駕駛何時煞車和轉彎。某一次有其他戰車掉履帶卡在泥濘中，導致縱隊急停，保羅就是第一個跳出戰車去幫忙的。

「我今晚幫你站哨吧，」克拉倫斯對保羅說道：「我可以站兩班。」

雖然這個提議很棒，但保羅覺得自己還撐得住，婉拒了克拉倫斯的好意，不過克拉倫斯堅持要幫忙站哨。最後保羅雙手一攤，只好讓他換位，自己則鑽進射手席內小憩一會。

坐在車長席上的克拉倫斯，透過頂門蓋留下的隙縫觀察外界，這條細縫小到沒辦法讓德軍手榴彈丟入，但又足夠提供良好的前、後

M4A1（七十五公厘砲型）雪曼戰車

方視野，他還能看到隔壁因月光升起而被照亮的雪曼戰車。雪曼矮胖、渾圓的砲塔，與高大、稜角分明底盤格格不入，整輛車看起來就像用廢料硬拚起來一樣。

由於大家都知道德軍戰車並不喜歡夜戰，所以預計在未來四小時內，敵人步兵將會是他主要應付的敵人，因此克拉倫斯抓起砲塔壁槍架上的湯普森衝鋒槍後上了膛。

——

就在他保持警戒之時，遠方傳來機械低沉的隆隆聲打破了黑夜的寂靜。

由於雲層變多而讓月光減弱，他什麼也看不見，只能聽到在稜線後方車隊發出的噪音。車隊，不斷地走走停停、走走停停。

砲塔室內，保持靜默的無線電廣播器仍穩定地發出靜電聲，而天空上也未見照明彈的蹤跡。

不久後，第三裝甲師評估那裡大約有三萬名德軍士兵[9]，成員大多是德國陸軍，但也有一些海軍和空軍人員。然而，上級並沒有下達追擊或攻擊的命令。

上級之所以按兵不動，是因為希望敵人在搜索繞越路障的路線時，消耗寶貴的燃料，也讓他們猜不出美軍的意圖。同時，德軍也急切地想撤退到西牆後方，也就是沿著德國邊境，有著多達一萬八千處防禦工事[10]的齊格菲防線（Siegfried Line）。假使讓三萬名德軍成功撤退到這裡來，他們就能形成強大的抵抗力量並讓戰爭延長，因此美軍必須在蒙斯就截擊他們。對此，第三裝甲師

保羅・菲爾克拉夫

已有計畫，但他們不急於今晚馬上行動。

——

大約在凌晨兩點[11]，戰車履帶的獨特拍打聲從遠方傳來。追著這些聲音聽，克拉倫斯發現發出這噪音的戰車，會沿著他前方的道路開過來。他雖然很清楚自己收到的命令是不能讓任何人通過，但他也在想是否偵察部隊回來了？還是誰走丟了？總之不會是英軍，因為他們不在這個區域。但不論是誰，他最不想要發生的事情就是誤擊友軍。

一輛接著一輛，總共三輛通過了融入夜色的雪曼戰車身旁，絲毫沒有注意到他們的存在。屏息已久的克拉倫斯終於鬆一口氣了。

就在這時，其中一輛戰車鬆開油門、開始轉彎，同時發出履帶摩擦的吱吱聲，聽起來就像沒上油一樣。這獨特的噪音只有無膠塊履帶才會發出來，那絕非雪曼那掛滿膠塊的履帶所能發出的。

毫無疑問，那是德軍戰車。

克拉倫斯不敢動半根寒毛，德軍戰車現在就在他身後通過，繼續轉向他車旁。德軍戰車逐漸減速的同時發出履帶的劈啪聲，最後突然煞停在雪曼戰車排防禦陣型的中央。這時他已經做好被火光和烈焰吞噬的心理準備了，敵戰車就停在他旁邊，如果對方開砲，早在能聽到主砲的怒吼前，自己就先去見上帝了。

突然間，保羅發出的一聲細語驚醒了仍在失神的克拉倫斯。二話不說，他馬上溜回射手席，與保羅交換了位置，接著戴上戰車通信盔並繫上盔帶。通信盔是橡膠纖維製造的，看起來就像美式足球頭盔和安全帽的混合體，在頭盔前額掛有風鏡，兩側的皮製護耳片嵌入了耳機。最後，他將喉嚨麥克風繫在脖子上，再將通話線插入車內通信系統。*

砲塔的另一側，裝填手站了起來，揉揉睡眼惺忪的雙眼，克拉倫斯只不過說了句**德軍戰車**瞬間讓他清醒。

人在車長席的保羅，用腳踢了克拉倫斯的右肩，指示他將砲塔往右搖，但他在那瞬間卻遲疑了，因為砲塔轉動的聲音可不小，如果德軍聽到怎麼辦？就在此時，保羅再踢了他的肩膀一下。克拉倫斯不情願地轉動方向握柄，而砲塔也發出金屬摩擦和齒輪轉動的聲音，讓砲管劃過黑夜。

當主砲對準右側，保羅指示他停下後，克拉倫斯將眼睛湊上潛望鏡。在鏡中，天際線以下是一片漆黑，克拉倫斯告訴保羅外頭什麼也看不見，甚至建議他們可以呼叫裝甲步兵拿巴祖卡火箭筒幹掉敵戰車。

但保羅認為在黑夜中叫緊張兮兮的步兵拿火箭筒迎敵，誤擊友軍戰車的機率太高，因此他拿起因造型而被俗稱為「豬肉排」的手持麥克風，在排通信網上警告其他車，他們大概也知道有一

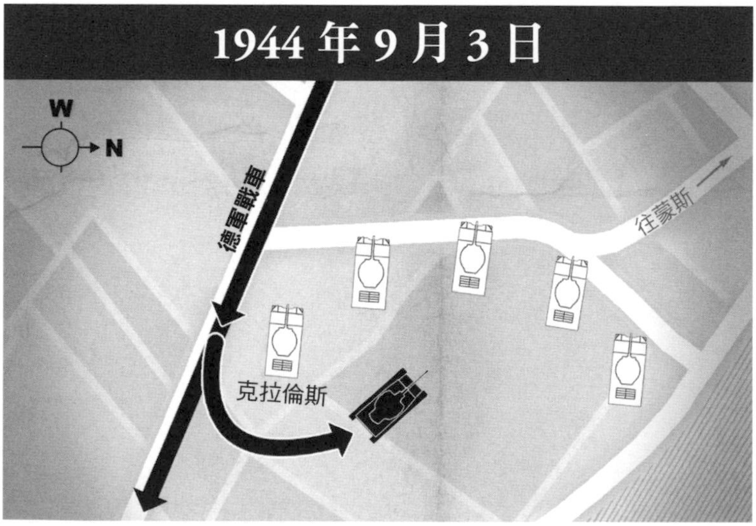

輛德軍戰車停在隊形中央的這件事。在當時的雪曼戰車排，只有排長和排附車可以發送無線電，其他僚車只能接收[13]。

「不要發出聲音，也不要抽菸，」保羅說：「我們會處理他。」

我們會處理他？聽到這句，讓克拉倫斯嚇壞了，他連在白天使用主砲的經驗都很少，而現在保羅要他在伸手不見五指的黑夜開砲？朝什麼打？砲聲怎辦？朝他看不見的敵人打？

此時他好希望能回去當個裝填手，裝填手能看到的並不多，做的也不多。在戰車上，裝填手差不多只是隨車而已，是個爽差。這位溫柔的巨人，克拉倫斯只想在不殺人、不被殺的狀況下撐完整場戰爭。

能不能這麼做完全由不得他。德軍戰車組員似乎也了解自己犯下了什麼錯了。

「射手，預備？」

恐慌的克拉倫斯轉身拉了保羅正在抖動的腳一下。

保羅不耐煩地蹲進到砲塔，聽著克拉倫斯迅速地道出了自己的不安感。要是他失手了怎辦？要是他打中友軍怎麼辦？

保羅的聲音讓克拉倫斯冷靜了下來：「總有人要開出這一砲。」

這時，德軍戰車好像聽到了他們的對話似的，它的引擎熄了火，寂靜也隨著引擎汽缸的停

＊ 原註：第二次世界大戰的戰車兵頭盔[12]，實際上是參考一九三〇年美式足球頭盔的版型去做的，且上面還有運動用品生產商的商標，例如羅林斯（Rawlings）、A. G. 斯伯丁兄弟（A. G. Spalding & Bros）和威爾森運動用品（Wilson Athletic Goods）。

止而來。克拉倫斯在無聲的瞬間找到了一絲慰藉，但保羅肯定怒咬著嘴唇，因為他什麼話也沒吐出。最後，他告訴車裡的人，只要一有光源出現就開火，現在只能等。

克拉倫斯再次緊張了起來，他的優柔寡斷斷送了剛剛他們握有的優勢，但要能對抗德軍戰車，他們卻需要把握所有優勢，特別是面對豹式戰車時。這種戰車可說是美軍的夢魘，某些美國大兵稱它是「德軍的驕傲」[14]，甚至有傳聞它的主砲足以一砲貫穿雪曼戰車後，再打入另一輛，而它的正面裝甲也是堅不可摧的。

在七月，美國陸軍在諾曼第時，曾用幾輛擄獲的豹式進行實彈測試。當他們用跟克拉倫斯戰車上相同的七十五公厘砲射擊時，雖然可以貫穿它的側面和背面裝甲，但當命中正面裝甲時，不論距離多近，七十五公厘砲不論打多少發[15]都無法貫穿。

克拉倫斯看了他的夜光手錶，猜想德軍大概也在做同樣的事情。時間一分一秒地倒數著，準備為其中一方敲響喪鐘。

——

裝填手趴在砲膛上睡著了。

凌晨三點已過，現在是凌晨四點。

克拉倫斯和保羅來回交換著水壺，啜飲著裡面冷掉的黑咖啡。他們總自嘲是被關在沙丁魚罐頭內的「家人」，而就像真正的家人一樣，他們不一定凡事都看對方順眼。克拉倫斯有著跟保羅很不同的一點，那就是保羅總是跑出車外幫助其他人，但克拉倫斯只關心這一輛車內的家人，也就是他自己和車上其他弟兄，這跟他的童年有關。

在滿是工業區的賓州利海頓（Lehighton）長大的他，住在河畔邊的排屋裡面，屋子間的牆壁甚至薄到讓他能聽夠清楚知道鄰居在做什麼。他的雙親必須要出外工作才能維持生計。父親是平民保育團（Civilian Conservation Corp）的勞工，母親是家傭領班，收入相當微薄。

在家庭經濟困難的情況下，克拉倫斯決定也要貢獻一己之力。當同輩孩童在從事些體育活動或寫作業時，十二歲的克拉倫斯揹起了球場小販箱並裝滿糖果，挨家挨戶銷售。在孩提時代的他，就已發誓：「我要照顧我的家人，因為沒有人會照顧我們。」

他再次靠上了潛望鏡，接著看見東方的地平線上，曙暮光將天空染成暗紫色。克拉倫斯的眼睛不離目鏡，直到看見一個五十碼外的塊狀物體出現。

他低語道：「我看見了。」

保羅探出頂門後也看見了。那東西看起來就像一塊中央突起的石頭，而主砲也在克拉倫斯轉動握柄的過程中，對準這個物體。保羅催促他快一點，因為當自己能見到敵人時，敵人也能見到自己。最後，在他將十字絲對準這個「石頭」的正中央，並回報已準備就緒的同時，他的靴子就懸在腳踏扳機上，等待命令。

「放！」保羅喊道，克拉倫斯大腳一踩。

砲塔外，一團巨大的火焰竄出雪曼戰車的砲口，傾刻間照亮正大眼瞪小眼的橄欖綠美軍戰車和沙黃色德軍戰車。火光劃破黑夜，砲聲宛如鐵砧猛擊聲般響徹鄉野。在車內，擊發後在砲膛內的殘餘煙塵則因缺乏鼓風機運作，繚繞在整個砲塔。

裝填手將另一發砲彈塞入砲膛，克拉倫斯的腳也再次懸在腳踏扳機上。

「毫無動靜，」半身探在頂門外的保羅觀察後說道。在這種距離，敵戰車側面裝甲絕對抵擋

第二章　洗禮

同一天早上，一九四四年九月三日
比利時，蒙斯

歷經前夜緊張的對峙後，戰車再次動身。

背對著陽光、戰車三五成群地行進著，許多戰車連就在蒙斯的鄉間蔓延開來。隨著裝甲師各部隊的分布越來越廣，敵人的活動範圍也越縮越小。

現在，每一條鄉間小道，甚至是農用小徑都必須設下防線，E連也是其中一道。在分布如此廣的情況下，各連位置變得零碎，意味著E連的戰車兵們必須獨立作戰。

戴著風鏡的保羅，半身露在頂門之上，強風甩動著他的戰車夾克。在他腳下，是一輛三十三噸[1]、以時速二十英里[2]前進的戰車，沿著道路穿越飄盪著藍色薄暮的原野。整輛戰車就好比有了生命一樣，車上所有東西都在震動著：頭盔和掛在砲塔外的野戰背包、裝在槍架上的三〇機槍、被塞在車外任何可以找到空間的備用履帶和乘載輪……這些全部都在震動，且當戰車換檔，感覺就像在清喉嚨一樣發出巨響。它的心臟是一具九汽缸星狀引擎[3]，在熄火了一個晚上之後，要讓它再次發動，還得用手搖曲柄來喚醒它。

克拉倫斯乘坐的這種雪曼被大家暱稱為「七五型」，因為它配備的是七十五公厘主砲。車上弟兄將這輛車命名為「老鷹」（Eagle），並將鷹首畫在底盤兩側。為了方便識別，每輛E連的戰車都起了以E開頭的名稱。

這時，保羅拿起他的望遠鏡朝戰車正在前進的地方觀察，那裡正是昨晚隱藏著大批車隊動向，但他什麼也看不見，只聽見聲響不斷從樹林稜線後方傳來的地方。

——

一輛輛戰車消失在視線中，進入了樹林或越過了原野的邊緣，並將車上的砲口指向敵人。此時，克拉倫斯和車內其他人的腦海中都想像著自己正被敵人的大軍所包圍，而站在砲塔頂的保羅卻什麼也看不見。但不要說敵人了，就連友軍的蹤跡也沒有。然而，在這風聲鶴唳的氣氛中，每一顆搖曳的樹木、每一個晃動的影子，看起來都像是有不懷好意的意圖。

保羅緊盯著四周，心無旁騖地執行他的任務。他所收到的命令，是在動身到那處昨晚開出德軍戰車的稜線頂端林線，並在抵達位置後保持防禦狀態。

然而，昨晚的奇遇並非只有克拉倫斯一行人遭遇到。在某一處營地，有一位疲憊不堪的憲兵在看到路上的戰車後，就將它引導入[4]原本給雪曼停的車場，後來才發現那是輛豹式戰車。車上的德軍在發現自己幹了蠢事之後，瞬即爬出戰車，高舉雙手投降。

——

戰車砲管指向稜線，克拉倫斯一直在內部通話線上追問保羅。

「你確定嗎？」克拉倫斯坐在射手席上，再問了一次保羅堅定的回應：「別擔心，他們全部都逃出來了。」保羅向克拉倫斯保證，德國人都從那輛四號戰車逃出來了，但克拉倫斯懷疑保羅只是在保護他的心靈，因為他以前也做過同樣的事情。

一九四三年九月，克拉倫斯所屬單位動身前往歐洲的最後一次休假，他在賓州雷丁（Reading）跟女友約會拖得太晚，導致錯過了歸營巴士而要搭便車。當他回到營區大門時，部隊已宣告他逾假未歸而要懲處。

在E連抵達英格蘭的科德福爾（Codford）後，他被懲罰要割全連營房周遭的草，但只能用他的隨身餐具中的奶油刀。克拉倫斯必須只抓一把草、割下再拿去丟掉，然後再回來割下一把，每天晚上從七點到十一點周而復始地做。

同時間，不常上當地酒吧或去倫敦晃晃的保羅，則常坐在營房旁看克拉倫斯在那割草，在經過了漫長的三個月後，他們終於搭上話了。在談天中，克拉倫斯得知保羅的父親是南喬治亞鐵路公司（Georgia Southern Railroad）的工程人員，母親則是改信基督教的切羅基族。

父親在他六年級時就已往生，所以他休了學，到雜貨店上班以養活母親和妹妹。雜貨店老闆在察覺保羅對數字的敏銳度後，很快就將他派去做記帳的工作。

連上有幾名弟兄發現克拉倫斯被懲處的樣子很好笑後，在營房後面的草皮小便，故意讓他去割沾有尿的草。保羅見狀後便將這些人召集起來，教訓他們說：「人與動物的區別是知道廁所在哪。」

之後，便沒有人再來捉弄克拉倫斯了。

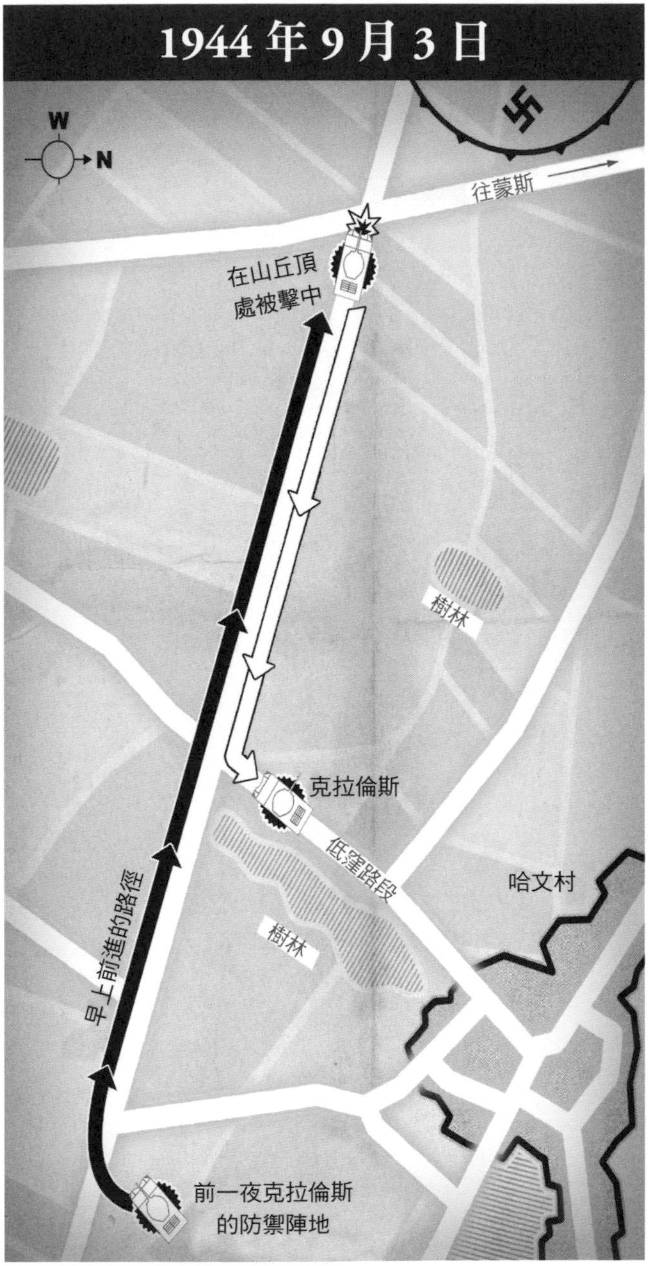

當抵達稜線的最高處時，車首上仰得令克拉倫斯的潛望鏡只看得見天空。此時他還看不見另一頭有什麼東西，但當底盤中心越過稜線、車首往下降後，砲管突然被打出裂痕且爆出火花，一股強大的力量瞬間將克拉倫斯的臉推離潛望鏡。**我們被打中了！**車內迴盪著如銅鑼被敲響的聲音。

保羅馬上鑽進砲塔內對駕駛大喊倒車。戰車先是緊急煞車、晃了一下，接著履帶開始向後轉動，帶著戰車往原本上來的山坡倒車。保羅一路指揮，讓駕駛停在被樹木遮蔽的下陷路段內，只剩砲塔頂還露在地平線上。

戰車停妥，保羅和克拉倫斯接續爬出戰車檢視損傷狀況，而當他們在砲塔上時，登時被蔚藍天空中[5]的雷聲所震懾。

一場激戰正在鄰近的丘陵間爆發，濃煙衝上天際，P－47戰機劃破天際飛向遠方的獵場。飛行員接獲德軍車輛交通打結[6]的位置後，便駕著P－47飛向了這個「可口的目標。」

克拉倫斯小心翼翼檢查砲管，發現有一發砲彈打中了砲管側面，還刮下一塊金屬又飛掠了砲塔上方。這發砲彈要是再往右幾寸，就會直接貫穿他的直管鏡，當場幹掉他。從剛剛的遭遇研判，他們應該是開入戰防砲的射界裡了，對方要是戰車，肯定會追上來開第二砲。

檢查完畢後，克拉倫斯告訴保羅一個壞消息，那就是砲管內部可能已經損壞。如果他再開砲，砲彈可能會卡在砲管內，屆時巨大的火球將會往後衝破砲閂，殺死全車的人。

簡而言之，再開砲就有膛炸的危險。

回到砲塔，保羅向連部請求後撤許可。但無線電另一頭，對方正以顫抖的聲音表示，德軍正在整個正面發起猛攻，試圖在陣線上找出弱點後突破，情況已經險峻到把後勤部隊的文書兵和所有人力都投入戰鬥中了[7]。

最後，連部給予保羅的命令很明確：「守在原地」。在收到此命令之後，他同時也請求支援，任何支援都好。

戰車內，當無線電收到訊號後會從擴音器播放出來，讓戰車兵可以注意到外界的動向，剛剛的訊息讓大家了解到戰況相當危急。克拉倫斯請裝填手去拿更多同軸機槍的彈藥上來。同軸機槍是一挺三〇口徑、裝置在裝填手那側砲盾上的武器，槍管沿著同軸機槍口伸出到砲盾外，只要主砲瞄準哪裡，它就會指向同一方向。要發射這挺同軸機槍，是要靠著克拉倫斯踩動左腳左前的腳踏扳機，就位在主砲腳踏扳機的左邊。

在收到堅守原地的命令後，保羅再次確認車上各員的責任分配。他和克拉倫斯負責掩護戰車右邊，樹林稜線的方向，車首機槍手則用他的三〇機槍掩護正面，駕駛手負責讓引擎保持運作。

在確保大家都知道該幹什麼後，保羅探出頂門，將車頂機槍指向自己負責的射界。

當砲塔往右轉的時候，周遭一切都以逆時針旋轉，最後在主砲指向右方時停止，而砲管和同軸機槍此時都指向稜線。在頂門外的保羅，用頂蓋部分保護自己，並抓著機槍瞄準。

——

大約兩百碼外，稜線頂端開始有人員的輪廓出現。

十幾名士兵小心翼翼地闊步走下緩坡，身後跟著更多的士兵。這些人散開後，在鄉野間形成不規則隊形。這時可以看出他們大約有百人、穿著德軍灰色制服，有些還套上綠色罩衫，臉龐也被陽光所照亮。

保羅底下的砲塔正在轉動；克拉倫斯正在追瞄這些敵人。

敵人已經靠得夠近了。

保羅扣下扳機讓槍口噴出火舌，接著在槍機猛擊且拋出彈殼時，他左右搖晃機槍，將子彈掃向敵人。克拉倫斯的同軸機槍也發出震耳欲聾的噪音，槍口煙塵從保羅的前方飄散開來。

德軍成群結隊的倒下，許多人不是被射殺就是重傷，其他倖存者連滾帶爬臥倒在溝壑內、零星地朝雪曼戰車還擊。但他們的子彈僅僅只是撕裂了保羅周遭的空氣。

戰車內，克拉倫斯的眼睛貼在三倍直管鏡上。激戰中，不是你死就是我活，他只能在敵人或他的「家人」中選擇一方活下來。他的大腳往扳機一踩，同軸機槍馬上發出怒吼，接著扭動動力搖砲握把，令電動馬達發出運作聲，他的十字絲即指向了下一個目標。

有個德軍正在拉動步槍上的槍栓、有個軍官正朝無線電大吼、有個人開始逃跑，克拉倫斯的腳再次踩住……一件事接著一件，快節奏的戰鬥毫無令人喘息的空間。

敵人來得快、走得也快。很快的，山坡後就沒再冒出新的敵人了。

「停止射擊！」保羅喊道。

克拉倫斯將腳抬起、喘了口氣。在砲塔上，保羅用肉眼掃視大屠殺的現場，發現有超過十幾個德軍橫屍在山坡上。倖存者拖著受傷的身體、跛著腳逃離。看起來，敵人的攻擊魯莽又隨性，更別提有任何的協同性。不論如何，戰鬥終於告一段落，至少克拉倫斯是這麼希望的。

——

不到半小時，雪曼戰車的後方傳出了引擎聲。

保羅要求的支援終於到了。一輛美國M3式半履帶裝甲運兵車冒出來，後方還跟著一輛裝有三十七公厘主砲的M8式灰狗式裝甲偵察車。一整班的裝甲步兵從半履帶車上跳下，馬上就各射擊位置持槍警戒。這些人是裝甲師的步兵部隊，常坐在戰車上或半履帶車內投入戰場，不過對戰車兵來說，他們常會將那些步兵暱稱為「土步兵」（Doughs），此名由來是一戰期間對步兵的暱稱。*

一名下士站在灰狗偵察車的開放式砲塔上，握著一把機槍。就在保羅準備向援軍簡短說明狀況時，稜線後方傳來啵啵聲，彷彿德軍在開香檳般似的。聽聞此聲後，許多人同時大喊：「迫擊砲！」叫聲傳遍了整條路。步兵迅速尋找掩護，保羅鑽進砲塔內並緊閉頂門蓋。克拉倫斯在他的位子上可以聽到砲彈落下時的咻咻聲，接著是爆炸波和破片敲擊著戰車裝甲的聲響。看來，在德軍發現自己回家的路被雪曼戰車擋住後，這就是他們最直白的回應。

在瘋狂的砲擊中，淒厲的慘叫聲仍透過了隙縫傳進了戰車內，克拉倫斯蜷曲在座椅上，試圖堵住自己的耳朵並將頭埋起來。車外，砲彈不斷地落下，與彼起彼落的尖叫聲交織成了恐怖無比的哀號。

突然間，一隻手拍在克拉倫斯的肩膀上，嚇了他一大跳。「克拉倫斯，現在換你指揮！」就在克拉倫斯轉頭時，他驚覺保羅已經將通信盔脫掉、換上了鋼盔，準備要爬出車外。保羅拿起了他的湯普森衝鋒槍，接著打開頂門蓋。那瞬間，戰場那吵雜無比、刺耳的聲音湧進戰車內。

克拉倫斯從椅子上蹦起並抓住保羅的腳，拜託他不要幹這種蠢事，畢竟不值得為陌生人丟了

---

* 編註：有一個說法是，戰前潘興將軍率兵在美墨邊界剿匪，由於地處山區，徒步的士兵褲管、皮鞋都常常沾滿當地白色的Adobe塵土，故被戲稱為Adobes或是諧音Dobies。後來逐漸被騎兵友軍稱為Doughboys，意思其實就是「土步兵」。數月後，潘興將軍奉命率這些土步兵遠征歐洲，Doughboys稱號隨之傳到海外，進而家喻戶曉。

自己的小命。

「我們必須要幫那些人！」保羅吼回去，將克拉倫斯的手踢開後馬上鑽出去。

連忙跟著探出頂門的克拉倫斯，看著保羅衝過黑煙、朝向哀號聲的那一邊跑去。

原來灰狗裝甲車被迫擊砲直接命中砲塔，車上的人非死即傷，空中還下著砲彈雨，呼嘯聲也不絕於耳。

克拉倫斯喊著：「回來啊！保羅！」保羅頭也不回地衝入黑色煙幕中，決定盡他所能地救人。

突然間，一道黑影撞擊到路上，並爆出橘紅色焰光與震波沙塵，接著又是另一個橘紅色火球，然後又再一個。克拉倫斯馬上蹲下閃過爆炸波，周遭樹木的樹葉甚至被這些震波掃落。當他再起身往外看時，保羅已經快要衝到了灰狗旁，但一發砲彈卻早了一步掉在了他的右腳邊。爆炸將保羅炸飛，巨大的煙幕吞沒了姿勢歪斜的他。見到這一幕，克拉倫斯雙腳一癱後跌回砲塔內。

不久後，砲擊終於結束了。克拉倫斯重新站了起來，緊張地尋找他的朋友。

這時的保羅，幾乎是頭下腳上地躺在土堤上。他的手臂被爆炸所撕碎、右膝蓋下也徹底消失了。

克拉倫斯震驚地盯著、動彈不得。

不可能吧。

他慌張地拿起了手持麥克風，瘋狂向連部請求醫護兵支援。

在他能跳出戰車去幫助保羅前，槍聲再次大作，步槍一把接著一把開火，好比點燃了一串鞭砲。情況真是糟透了，德軍顯然再次發起了攻擊，友軍步兵正朝著稜線那頭冒出的新人影、不停地扣下扳機。

從車內通訊頻道，克拉倫斯聽到其他人都很恐慌。有些人甚至想讓戰車馬上開走，他現在是車上位階最高的人了；其他人等的就是一道明確的命令。

此時的克拉倫斯心頭湧上一股難以辨識、複雜的情緒，他看了看躺在地上一動不動的保羅，接著一屁股坐到射手席上，對大家說：「我們哪裡都不去。」

回到崗位上，克拉倫斯轉動了砲塔。

德軍步兵每躍進幾碼後就會馬上臥倒，匍匐前進後再起身躍進……不斷重複。見到敵人後，克拉倫斯的腳就踩住扳機，讓同軸機槍的槍機瘋狂運作，傾瀉著他的憤怒，槍口每噴出四發子彈就伴隨著一發曳光彈，撒向敵人。

儘管教範要求射手在操作同軸機槍時採點放射擊，但他還保有當裝填手時的習慣，也就是扳機一路扣到底。左搖右擺地，克拉倫斯就像操作著噴火的水管，將怒火全撒在敵人身上，但因為目標實在太多了，多到他幾乎是踩著扳機從座椅上站起來。

機槍快速吞噬了一條又一條由裝填手順上的彈鏈，當克拉倫斯終於鬆開腳時，機槍突然不受控制地每過幾秒就自動擊發，時停時打。原來剛才的瘋狂全自動射擊讓機槍過熱了，高溫從白熱化的槍管回傳到槍機內，使得彈藥開始炙發。

「扭轉彈鏈！」克拉倫斯朝裝填手吼道，接著裝填手用手擰住彈鏈，刻意讓機槍卡彈停止射擊。

接著他再喊：「換槍管！」裝填手聽命換上石綿手套、將火燙的槍管從機槍上拆下——但這需要時間，而在敵人的猛攻下根本不可能有此等奢侈的餘裕。為了爭取珍貴的時間，克拉倫斯探出車長頂門，將車頂機槍指向敵人後扣下扳機。

原野上的德軍已經跨過了前半段的距離，因此他們再次加緊攻擊力道。克拉倫斯可以看見敵軍的迷彩罩衫、鋼盔偽裝網，以及喊著命令，或強忍著恐懼的臉孔。

克拉倫斯的左右手交替，繼續朝敵人掃射，但這次他採點放射擊。

德軍接連倒下，機槍子彈不是在泥地上跳舞，就是貫穿德軍的肉體，但同時也無從分辨他們是正在臥倒，或者是被子彈打中。

機槍有節奏地晃動著槍座，彈鏈的高度也隨著射擊越來越低，直到彈箱見底為止。瞬間，機槍停止運作、冒著煙。克拉倫斯抓起麥克風，要求讓同軸機槍立即恢復射擊，但裝填手卻回說還需要再等一下。

德軍把握空檔再次進行猛攻。子彈要不乒乒乓乓地打在戰車上，要不就從砲塔周遭飛掠，將克拉倫斯壓回頂門底下。突然間，狂亂的叫聲吸引了他的注意，原來是兩名年輕的步兵正趴在戰車後，躲避著從下陷道路上劃破空中的子彈，同時拜託克拉倫斯讓他們躲在戰車下。

「好！」克拉倫斯雖然答應，但也先警告他們：「但如果你們聽到引擎開始加速運轉，馬上滾出車底！」。

在聽到這番話，他們瘋狂地爬進車底。

接著，敵人全都站了起來並開始朝戰車狂奔。說時遲那時快，克拉倫斯終於從耳機中聽到裝填手說把同軸機槍搞定了。他滑回射手席，眼睛貼上潛望鏡，從鏡中看見敵人逼到極近的距離，從七十五碼、六十碼、五十碼……一路逼近。

突然間，克拉倫斯聽見車底下傳來了說話的聲音。不知怎麼地，車底下那些步兵向上帝祈求救他們一命的禱告聲，竟鑽過了引擎怠速聲以及交火的巨響，再傳進了戰車之中。

但在克拉倫斯猛踩下扳機的那刻，禱告聲也瞬間被機槍所壓過。

——

戰車前的原野，頓時變成了墳場。

早晨時光迅速流逝，來到了下午，戰鬥的喧囂也隨之淡去。德軍的屍首撒佈在稜線前的上坡上，到處都是了無生氣的灰綠色色塊。幸運不死的，則勉強撐起身子、跨過他們死去的同袍，舉起手向美軍投降。

其中一名戰俘說：「你們美國人根本不想戰鬥，只想屠殺我們。」[8]

但這景象只是蒙斯地區的一隅而已。

根據本部隊的作戰日誌內容記載：「彷彿被致命的魅力吸引到這座城市一般，德軍不斷湧進第三裝甲師設下的防線，戰車與驅逐戰車在這短暫的戰鬥中如魚得水，而車組員們更將車上的主砲打到砲口冒煙。」[9]

毫無疑問，美軍獲得了勝利。

這些俘虜將由「大紅一」第一步兵師為第三裝甲師善後[10]，同時完成對陣地的整頓與進駐。當天的戰鬥中，德軍共投入了三萬名士兵，但有二萬七千人成了俘虜，其中包括了三位將軍[11]和一些從法國沿岸軍港撤退的水兵[12]。

對本次的戰鬥，第三裝甲師下了如此的結論：「歷史上可能從未發生過能在這麼短的時間內[13]，毀滅規模如此龐大部隊的案例。」

當克拉倫斯從射手席上離開，要移往車長席的半路上，他發現在砲塔籃地板上因堆滿了空彈殼而變得滑不溜丟。

儘管後續有更多的裝甲步兵抵達增援，但這已經太遲了，保羅了無生息的身體平躺在醫護兵的腳前[14]。克拉倫斯默默期許他的朋友還有一點生還的跡象，像是咳嗽或抽動之類的……什麼都好。

時間一分一秒過去。

醫護兵收拾起他們的裝備後繼續走，「我們可以帶他走嗎？」克拉倫斯站在砲塔上問。

醫護兵語帶同情地回：「軍墓登記排等等就會來了。」

在得到答覆後，他將臉埋入袖子內。保羅的軀體、滿地的德軍屍體，克拉倫斯遁入砲塔內，逃離一切。

在離開下陷道路並動身前往營地前，雪曼咳了好大一口煙。

在車內，克拉倫斯將車長席座椅收起並啜泣。在還不到二十四小時前的前一夜，他才與保羅共享了一杯又一杯的冷咖啡，但保羅現在已經死了。然而，對矛尖師的戰車兵來說這只是日常而已，這個師所承受的傷亡數[15]將比八十二或第一〇一空降師還高，甚至成為整場戰爭中戰車耗損數第一高的裝甲師。[16]

然而此刻，他們都還沒進入德國本土呢。

第三章 「小鬼」

五天後，一九四四年九月八日
盧森堡以南八十五英里

在盧森堡市西郊的梅爾鎮（Merl）上空，如雷的重砲聲撕開了鄉間的寧靜。在兩側枝繁葉茂的樹木之下，有一名在鄉野小道上的年輕德國戰車兵，努力平衡著背上那裝滿食物的五個餐盒。

砲彈在他左邊的田野炸開，將灰燼與塵土拋向早晨的太陽。

古斯塔夫．謝菲爾（Gustav Schaefer）二兵敬畏地看著爆炸。遠在環繞著田野的森林之外，美軍正盲目進行火力壓制，好似特別為他準備的煙火秀一樣。

當年的他只有十七歲，身高僅近五呎，穿上迷彩戰車連身服後就像個小孩。他有著一頭金髮、方正的下巴和因沉默寡言而鮮少開合的雙唇，但他深色的雙眼，卻藏不住他真正的性格。在投身戰鬥的第一天，縱然身旁有東西爆炸，但他的眼中沒有表露出恐懼，甚至給人感覺到非常自在，而這樣的表現遠比千言萬語還能彰顯他的性格。

轟隆聲響越來越大，砲彈也越落越近，古斯塔夫克制住拔腿狂奔的想法，只是加緊腳步往前走。作為戰車的無線電手，同時也是車首機槍手，他被大家當成「萬能女僕」，因為他必須幫忙其他諸如打飯和幫戰車加油之類的雜務。對於這些工作和外號，古斯塔夫毫無埋怨地照單全收。在餐盒內搖晃著的熱燉菜，是車組員一天中僅有的一餐，因此他必須盡其所能地避免食物灑到地上。

大約在前方百碼前的路上，他的車組員正奔回停在樹籬陰影下——一輛蓋上了偽裝網的豹式戰車。為了更進一步增強掩蔽效果和破壞戰車的輪廓，偽裝網上還插滿了裁切好的樹枝。在大家鑽入戰車前，他們叫古斯塔夫再快一點。

另一聲巨響從更近的距離傳來，這次它的衝擊波甚至甩了古斯塔夫一巴掌，充滿塵土的棕色煙幕比以往都要更近。他從快步走變成慢跑，將餐盒舉高、燉菜同時在盒內左搖右晃。接著又是另一聲響，力量大到幾乎將他彈起，熱浪和煙硝味也迎面而來。

在他的眼中，戰車彷彿是不斷的彈跳。就差最後的四十碼，就在可以跑到車旁、躲進安全的車內，成為一位帶著餐盒歸來的英雄前，他左側的爆炸突然間將他拉回了現實。

一道絢麗的閃光、一陣震耳欲聾的巨響突如其來，接著好比有一隻隱形的手，將古斯塔夫拎起、再掃向路旁的水溝內。在泥雨中他睜開雙眼、耳膜劇痛，同時胸口也有一股灼熱感。

我被打中了！

他抓向自己的連身服，驚嚇地發現雙手

古斯塔夫·謝菲爾

都沾滿了液體，直到看見打翻的餐盒和燉菜，這才恍然大悟自己摸到了什麼。另一股震波掠過頭頂，古斯塔夫知道得快點離開原地了，免得跟餐盒一起死在這裡。

他戴起掉落的黑色小帽，以百米衝刺的速度奔向戰車。三十碼、二十碼、十碼……

宛如體操選手，他抓住砲管後，晃上戰車車首，接著再一路往上衝、鑽進偽裝網與樹枝底下，最後滑進他的副駕駛頂門內。

身處在安全、擁擠且充滿著油臭味的鐵棺材中，他癱靠在前方的機槍上。從其他人的位置無法看到古斯塔夫，一整排垂直擺放的空砲彈殼擋在他與駕駛手之間，砲塔籃堆放的一堆砲彈也讓砲塔室內的三人無法直接看到他。不過這也好，免得讓大家當下看見他恐懼的模樣。

車上除了他以外全都是老兵，也因此

豹式G型

他們都叫古斯塔夫「小鬼」（Bubi），小孩的意思。這些老兵的原單位在東線被摧毀後，他們搭配了一些像古斯塔夫這樣的菜鳥，接著被編入新編成的第一〇六裝甲旅第二連，最後再送往距德國國境僅十二英里的盧森堡市。

全旅僅剩四十七輛戰鬥車輛[1]，其中三十六輛是豹式戰車，另外十一輛是四號驅逐戰車（Jagdpanzer IV），但他們得到的命令卻是極為絕望的：「必須不計一切代價阻滯美軍前進。」——就像在深海的德國U艇，水手們聽著船殼外的深水炸彈引爆，古斯塔夫盯著天花板，想著它隨時可能炸開的景象。此刻，如果可以的話，他願意付出一切回到他遠在德國北部、原野被大風吹拂著，位於阿倫坎普（Arrenkamp）的農場。

古斯塔夫的家，是一座在夜裡只有幾盞蠟燭點亮的簡陋農莊，入口處有座馬廄，裡面還有飛舞的燕子。尊崇傳統的父親，會在屋頂上開一個口，好讓飛鳥可以在牆內築巢，好為家人帶來好運。

他的雙親共枕於一張床，他與弟弟要與祖父母擠在另一張床。他最要好的朋友是祖母：露易絲（Luise），是一位矮小、身體結實，頭上金髮綁成包頭的女性，還會幫小孩子們念童話故事，包括古斯塔夫最愛的「白雪白與玫瑰紅」（*Snow-White and Rose-Red*）。那雖是段簡樸的生活，但這樣的生活要遠比在任何戰車內生活都要好太多了。

——

砲擊停止後，所有人不發一語。「結束了嗎？」

對於古斯塔夫而言，狹小的戰車實在沒辦法讓他躲過大家追問便當的下落，遲早會有人發現他身上正「穿著」大家的食物。他的直覺就是打算先怪罪炊事組，因為他們的貪生怕死，只敢停在離戰車半英里外的安全位置。

但他的教養卻克制了自己說謊的衝動，祖母教導他要永遠謙遜與誠實。這下，古斯塔夫面對的是截然不同的恐懼，他終於打破車內的沉默，開口說：「我弄丟了……我弄了我們寶貴的食物！」

就跟古斯塔夫料想的一樣，車上所有人氣炸了，接著在眾怒中有人問道：「那我們的菸呢？」

古斯塔夫從口袋掏出了五小包、每包內各裝有四根香菸，被壓得皺巴巴的菸盒。當拿著這些菸盒，伸手鑽過砲彈拿給其他人時，他又再次被罵了一輪髒話。

古斯塔夫從座椅旁的布袋內拿出一個木盒，裡面裝有許多包香菸以及一排雪茄，將被壓扁的香菸倒入盒中後，關上蓋子接著放回布袋。

在一片抱怨聲中，車長也向大家保證「之後會懲處他」。

——

當下午的陽光讓陰影改變位置後，戰車偽裝網上的樹枝也變得分明。

在泥土路上，豹式引擎的怠速聲、穩定地迴響在梅爾鎮的石頭小屋間。這輛豹式G型戰車，車體塗有沙黃色底、搭配綠、棕色條紋後組成迷彩，安置在配備傾斜裝甲底盤之頂的砲塔，安裝著一門長度超過戰車全長一半的主砲而看起來向前傾。它重達兩噸、厚實的正面裝甲[2]，也就是首上裝甲，相當於五・七英寸的厚度[3]，令M4A1雪曼戰車的三・五英寸正面裝甲[4]看起來像是拼裝車。*

豹式戰車猛力噴汽。

主動輪開始轉動，全鋼履帶隨之哐啷作響，雙邊共十六個交錯式乘載輪在履帶牽引下旋轉著。當這輛機器遠離後，留下了躺在地上的古斯塔夫，以及他腳邊的一把榔頭和零星工具。

這位小小的無線電手坐起身來，被戰車噴了滿臉的塵土後開始咳嗽。理論上，每當戰車完成一次行駛，駕駛手會負責敲履帶（將位移的插銷敲回定位）或者更換履帶插銷。不過因為古斯塔夫被懲處，所以今天就輪到他幹這件差事。現在的他雙手沾滿潤滑油，指關節也因為不斷拿工具擦拭衣服而磨破了。

在戰車前方，車長引導駕駛將戰車開往晚上他們要停放的穀倉。第二連目前是擔任預備隊，連上的十二輛豹式戰車目前皆分散部署在梅爾鎮周遭，躲藏在任何可以藏匿戰車的地方。戰車停妥之後，車長走向了古斯塔夫。

古斯塔夫的車長是羅爾夫・米利策中士（Rolf Millitzer），他又高又瘦，在黑色小帽下有著一張因飽經沉重指揮壓力，變得極度蒼老的狹長臉孔。儘管當年的他才二十六歲，但戰爭的摧殘已經讓他的外表遠超過實際的年齡。

儘管古斯塔夫犯了那些錯，但當羅爾夫蹲在他身旁時，深色雙眼中卻沒有多加責怪之意，因

---

* 原註：當裝甲板傾斜擺放時，會因為角度的關係增加等效厚度。舉例來說，豹式戰車的首上裝甲在垂直擺放時是一塊「實際厚度」為三・一四九英寸的裝甲塊[5]，但當傾斜五十五度時，以同樣的水平線計算，則增加到五・七英寸的「等效厚度」。而在此書中，作者寫的是等效厚度。

為他還有比大家沒吃飽更大的擔憂。當天上午稍早之時，營上其他的三個戰車連進入法國領土、衝進美國防線後，便未再收到他們的無線電回報。這種沉默只代表了一件事情，美國人已經兵臨盧森堡，且很快就要到這裡來了。

「我跟他們說可以打開緊急口糧了，所以他們才放過了你，」羅爾夫向古斯塔夫解釋如何平息其他弟兄怒火的方式。

每個戰車兵都會攜帶豬肉香腸、餅乾和一盒口糧巧克力（Scho-Ka-Kola）。口糧巧克力是一種內含咖啡因的黑巧克力，只有在緊急的時候才會打開來食用。

聽到此番話後，古斯塔夫如釋重負，並為弄丟餐盒道歉。

「你得更小心一點，」羅爾夫說：「但現在也沒必要不計一切代價奮戰了，重點是要活下去。」

羅爾夫話說完後便離去，留下腦袋不斷打轉的古斯塔夫。他們這群軍人已在敗戰的邊緣，他的車長也開始強調活下去的想法了？

然而，古斯塔夫對戰爭並不抱持任何幻想。對他而言，勝利已經無望，且早在一九四三年秋天，母親帶著他去火車站報到入伍時就已經知道了。

當時德國第六軍團在史達林格勒被消滅，非洲軍團在突尼西亞投降。德國正與全世界為敵，這種情況下根本無勝利可能。

但他們的「職責」呢？

當古斯塔夫把手邊的工具收拾起來，回到戰車上後，腦袋裡不斷回想剛剛車長說的那番話。

現在的重點是活下去。

這句話從一名歷戰老兵的口中吐出，究竟代表的是什麼意義？

第四章　田野

隔天早晨，一九四四年九月九日

梅爾

早上七點左右的農莊後院既涼爽又安靜，古斯塔夫正準備要刮鬍子。頭頂上的天空正慢慢變暖，他坐在凳子上，將身體往前傾一點，好讓臉更靠近牆上的鏡子。他將肥皂泡泡均勻抹在臉上後，再輕輕地將剃刀浸泡入冷水中。看見這一幕，打水給他用的農莊主人笑了出來，因為古斯塔夫的臉上其實沒多少鬍子。

今天是古斯塔夫的十八歲生日，而刮鬍子就是他的生日禮物。

他並不打算把這件事情告訴其他車組員，在得知其他戰車連失聯後，大概也沒人有心情聽這個。前一晚，某些僥倖負傷逃回德軍陣線的倖存者，講述他們被屠殺的故事。

由於夜晚視線不清，先前有一批德軍迷迷糊糊晃入了美軍在森林的防線，接著遭到了包圍，一口氣損失了二十一輛戰車[1]與驅逐戰車。也就是說，全旅在第一天就報銷了近半的兵力。

時至今日，古斯塔夫仍不太願意跟美國人打仗。孩提時代，他非常喜歡讀跟牛仔、印地安人相關的書，甚至還有米奇老鼠的故事。老家幾乎每個農夫都有移民到美國的親戚，有些人還將養不起的小孩送過去，甚至連他祖母那邊都已經全家移民過去了，古斯塔夫本身也有移民的想法。

此時，一名傳令兵衝進庭院要找羅爾夫，手上還拿著沾滿肥皂的剃刀的古斯塔夫，瞬間心情一沉。當傳令兵於此時此刻出現，只代表一件事情。

要開打了。

——

在充滿力量的引擎嘶嘶聲下，十二輛豹式戰車魚貫地開在梅爾的鄉間，持續往西邊前進。戰車緩緩爬過鬆軟的泥地、隨地形起伏，看起來就像在啃食土地，也像是在準備起跑。引擎一邊嘶啞的咆哮、一邊從排氣口噴出陣陣的廢氣。

這些豹式戰車不久前才剛從組裝線開出來，砲塔上的黑亮數字編號還清晰可見，裝甲外還塗著用水泥為原料的抗磁塗層（Zimmerit）。它的原理是利用水泥無法被磁鐵吸附的特性，避免敵人使用磁性反戰車手榴彈吸附在裝甲上。*

即便都是新車，卻還是有令人擔憂的缺陷[4]。豹式的重心因厚重的正面裝甲而嚴重前傾，導致交錯式承載輪很容易卡住，只要有一顆卡住，其他也會跟著受影響。在一年前的庫斯克會戰中，起初約有兩百輛豹式首次投入使用，僅在五天的激戰之後，只剩下十輛還能運作。

---

* 原註：在整場戰爭期間，古斯塔夫所操作的豹式戰車，共生產了超過六千輛[2]，但與生產總數高達四九，一三四輛的雪曼戰車比起來[3]，可說是小巫見大巫。此外，遺憾的是，古斯塔夫已經忘記了自己砲塔側的編號。

戰車行駛著，古斯塔夫和駕駛手打開頂門蓋，吹著迎面而來的涼風。

在他們的身後，煙霧從盧森堡市冉冉升起。德軍上級在下令撤離時，要部隊摧毀市區的電話網、自來水線和其他基礎建設，但這同時也讓古斯塔夫所屬的旅無法重新補給[5]。

古斯塔夫脖子戴著喉嚨麥克風，耳機掛在小帽上。此時從FU5無線電傳來的一段聲音，咕嚕咕嚕地進入了他的左耳。作為一個無線電手，他必須要同時監聽車上通訊以及連上通信網的無線電。

站在車長席上的羅爾夫，半身探出頂門之外，還將小帽反戴以避免在操作潛望鏡時頂到，他身後的無線電鞭形天線則隨著車輛晃動搖曳著。

全連的豹式開入遠方森林中的一道隘口，預計在此埋伏要通過的美軍第五裝甲師。這個「正規」的裝甲師，戰車的數量比第三裝甲師還要少百分之三十二[6]，但此刻他們正要達成歷史創舉。

當在義大利的盟軍朝佛羅倫斯北方的德軍哥德防線（Gothic Line）發起猛攻時，蘇軍則在波蘭的維斯瓦河（Vistula）沿岸激戰膠著中。正當矛尖師意外繞道至蒙斯地區後，美軍第五裝甲師就發現自己是最可能成為首支殺入德國本土的部隊。要達到這個里程碑的最後一里路，就是衝過盧森堡市，直達德境。

然而，僅有十二輛豹式的第二連，卻意圖阻止這件壯舉發生。

在行駛不過一英里，古斯塔夫突然從耳機聽到：「戰轟機！」瞬間，在他兩點鐘方向的頭頂，約十二架銀色蒙皮、鼻尖塗紅的飛機正在左轉，繞出一個圓弧。那些是隸屬美軍第五十戰鬥機大隊[7]，暱稱「剃刀背」（Razorback）的P－47雷霆式戰機。

當那些戰機改平機翼、開始往德軍戰車俯衝時，古斯塔夫瞪大雙眼，盯著它們快速逼近。同時間，羅爾夫鑽入砲塔內，駕駛手頭縮進頂門的同時將頂蓋緊閉，但古斯塔夫卻一動也不動，雙眼凝視著領頭的P－47。它高速旋轉的螺旋槳就好像會催眠古斯塔夫似的。戰機越飛越近，機翼也看起來越來越大、逐漸增長，座艙罩玻璃也將陽光折射入已經看傻的古斯塔夫眼中。

「小鬼！」羅爾夫嘶吼的聲音透過耳機傳來，「關艙！」

此語驚醒了嚇傻的古斯塔夫，當他縮進戰車內關好頂門後的一瞬間，一陣槍林彈雨便撒在戰車上，讓車內迴盪著如無數鈴鐺響起的高頻聲。

古斯塔夫真想為剛剛的愚蠢自掌嘴。

這時無線電傳來連長的聲音，他命令所有戰車分散開來。此令一下，即便身在車首，古斯塔夫還是可以感受到來自車尾引擎室內，那強大的梅巴赫汽油引擎的震動。七百匹馬力撼動著整個地板[8]，傳到車上的每一處。

戰車在原野上加速，接著分散開來拉大彼此的間距，讓敵機更難將他們一網打盡。

全連散開後，羅爾夫的戰車帶著隊伍的左翼展開。引擎廢氣從排氣口上噴起，履帶像咖啡機一樣將泥土絞碎後往後噴濺而出，交錯式乘載輪隨地形上下起伏並吸收著震動，砲管水平指向前方，隨時準備好要面對一切。*

---

* 原註：儘管大部分的美國戰車兵以為自己的戰車更靈活，但美軍對擄獲的德國豹式測試時，發現德國人用的戰車其實更快且機動力更好，不論在道路上或越野時皆如此。[9]

在原野上用盡每一匹馬力，戰車賣力地衝刺到每小時十八英里[10]，但跟緊追在後且高速逼近的美軍戰機比起來，戰車幾乎是原地不動的狀態。儘管車內充斥著震耳欲聾的引擎噪音和高頻震盪聲，古斯塔夫還是能聽見子彈打在戰車裝甲上的聲響，緊接著是P－47如雷般的吼聲呼嘯而過。此刻，古斯塔夫覺得自己無比渺小，自己的生命是如此脆弱，而他所搭乘的這輛戰車，就好像一列正在全速逃命的火車。

P－47一次又一次地飛掠，無情地針對戰車脆弱的引擎進氣口掃射。由於它們並未掛載炸彈或火箭，進氣口的格柵板空隙小到難以讓機槍子彈鑽入。最後，P－47放棄了攻擊離去，消失在地平線那端。

古斯塔夫終於能喘口氣，但這份喘息卻是短暫的。耳機裡傳來了新的命令：「找掩護」。羅爾夫命令駕駛將戰車開向左側茂密的樹林內，古斯塔夫打開頂門探出車外，協助駕駛閃避障礙物並停好戰車。在各種狀況下，甚至是在激戰中，古斯塔夫還是得把頭探出來查看周遭狀況，以看清障礙物和威脅。

在樹林的深處，陽光透過樹葉間的空隙撒在屏息以待的豹式戰車上。之所以選擇將戰車停在此地，羅爾夫是考慮到附近有一條被林木遮蔽住的路徑可作為逃生使用。此時，戰車的正面裝甲朝向的是西方。

戰車完全停止後，車頂上每一個頂門都被甩開，所有人都想在長時間高壓、密閉空間內行駛之後，趕緊透一口氣。

此時，古斯塔夫往四周看了看，發現他們是全連位處最遠的一輛戰車，其他車都在道路與空地另一端的樹林內。眼見所及，只有道路旁的一輛戰車砲塔隱約可見，另外還有兩輛鑽入了在山頂莊園的樹林之中。各自找好掩蔽後，全連的戰車一動也不動地在原地待命，等待美軍經過。

被美國戰機攻擊過後，古斯塔夫那輛原本看起來光鮮亮麗的新車，現在到處都是疤痕。彈頭刮花了砲塔的編號，掃掉一條條的抗磁塗料，甚至還把拖救鋼纜從車上給轟掉了。

羅爾夫低下身來，蹲在古斯塔夫與駕駛手後方的砲塔籃內，對著他說：「小鬼，我需要你的潛望鏡，我的被子彈打掉了。」

古斯塔夫拆掉他的潛望鏡，遞給羅爾夫。畢竟在關艙時，車長的視野可不能少，車首機槍手就算全盲問題也不大。

對於古斯塔夫來說，羅爾夫的身世是一團謎，他雖然有收到來自德勒斯登（Dresden）的家書，但從來不談及自己的家人。他的身上雖配帶著象徵參與過二十五次裝甲作戰行動的銀色戰車突擊章，但他也不曾向古斯塔夫訴說過那枚勳章背後的故事。古斯塔夫唯一確定的是，羅爾夫在戰前是做白領的工作，他的英語相當流利，甚至還能唱起英文歌來。

——

在樹林中，戰車雖然已經停妥，但它的引擎仍在

怠速狀態而晃動著。由於古斯塔夫沒有手錶也沒時鐘，他不知道到底已經等了多久，只是不斷的等待，逐漸失去了時間感。

此時，森林隘口的那塊空地，出現了越來越多的農夫，有男有女，有些還推著手推車、彎腰挖著馬鈴薯，儘管現在是戰時，但日子還是要過。古斯塔夫看著這些雙腳沾滿泥土的農人，回想起自己一直都很喜歡做的農務。在老家，他們會在類似眼前這樣的田野收割黑麥，且有時頭上頂的還是月光。

古斯塔夫是個不願役，自從希特勒青年團在一九三九年將所有青少年強制加入後[11]，他別無選擇只能加入。儘管他喜歡露營、行軍和運動之類的活動，但他從沒像其它男孩一樣想成為軍人，他的夢幻工作是列車調度員。

每週日做完禮拜之後，他便會踩著腳踏車到離家很遠的地方，欣賞從漢堡和不萊梅之間行駛的火車。開戰後，他向火車製造廠提出工作申請，希望這可以成為他變成列車調度員的第一步。

但當他父親被徵召入伍後，家中農務就缺少了人手，祖母也要他留在家中幫忙。對於一般人來說，未來發展和家庭責任中二選一可能是很艱困的選擇，但古斯塔夫永遠是置責任於自己之上，他選擇履行對家庭的責任：回到農場，就這麼簡單。

古斯塔夫的兵單在一九四三年秋季寄來，他寫信到最高統帥部，請求延後入伍四週，理由是要幫家裡秋收。當古斯塔夫盡了他的家庭責任後，這才搭上火車報效國家。

在體位判定時，軍醫看他身形瘦小，非常適合塞入狹窄空間，於是判定他直接向裝甲部隊報到。

瞬間，古斯塔夫的耳機滋滋作響，傳來的聲音雖然沙啞不清，卻馬上讓他提高警覺。他馬上警告羅爾夫，他聽見了美國人的聲音。當截獲美軍無線電訊號時，通常也代表著他們很近、甚至近到可以開砲打中的程度。

這時，除了拿著望遠鏡掃視原野的羅爾夫外，所有人都躲回車內，緊閉頂蓋。由於古斯塔夫的潛望鏡已經被車長借去了，他只能從車首機槍座的窺孔看出去。安裝在槍座上的機槍是MG34車載型（Panzerlauf）的無托版機槍，槍座上只保留一個讓槍管伸出的射孔，以及一個比硬幣直徑還小的窺孔，由此可見古斯塔夫的視野之狹窄。

周遭的農夫在見到德軍迅速撤回戰車上後，都嚇著並跟著拔腿狂奔，甚至連工具都丟在原地。說時遲，那時快，好幾輛雪曼出現在森林隘口外兩英里處。

半身探出砲塔外、手拿望遠鏡盯著遠方的羅爾夫報出了雪曼的距離和方位，古斯塔夫將這些諸元抄下來，再回報給連長。眼前，沿著道路前進的敵戰車縱隊隸屬於美軍第三十四戰車營[12]，但它們並沒有謹慎的交互掩護再躍進，而是毫無遲疑的全速前進，很顯然是想在一天之內就解放盧森堡市。

這時古斯塔夫的身後發出了砲塔轉向機的運作聲，頭頂上那長達十七英尺[13]，被稱為是「超長型」（überlang）的主砲，也隨著射手追瞄目標而往一側晃去。砲塔緩慢地轉著[14]，砲管最後正好轉到古斯塔夫的正上方。豹式戰車的主砲口徑雖然跟四號戰車一樣都是七十五公厘，但它的膛室更大，砲彈也達到要命的三英尺長，且彈頭初速也令人望塵莫及[15]。

「待我口令，」羅爾夫要射手沉住氣，敵戰車雖然已經在射程內，但羅爾夫打的算盤是希望敵人近到來不及撤退的範圍。

汗珠從古斯塔夫的臉上滑下，緊握機槍的手因腎上腺飆升而打顫。手中的機槍雖然對戰車無效，但此時緊握這把武器反而能讓他安心。古斯塔夫透過砲彈間的空隙看了一下駕駛，發現他的眼神放鬆、恣意地讓潛望鏡的光照射在雙眼，神情自若地望出去。

漸漸的，雪曼拉近到已經無法讓它們利用樹林作掩護的距離，並持續朝整個虎視眈眈的豹式戰車連推進。儘管雙方的距離只剩下一英里，但羅爾夫這位東線老兵卻知道要再更近一些。在東線，他在伏擊時會拉近到半英里才開火，且特別攻擊縱隊的最後一輛戰車，讓前方戰車一時之間搞不清楚狀況，等到弄清時卻又因為有戰車殘骸堵住道路而難以後撤。只要做到這一步，其餘目標皆為囊中物。*

霎那間，一根修長的綠色光束從右邊飛入畫面，接著穿入了前導的雪曼戰車。

古斯塔夫難以置信地透過窺孔看到這一幕，心裡想著，**有人太早放砲了！**他還能看到美國人從那輛被命中的雪曼，爭先恐後的掀開頂門、跳車逃生。

羅爾夫罵了句髒話，那輛豹式為了取得首殺而做出的魯莽行徑，導致全連錯失了最佳的伏擊時機。在北邊山頂上的樹林間，豹式砲口還冒著白煙，其他美軍戰車只要順著剛剛那發綠色曳光彈的方向回推，要找不到它都難。

遭到攻擊後，雪曼縱隊停了下來，接著全體將砲塔轉向[17]剛剛那輛擊毀前導車的豹式，瞬間傾瀉大量的火力。在遭到整個縱隊的雪曼猛攻之下，該輛豹式與旁邊的另一輛只能緩緩撤退。

情況已經演變成不是羅爾夫所想要的那樣，但他仍需臨機應變。羅爾夫命令射手瞄準敵縱隊中第二輛、現在已經轉出到縱隊右側的雪曼。

豹式的「超長」主砲是一種「對準即可命中」的恐怖武器，得益於它的高射砲口初速，射手不需要做出太多仰角修正即能命中目標。

接下來古斯塔夫已經知道會發生什麼事情。他放開機槍、背部緊貼椅背，準備好面對主砲的後座力。同時，羅爾夫以帶有不情願卻急躁的口氣下達射擊令：「放！」

一聲巨響之下，十六磅重的彈頭[18]伴隨著烈焰從砲口衝出，綠色的曳光僅用了不到兩秒就劃過了一英里，強大的後座力也踢了戰車一下，讓全車向後晃動。在砲口的對面，雪曼被砲彈點到時顫了一下，懸吊也因為衝擊力而往後晃動。

「命中彈！」羅爾夫喊道。

古斯塔夫重新將眼睛放回窺孔前，看見雪曼的引擎上方竄出了大火，美軍慌忙地跳車逃生。他心中暗喜這些人能逃跑。即便他們是敵人，但也是跟他一樣要經歷戰爭這種可悲事件的人，且又同為戰車兵。**

在敵縱隊中接連兩輛雪曼變成冒煙的殘骸後，其餘的雪曼在殘骸濃煙的掩護下開始撤離。

古斯塔夫轉頭看向駕駛——**就這樣**？

但在腦中閃過這個想法的瞬間，一發砲彈正中正面裝甲並發出低頻的共鳴聲。看來激戰才正要開始。

正當古斯塔夫從充滿著髒話的耳機聲中回過神來，睜眼往窺孔一瞥，竟發現一片閃亮的白煙

---

* 原註：豹式的主砲在半英里時最為精準，戰後測試也發現在這個距離上射擊目標，彈著點都會落在十二英寸方圓之內[16]。

** 原註：奇蹟似的，第三十四戰車營在當天損失的兩輛雪曼中[19]，沒有一個人因此殉職。營長在報告中也提到：「從敵人優異的戰術可以看出，這次的交戰並非是急迫準備的後衛行動。」

正籠罩著他們，且煙幕越來越濃、越來越大，還能見到火星從中跳來跳去。

濃煙大量被鼓風機吸入車內，瞬間充滿了整個戰鬥室。古斯塔夫的雙眼流著淚、鼻頭滴著鼻水，舌頭還嚐到一股酸味。「這啥東西？」古斯塔夫一邊揉著眼睛一邊問，但大家正忙著咳嗽、無人回答。實際上大家也答不上來，因為沒人體驗過被白磷彈打中的感覺。

白磷彈是一種西線盟軍常用的縱火彈種，它的彈頭所裝載的白磷，平常需儲存在水下以免被點燃，一旦白磷著火就無法熄滅，即便在絕氧環境下。命中目標後，白磷粉一與空氣接觸就馬上燃燒，只需不到一分鐘就達到華氏五千度[20]的高溫。這種恐怖的東西，只需要一丁點就可以將人體肌肉組織燒盡直達骨骼，更恐怖的是他們正在吸這東西所產生的濃霧。

在古斯塔夫還在搓揉眼睛時，另一發砲彈打了上來，力道感覺比前一發還重，而那傳入車內的裝甲與彈頭撞擊聲，宛如教堂鐘響般的宏亮。強大的衝擊力也讓機槍的照門直接撞上古斯塔夫的額頭，再讓他的大頭狠狠往後甩上椅背。

「快點開走！」羅爾夫叫駕駛手馬上入檔倒車。

變速箱切換了排檔，戰車踉蹌地晃一下，接著緩緩往後開向他們左後方，森林濃密的陰影之中。在座椅上搖晃著，被撞得七葷八素且耳朵嗡嗡作響的古斯塔夫打起精神來，再次將眼睛貼往機槍窺孔。這次，他看見一輛深色，長得像裝甲車而不是戰車的東西[21]，正緩緩開到了他們原本離開的位置。

這是美軍M7自走砲[22]，裝載的是巨大的一〇五公厘榴彈砲。這種自走砲被英國人稱為「牧師式」（Priest）自走砲。平常它的砲會提到高仰角以實施曲射，但今天它的砲口卻直直地指向自己。

一見到黑壓壓的砲口一亮，古斯塔夫立即往後一蹬，緊接而來的就是一道閃光與一陣令人耳鳴的巨響。突然間，他看見裝甲壁上原本漂亮的乳白色漆面竟然迸裂開來。

第二發重砲直接命中，旋即補上了第三發。這些重擊就好比一個巨大的破門槌，在古斯塔夫面前幾寸撞門。那發聾振聵的撞擊聲讓他不自主地緊摀住耳朵。這時，他看見底盤的角落開始出現裂痕並延伸到焊縫。

儘管持續遭到重擊，駕駛手依然沉著持續倒車，讓戰車開入樹林的陰影之中，利用密集的樹幹作為掩蔽，但這個過程卻反而將豹式的側面暴露給自走砲看見。牧師式的砲手把握機會，將另一發砲彈送向豹式，直接命中了左邊履帶。猛烈的撞擊力將駕駛推去撞砲彈，古斯塔夫則一肩撞在右邊牆上。

古斯塔夫握住劇痛的肩膀，駕駛手在慌亂中重新抓穩方向盤，繼續開車，但他同時也告訴羅爾夫一個糟糕的消息。他可以感覺到有東西壞了，猜想是左履帶被砲彈給射斷了。

「繼續開！」羅爾夫吼道。

戰車無視一切，繼續往密林中倒車並經過一排雲杉木。但也只能開到這裡了，承載輪從已斷的履帶上滑出，開始咬入泥土之中。

牧師式不敢貿然追擊躲藏起來的豹式，只好不情願地轉向其他地方，離開了古斯塔夫他們。

——

羅爾夫將頂門往旁轉開，在陰影下探出頂門。

他看見在陽光普照的原野上，豹式戰車各朝左右兩方撤離，過程中別無選擇地拋下兩輛戰車——一輛在路邊被拋棄，另一輛正在山丘頂上燃燒著。

當他凝視著這一切的慘狀同時，一陣輕柔的噪音從上空傳來，吸引了他的注意。在戰場上方兩千英尺處，一架美國L－4偵察機翼端指向地面、在上空盤旋著。這種飛機外號「蚱蜢」（Grasshopper），是用來導引砲兵射擊的飛機。

見到這種飛機在頭頂上盤旋，古斯塔夫與其他人都抓著頂蓋，本能地想棄車逃生，但沒有人敢當第一個，他們等待的只是羅爾夫一聲令下。如果軍人不待命令即棄車，將被視為逃亡，這在德軍軍法中是無需經過審判，即可懲處極刑的罪名。到一九四四年底，大約有一萬名[23]德國士兵因逃亡罪而遭到處決。

接著，在羅爾夫下令「全員棄車！」的命令後，砲塔室裡邊幾秒內就沒人了，只剩古斯塔夫被困在底盤。由於剛剛一〇五公厘榴彈的衝擊力，他的頂門蓋連接處被打到變形，導致頂門只能打開幾英寸。在那個當下，他可以感覺到戰車這個鐵棺材突然快速變小，縮小到令人不適的程度。

隔著砲彈架，駕駛見到他受困後便停頓了下來，但當他聽到古斯塔夫說不要等他後，駕駛一溜煙就跑出了戰車。

在頂門都敞開的情況下，來自車外的砲彈呼嘯聲變得清晰可辨，緊接著又是一連串的爆炸聲，很顯然車外正有密集的砲擊。古斯塔夫從自己的頂門逃生無望後，便手忙腳亂地解開彈藥架扣，將一發一發重達三十磅的砲彈堆進砲塔室，直到清出一條足夠他穿越的縫隙，讓他爬到駕駛席那端。

逃出之後，他滾到戰車的一側，接著朝樹林內奮力地爬，直到鑽入一堆落葉之中。這時他抬頭一看，試圖弄清楚他到底在什麼地方。

戰車後方，駕駛手已經跑了快兩百碼遠，穿過正在下著彈雨、噴著泥土而形成彈坑的原野。古斯塔夫的每一塊肌肉都不願意離開地面一寸，他突然想起羅爾夫所說過的：「現在的重點是活下去」這句話。隨著美軍的步步逼近，古斯塔夫心中其實並不抗拒被他們俘虜，他覺得美軍很在乎自己士兵的性命，所以對俘虜可能比較人道吧？

當他掙扎著到底是要逃離美軍還是被俘虜時，一發在原野上爆炸的砲彈改變了一切。爆炸後，遠處的駕駛手突然變得步履蹣跚，接著跌滾在地上、緊抱著自己的左膝。此時砲擊雖然還沒結束，但古斯塔夫的身體卻動了起來，因為他知道自己有責任要幫助同袍，即便這位同袍在不久前，毫不遲疑就將他拋棄在車內。

古斯塔夫站起身來往駕駛狂奔，他穿越了冒著煙的彈坑，手護住臉以免被砲擊炸開的樹木所傷。另外一個同車弟兄想必也看到駕駛手倒下，並從反方向衝過來，他推著一輛獨輪車，跟古斯塔夫同時跑到駕駛手身旁。推著獨輪車的是射手維納．韋納（Wehner Werner）資深上等兵，他有著一身敦厚的身材、紅潤的圓臉以及不太耐煩的性格。

駕駛手抱著被榴彈破片劃開的膝蓋，躺在地上尖叫著，韋納將他熊抱起來丟上獨輪車，搞得膝蓋爆裂的傷者發出如動物般的嚎叫。在嚎叫與砲擊聲中，韋納和古斯塔夫各提起一邊的把手，合力將獨輪車推往梅爾鎮的方向。他們一起繞過了地上還冒著煙、滋滋作響的未爆彈，頭上還下著砲彈在附近引爆後揚起的泥雨。

最後，他們終於將獨輪車推上一條較平坦、泥地被夯實的履帶壓痕，這條履帶痕就是他們早上壓出來的。在這裡不僅利於獨輪車推動，也讓他們能加速脫離砲擊區。

古斯塔夫心頭突然湧起了一絲諷刺感。

他們丟了豹式戰車，換來的就只為了**這些**。

第五章　突襲

當晚
梅爾西邊

古斯塔夫抱著木箱，與韋納穿越死寂之夜籠罩下的大地。被小徑和農地切成一塊一塊的鄉野，因著今夜低掛地平線的月亮，被染成一片灰暗的藍色。時間大約晚上十點，兩人蹲低身子緩緩移動，韋納不時停下觸碰地面，重複確認他們的前進方向。

古斯塔夫覺得手中的木箱越來越沉重。雖然晚上很涼爽，但他還是可以感覺到連身服內正下著汗雨，他覺得接下來要做的事情真的是瘋極了。

就像童話裡騎士靜悄悄溜到巨龍的身旁，古斯塔夫和韋納慢慢爬回他們先前拋棄的戰車。它看起來沒什麼不同，只是頂門蓋敞開、依靠在樹林的一旁，砲管指向那座曾滿是敵人，如今卻空無一人的戰場。見到此景，兩人腦中頓時浮起同樣的問題：「美軍人在哪？」

韋納小心翼翼站立在黑夜中、斂聲屏息地靜聽著四周。這時，左邊的林中傳出了樹葉沙沙作響的聲音，這難道是美國人的陷阱嗎？古斯塔夫的眼珠不停來回盯著，追逐著聲音的來源，雖然他帶了手槍，但這並不能讓他安心到哪去，畢竟在一群拿步槍的人面前，區區一把手槍又有何用？

古斯塔夫和韋納之所以會到這裡來，是因為連長下達了一道「十分合理」的命令。首先，他們都是輛豹式戰車的車組員，因此他們必須要處理關於這輛車的所有大小事。既然他們已經是這輛戰車僅存的車組員，因此派他們來也是合情合理。

在那輛車上，除了他們倆之外，受傷的駕駛手已經交由醫護兵救治，車長羅爾夫與裝填手還不知下落。韋納最後一次看到他們，已經是在先前砲擊時衝進森林內的身影，所以全車尚能投入作戰的就只剩下韋納與古斯塔夫。在這種窘境下，韋納自然將古斯塔夫視為拖油瓶。韋納是一位三十二歲的老兵，曾經多次被推薦擔任車長，但他為了不想照顧其他人，推掉了每一次的升遷機會。所以對於這次的任務，他是寧可自己來。

在足夠接近他們棄置的豹式後，古斯塔夫跟著韋納衝向了它，接著在戰車一旁找掩護。兩人當下的心裡已經準備好要迎接從樹林裡爆發的槍戰，但事情卻出乎意料的順利，什麼也沒發生。

稍待片刻後，古斯塔夫躡手躡腳，但又止不住自己加快步伐想要爬進駕駛席的想法。

韋納見狀，一把將他抓住。

「我的包包掉在座位旁了，」古斯塔夫對著韋納細語。在他的包包中，裝有日記、祖母的信件和菸盒。

「別管啦！」

學長的回應頓時令他心情一沉。

韋納爬上戰車引擎蓋板，回頭瞪古斯塔夫，要他快點滾上來。對於韋納的命令，古斯塔夫抗議道：「但我的東西還在裡面啊！」

相較於古斯塔夫擔心自己的私人物品，韋納擔心的事情要嚴重多了。在北邊半英里之外，有一輛停在山頂莊園的豹式正在悶燒著。在稍早的戰鬥中，這輛戰車為了要撤退，卻意外地將脆弱的側後方[1]暴露給敵人，最後就成了這副下場。

另一輛在原野與道路後方只露出砲塔的豹式，雖然曾被P－47戰機攻擊，但只有被癱瘓而已，並沒有陷入火海，戰車還是處於部分可正常運作的狀態。

但這就是問題了，如果敵人擄獲豹式戰車，很可能會反過來對付德軍自己，這在二戰間許多戰區已經發生過了。在東線作戰時[2]，俄國人擄獲的豹式戰車多到需要印製斯拉夫字母版的操作手冊。在義大利，加拿大軍西佛斯高地團（Seaforth Highlanders of Canada）[3]在擄獲豹式之後，也將它們轉交給英軍的第一四五皇家裝甲團，接著賦予它們相當諷刺性的代號：「逃兵」。之後，英軍在荷蘭作戰時，冷溪衛隊（Coldstream Guards）[4]在一間穀倉內也擄獲了豹式並取名為「布穀鳥」，從此開著它一路殺進德國。

古斯塔夫和韋納就是被派來阻止這種事情在盧森堡重演。

他小心翼翼地將木箱交給韋納後爬上引擎蓋板，接著兩人鑽入砲塔之內。在這個片刻間，他們身處於這個熟悉的老家。韋納坐在砲膛左邊的射手席，這個位置剛好跟美國戰車的相反。接著，在他轉動手搖方向握柄的同時，古斯塔夫抱著砲彈，擔任臨時的裝填手。

豹式的砲塔緩緩轉向右邊，轉動的速度慢到令人難以察覺，一個密位接著一個密位，最後在主砲指到路對面的豹式時才停了下來。如電線杆長的砲管吐出了一團火球，砲彈直接命中砲塔上編號的正中央，兩者撞擊的聲音正如寂靜中被敲響的教堂大鐘，響徹雲霄。

然而，那輛豹式並沒有起火燃燒，感覺對砲彈無動於衷。費時十秒裝填後，韋納再送一發拖著綠色曳光的砲彈正中目標，這次的結果總算是韋納想要的了。豹式砲塔側面的兩個洞口，透出砲塔室內忽明忽暗的火光，接著快速一次一次地增亮，最後化作巨大、明亮的火炬從砲塔頂門噴出。

頓時間，鄉野與森林都因燃燒的豹式而被照得通亮。

完成任務後，古斯塔夫從戰車上跳了下來並狂奔，韋納緊跟在後。他們倆還不知道敵人在何處，但剛剛那兩發砲彈，等於是向天下昭告他們的存在。

剛剛古斯塔夫拿來的木箱內其實堆滿了炸藥，在他們逃離戰車前，就已經將炸藥塞進砲膛內並點燃引信。兩人跑了一段距離後馬上臥倒、雙手抱頭，準備好迎接來自身後的大爆炸。

三十秒過去了、一分鐘過去了、兩分鐘過去了……沒有爆炸。

兩人抬起了頭，一陣靜默。

古斯塔夫難以置信。事情還不要了結。

——

現在這輛戰車就是一顆未爆彈，卻沒人知道它會不會爆炸。

約過了令人屏息的二十分鐘，戰車一樣靜悄悄地站在原地，什麼聲音也沒有，但此時森林的另一端有人率先打破了寂靜。數輛雪曼戰車的噪音越來越近，聽得出來它們開了上來後又停下，接著戰車兵打開頂門蓋、發出吱吱喳喳的討論聲，感覺就像沒人聽到豹式在二十分鐘前幹的大事一樣。

「你有帶刀嗎？」韋納問。

「有的。」

不管韋納打的是什麼算盤，古斯塔夫都不會喜歡的。

他們兩人回去戰車那裡，古斯塔夫的雙腳感覺就像綁了鉛塊，行動遲緩。在等待韋納進入駕駛頂門時，他雙眼同時不安地緊盯著砲塔，希望剛剛塞進砲膛內的炸藥不要在這時炸開來。心中忐忑的他，早就忘了自己丟在座位旁的那包東西。

突然間，森林的另一端又傳來了敲東西和木頭碎裂的聲音，聽起來像是美軍正在敲履帶或把砲彈從木箱內拿出來，但不管他們正在做什麼，這距離已經近到讓人冷汗直流。

韋納拿著駕駛席坐墊爬出戰車，讓古斯塔夫拿刀將坐墊切開，從中取出羊毛填充物後捲起來再綁緊，弄成一條棉繩。接著韋納拿著它走到引擎甲版上，打開加油口，將棉繩的一端滑入油箱讓汽油浸濕它。古斯塔夫拿著綿繩另一頭拉到戰車甲板外，彷彿讓豹式長了條尾巴。

一切就緒後，韋納拿出了打火機，啪地一聲讓它竄出了小火舌，再令火焰順著棉繩一路燒上去。

古斯塔夫和韋納兩人轉頭就跑，當他們離得夠遠的時候，豹式引擎蓋板上就像是火山爆發，朝夜空噴發出火焰。同時，車內的高熱也點燃了砲膛內的塑膠炸藥，讓車內和砲口瞬間噴出一坨火球和響亮的炸裂聲。他們倆看著砲管快速被燻黑，緊接著就是一段由彈藥殉爆譜出的劈啪聲和嘶嘶聲了。

看到這幕，古斯塔夫心裡一揪，有種如失摯友的衝擊感。這輛戰車彷如堡壘為他擋下了六次致命的重擊，而在四英里外的盧森堡市，甚至還有人看到被這輛戰車彈開的砲彈[5]用奇怪的角度劃過天空。

戰爭初期，德國戰車兵也許還能將豹式拖回去維修，不像現在要冒死摧毀它們。現在這副慘狀，古斯塔夫認為希特勒就是罪魁禍首，就是他親自命令全旅在沒有空中偵察[6]、砲兵支援，甚至是連一輛裝甲救濟車都沒有的情況下，直接衝進盧森堡[7]。

接著，一股帶有清甜的煙燻味鑽進了古斯塔夫的鼻子。他很確定聞到了菸草的燃燒味，但這可能是他的幻想。畢竟，車上還放著一盒裝滿菸草的盒子，這原本是要用來當禮物送給父親的，但現在，這盒菸草正在車內燃燒著。

古斯塔夫的父親在東線是擔任補給兵，負責用馬車運輸軍需用品。在一封信中，他向古斯塔夫抱怨前線缺乏良好的菸草。因此好幾個月來，古斯塔夫常常自己去買香菸，並且特別保留口糧中的菸草，一併包在菸盒中，為的就是找個時間送給父親。但現在這包禮物已經與他的日記和家書，一同在戰車中化成灰燼。接下來的日子，軍隊會將他分配到另一輛戰車嗎？還是叫他拿起步槍去當個步兵呢？

對於未來感到迷茫的古斯塔夫，此刻只想啜泣。

這時韋納一定注意到了身邊這名年輕的無線電手需要一點鼓勵，他輕輕肘頂了古斯塔夫，接著張開手臂摟住了他的肩膀。在閃爍的微光之中，兩人都對能成功執行剛才的任務多少感到不可思議。

——

月亮高掛在夜空，韋納和古斯塔夫搭乘另一輛豹式回到了梅爾鎮。

連長走在戰車的前面，幫戰車注意前方的樹樁。他們坐的是連長的戰車，但連長卻沒有要指揮。

回程路上，古斯塔夫突然被指派為戰車車長暨代理連長，站在連長車的車長席上的他，頭戴著小帽和耳機。韋納坐在車首上方，一手跨在砲管上。沒人記得為什麼古斯塔夫突然變成代理連長，也許這是連長送他的禮物，又或者是剛好看到他生日的日期而為他慶生。不管怎樣，古斯塔夫很享受這段特別的經歷。

自作戰以來第一次，甚至可以說他此生以來首次感覺到自己是舉足輕重的人物。站在砲塔的頂端，他可以感受到引擎的震動，透過鋼鐵一路傳到在肋骨周遭車長指揮塔頂門邊緣。此時的他，就好比拉著一頭四十九噸重巨獸的韁繩，但同時也拉著責任：他要確保駕駛不要將油門踩得太重，避免藍色的火焰從排氣管噴出，在夜裡洩漏他們的行跡。

不過現在大概也無所謂了。在他們身後，許多輛豹式燒得像被點燃的油井，美國人要發現他們，並不是太難的事。

——

戰車開進月光照射不到的隱蔽處後便停了下來，古斯塔夫在引擎蓋板上鋪了張毛毯。時間已是凌晨兩點，他的眼睛疲憊到難以睜開，身體也快站不直。在梅爾鎮，其他人都出去蒐集食物或規劃接下來的任務。不久後，當天光亮起時，全旅就要動身撤往西牆，接著在特里爾（Trier）重新整補。

在德軍的後頭，美軍就像獵犬般急起直追。幾個小時以後，在當天早晨稍晚，美國雪曼將會開進盧森堡市，欣喜若狂的平民將一擁而上，用粉筆在戰車邊寫下一些樂見解放者到來的愛國詞句。到了隔天九月十一日，戰爭也將邁入全新的階段。

美國第五裝甲師的步兵將首次踏上德國本土[8]，並開始面對西牆防線上一系列的防禦工事。也從此刻起，自諾曼第登陸與法國南部登陸的盟軍將會會師，形成從比利時沿岸連接到瑞士[9]、由機器和戰士們組成的長城。

同時，盟軍最高統帥艾森豪上將，授權部隊直接攻入德國的心臟[10]，並摧毀其軍事的有生力量。

但在這些歷史上的關鍵時刻來到之前，古斯塔夫要躺在豹式溫熱的引擎蓋板上、蓋著暖活的被子。對於盟軍正有七個軍團，正朝他們殺來的事情一無所知而充滿了小確幸。

他的生日來得快，走得也快，他現在全身上下的家當只剩下一身制服。但這已經不錯了，他盡了職責還活了下來，他相信未來應該會越來越好。畢竟，情況還能糟糕到哪去呢？

沒多久，古斯塔夫就進入了夢鄉。

第六章　跨越西牆

八天後，一九四四年九月十四日
德國北方七十五英里

距離施托爾貝格（Stolberg）四英里的鄉間小路旁，E連的十幾輛雪曼戰車停了下來。整隊的戰車靜靜地停著、沒有一個人下車，他們正好停在一棟深色農舍旁，它漆黑的二樓窗戶外還懸掛著白色床單。

周遭的空氣凝結著，一場風暴[1]正在死氣沉沉的森林上醞釀。

來自明尼蘇達州噴泉市（Fountain）的包伯．恩利下士（Bob Earley），如同一尊雕像般站在前導戰車的砲塔上，嘴巴咀嚼著煙斗在他的牙齒間交錯。今年二十九歲的他，在這群年輕戰車兵中可以說是歷經戰爭淬鍊的老頭。他的黑髮往後梳、臉龐如石像般平整而嚴肅，雙眼則時常瞇著，細查一切。現在，恩利接替了保羅的位置，成了克拉倫斯

包伯．恩利

的新車長。

恩利的雙眼發出銳利的眼神、緊盯著農舍，眼珠沒有半點的顫動。

在他身後，其他車長都盡量蹲低身子、抓緊機槍，畢竟他們現在身處在敵國本土。現在大家雖然都想下車休息片刻、伸展一下手腳，但總有人要當那個調查農舍以確保安全的人。

縱隊後方約兩英里，濃煙從地平線升起。在前一天，第三裝甲師已經敲開了進入德國的門戶，成為了第一個打穿西牆[2]、攻占第一座德國城市[3]的盟軍部隊。然而在這巨大勝利後的一日，E連卻已是傷痕累累。通常編制十六輛戰車的戰車連——三個五輛戰車的戰車排，再加一輛連長車——已經有五輛戰車[4]以及相關車組員喪失了。

但要不是他們在蒙斯成功阻止兩萬七千名德軍的行動，情況可能會更糟糕，也會讓盟軍突破西牆成為「下一個不可能的任務」[5]。

此時，農舍大門喀喀作響並緩緩敞開，十幾挺機槍也跟著晃了過去指著它。一隻手從漆黑的門內伸了出來、揮舞著白布，接著一名矮小的德國農夫踏出門外。他看起來年紀有七十幾，一頭濃密而雜亂的灰髮，疲倦的臉龐掛著灰色的鬍渣。

當農夫對著眼前的雪曼縱隊開口時，每一個人的眼神都略過機槍槍管的上方，狠狠地瞪著他，他們雖然都看到農夫嘴巴開合，卻因為吵雜的引擎而聽不到半點內容，就算他們聽到了大概也聽不懂。

「史墨爾！」

克拉倫斯的戰車收到來自縱隊最後方的連長的無線電。

恩利先是俯身進入砲塔叫了克拉倫斯，接著又拿起湯普森衝鋒槍爬出去、走到引擎蓋板上。

他手握衝鋒槍，雙眼盯著不遠處的德國農夫。

在恩利的腳下和克拉倫斯身處的雪曼戰車，是搭配七十六公厘砲的M4A1（下簡稱七六砲型），它的砲管比七十五公厘砲要長三英尺、口徑要大一公厘，也能發射更大的砲彈，穿深也增加了一英寸左右[6]。在第三裝甲師中，每個戰車連接收了約五輛七六砲型[7]，且通常是分配給最優秀的戰車兵用。

這輛戰車被車組員取名為老鷹號，跟克拉倫斯之前用的雪曼一樣。在這輛戰車內，克拉倫斯咕噥著，看來之前有人不小心透露了他能說德語的能力。克拉倫斯戴著小帽跳下了戰車，儘管美軍規定離開戰車就要戴鋼盔，但看起來他懶得管這個規定。既然沒有人能辦這件

M4A1（七十六公厘砲型）雪曼戰車

事，那其他人大概也沒立場去阻止唯一有能力辨這件事的人。

克拉倫斯掏出他的M1911手槍，上了膛，接著再放回槍套。雖然已經看見了白旗，但當他一步步接近農夫時，右手還是謹慎地放在槍套附近。

在整個由數個連的戰車和裝甲步兵組成的特遣隊中，E連是整個隊伍最後方的預備隊。每一次的行軍間休息，都是給機器與士兵的整備和喘息的寶貴片刻，但這並不代表他們是安全的。事實上，敵人常常讓一列縱隊通過後，接著打擊跟在後方放下戒心的部隊。

下一個轉角會不會有埋伏等著他們？只有問問眼前這位老農夫才知道了。

站在老農面前，克拉倫斯就像一位全身沾滿汙垢、高得就像座山的巨人。這位巨人身上穿了有著針織衣領的短袖卡其色夾克、橄欖綠長褲，和全身上下沾滿在戰車內生活的印記——機油、泥塵和汗水的混合物。

老農看起來既疲倦又矮小。克拉倫斯首先用德語向他致意，聽到德語後，老農的臉頓時充滿了朝氣。

「你是德國人？」他殷切地問。

「不是，」克拉倫斯向老農解釋道。他父母是住在賓州的荷蘭裔，「當我還小的時候，父母不想讓我知道談話內容時都說德語。」

老農聽到後笑了出來，克拉倫斯也莞爾一笑。這時，先前劍拔弩張的氣氛一改，大家都爬出戰車抽菸，或到附近的草地去小解。

「德軍士兵在哪啊？」克拉倫斯追問到。

老農指著美軍來的方向。

對此，克拉倫斯並不相信。他前天才見識到了敵軍的狂熱。在某一處德軍的碉堡，他們向敵軍下達要求投降的最後通牒，結果只聽到德軍軍官喊：「去死吧！我們血戰到底！」。幾輛戰車**圍繞**著碉堡，並持續朝毫無防備的門口開砲。結果呢？有十二名被轟到半生不死的德軍跑了出來[8]，全都飽受腦震盪之苦而變得半聾半盲。

隨著克拉倫斯的追問，老農也逐次加強了語氣，他不斷強調：「這裡沒有國家社會主義份子，只有農夫。」

難道他們一路殺進來，納粹全部都躲起來了嗎？克拉倫斯憋笑著。

也許，農夫的鄰居都「不再」是國家社會主義份子了，就像離這裡不遠的蘭格爾韋黑村（Langerwehe），在他們被盟軍解放的前夕，平民突然都變成抗德份子。德軍第八十九擲彈兵團行軍穿越村莊時，居民甚至還笑稱：「你們沒辦法擋住美軍的啦！」[9]

最後，當克拉倫斯發現這位老農其實也沒知道太多資訊後，就向他道了謝並轉身離開。突然間，一隻乾癟的手腕抓住了他的手臂，阻止他向前，這令克拉倫斯本能似的轉身掙脫，同時也握緊了拳頭準備反擊。然而，當他見到老農熱淚盈眶的面容後，反應也跟著軟化了下來。

老農告訴克拉倫斯，他心中是如此痛恨國家主義份子，他兩個被派往東線的兒子在這一年來杳無音訊。「乖巧又健康的兒子啊……」老農老淚縱橫的重複著：「乖巧又健康的兒子啊……」

老農低頭開始抽泣著，讓有些戰車兵不忍直視而別過頭去。

克拉倫斯從來就只有把他們在戰場上殺掉的德國人，當成是身份不明、沒有容貌的戰士，沒想過他們也是人生父母養，在老家有雙親殷殷期盼能再相逢的寶貝兒子。

直到此刻，他才從這位老人的眼中，見到了這個可怕的真相。

戰爭折磨著每一個人。

克拉倫斯將手放在他的肩膀上，輕輕往前靠，溫柔地對他說：「很遺憾聽到您兒子的遭遇，我們也損失了一些好兄弟。」

——

一腳踩著乘載輪，克拉倫斯爬回了戰車上。從砲塔上，他轉頭看向還在擦著雙眼的老農，並對他說了一串德文：「Jetzt wird alles gut werden.」

老農點了頭，並向他揮手道別。

恩利用眼神看了克拉倫斯，這是一個無聲的問句——「那是怎麼回事？」

「我跟他說會沒事了，」克拉倫斯解釋道。恩利也認同，畢竟美軍已經來了，一切都會沒事的。

克拉倫斯鑽進了砲塔。

——

一或兩週後，在德國的施托爾貝格

部隊的前進先告一段落，暫時性的。

在一處坐落於山丘半山腰的村莊，E連的戰車四散在村莊的民宅間，並將砲口向上指向暮光落下的山坡頂。

雪曼戰車的背後，是一副如詩如畫的峽谷景色。在被一條蜿蜒溪澗一分為二的萊茵蘭式的城鎮施托爾貝格中，有一座城堡坐落在山谷正中央。

九月下旬的寒意襲來，樹葉開始變黃並隨風而去。在西歐渡過了一個夏季後，矛尖師當下已經打穿德國本土的西牆深達六英里，正停在這裡歇息。

這面山坡上動也不動的戰車就是前線了。

但在山坡的另一面，德軍第十二步兵師[10]就鎮守在那，時不時會朝E連的方向派遣巡邏隊，但看起來都是隨隨便便的刺探而已。

當天色暗到連狙擊手都無法從狙擊鏡看清目標後，一名戰車兵從滿目瘡痍的民宅中飛奔到老鷹號後方的掩蔽物後，接著臥倒，匍匐前進到戰車底下，再從底盤逃生口爬進去。這個底盤逃生口不只可以讓戰車在翻覆時讓人員逃生，也可以作為平常隱密出入的手段。

過了一會兒，克拉倫斯也從同樣的地方爬出戰車，接著站起來朝那棟房子跑去，過程中沒有子彈追著他跑。

——

克拉倫斯進到屋內，看見了恩利與老鷹號的車組員，全看起來累癱在沙發和椅子上睡覺。他們所在的這間民宅，早被砲擊蹂躪得體無完膚，破碎的窗戶現在用木條勉強釘起，屋頂也破了不少洞、不斷地漏著水。

村莊內，每輛車的人都找最鄰近一處的民宅作為歇腳處，雖然它們大多都已破損嚴重，但還是比戰車內要舒服多了。

沒有人有心情聊天，大家都很想家，做什麼事情也提不起勁。戰爭顯然不會因為他們的倦怠就此結束。現在，即便是翻閱來自家鄉的雜誌、看一眼海報女郎，或者是在盟軍電台中聽到一首熟悉的歌這類簡單的事情，都能讓弟兄們打起精神，繼續奮戰下去。

「寶貝，今夜的燭光和燈火是如此的浪漫[11]，我為此而瘋狂，」一名戰車兵在看見屋內明暗不定而搖曳的燭光後，有感而發地寫在家書上。

廚房內，克拉倫斯點燃了軍用小瓦斯爐，將K口糧的罐頭放上去加熱，接著從櫥櫃拿出一個瓷盤，再將加熱好的晚餐倒在盤子上。最後，他終於能坐在客廳的桌邊，平靜地享用熱騰騰的美食。

克拉倫斯現在的樣貌與戰前簡直判若兩人。在他還待在列海頓的那段日子，他最喜歡就是溜冰，到格雷佛斯溜冰場（Gravers）花個五分錢，將滑輪裝上自己的鞋子。在管風琴的伴奏下，他可以花上好幾個小時，快樂地在一面面七彩繽紛的壁畫前溜過，直到溜冰場關門為止。

但現在的他，卻連舀起食物都提不起勁，更別說是溜冰了。當然，那時他在德國大概也找不到一處溜冰場吧。

現在整個矛尖師，上下都瀰漫著一股倦怠與瀕臨崩潰的精神壓力感。

第三裝甲師就跟其他的裝甲師一樣，是用以突破敵人防線，「猛進擴大戰果[12]，摧毀德軍通訊補給線和預備隊的雄獅悍將。」但根據記錄，如今整個師只有能勉強湊出四分之一[13]的戰車投入戰鬥。

《星期六晚郵報》（*Saturday Evening Post*）記者在抵達斯托爾貝格後，寫了以下報導：「戰車勉強支撐著[14]，士兵也被推向了人類所能忍受的極限。」

為了不讓前線部隊斷炊，美軍在作戰最高峰期，動用了近六千輛[15]，絕大部分由非裔美國人所駕駛卡車。如果不是仰賴知名的紅球快遞（Red Ball Express）[16]和後勤人員如超人般的毅力，美軍推進的速度早已將補給線給拉斷。車流在白天看起來就像一條流動的金屬液，在晚上劃成一條川流不息的光河，串起諾曼第[17]到前線那超過三百英里的命脈。

假如，矛尖師要修整復元，不僅需要時間，也需要來點特別的。

——

在寂靜的夜裡，所有戰車兵都意志消沉之時，吉普車那獨特的聲音從遠至近傳來。引擎熄了火，有人在戰車上敲敲打打，聲響很大。

片刻之後，民宅的大門打開，一名少尉低頭走了進來。

站在所有戰車兵前面，他高達六呎九的身高、狹長的臉頰和灰色的眼睛，讓整個人看起來就像一副瘦高的衣架。大家私下都叫他：「高腰褲」，他在入伍前上了一年大學[18]，讀的是戲劇系。在那個時代，就算是今日看起來稀鬆平常甚至微不足道的「學歷」，都足以讓他成為眾多士官兵的上級。

在見到長官後，所有人勉為其難地從沙發上爬起來站好。高腰褲的雙眼同時向前後看、統計著人數。高腰褲來此的目的，是要確保大家都在崗位，沒有跑去小鎮開小差，基本上就是大家都討厭的督導。不過，平常被督導也罷，克拉倫斯覺得最可憐的還是那些第一排的弟兄，因為這傢伙是他們的排長。

突然間，尖銳的哨聲從山頂傳來且快速逼近，但那不是有人在吹哨，而是德軍的砲彈遠從十二英里外的萊茵河方向呼嘯而來[19]。

高腰褲突然眼睛睜大，抬頭追著哨聲的方向轉。哨聲在哪，他的眼珠就盯到哪。

第一發砲彈落在山腳下，接著一波波向山坡上爬去，逐漸接近E連的位置。每一次的爆炸，不只讓民宅上下震動，也引發大家一連串的髒話。他們覺得肯定是這個高腰褲少尉帶來的不幸，畢竟德軍砲兵前觀可不是瞎子，當他看到了一輛吉普車，不猜上面有軍官那要猜誰？

屋內沒有地下室，恩利和其他人衝進廚房，躲在磚造爐灶的後方。高腰褲則傻呼呼地趴在地板上、雙手抱頭。但只有克拉倫斯一人，雙手抱胸坐在桌子前，似乎置生死於度外，畢竟他經歷了這一切後，已經不在乎會發生什麼事情了。

整棟房子周而復始的上下震盪，積水和污垢混合物如毛毛雨般從屋頂滴下，剛剛的晚餐也在克拉倫斯眼前從盤子上起飛。固定窗戶的木條噴開，聽起來就像一列火車從屋外疾駛而過。

飽受驚嚇的高腰褲慌忙想爬到沙發底下，結果只能卡在沙發與地板之間，四肢滑稽地到處蹬，看似在匍匐前進卻都在原地打轉。克拉倫斯坐在那兒，看著高腰褲修長的手腳掙扎著，搭配震耳欲聾的砲擊聲和混亂的場面時，失控地大笑了出來。

——

很快的，一切又恢復了平靜。正如砲擊來得突然，結束也很突然。

恩利和其他人從爐灶後爬起來，拍掉身上的灰塵。高腰褲將自己從沙發下解放出來，氣喘吁吁且服儀亂七八糟。他轉身到處張望，竟看到克拉倫斯還坐在椅子上，平靜地吃著晚餐，彷彿什麼事都沒發生過一樣。

說。

「如果我坐在這邊會被炸死，那你趴在那邊其實也沒差，」克拉倫斯看著灰頭土臉的高腰褲少尉一時之間什麼話也吐不出來，只瞪了他一下、忿忿不平地離去。少尉腳根才離開大門，恩利跟其他人馬上陷入一陣爆笑。

克拉倫斯終於吃完晚餐，將餐盤丟出後方的窗戶，窗外堆疊著如小山般破碎的瓷器。當他們住進這間房子的頭幾日，每當大家吃飽飯、用過餐盤後，就會大喊：「今晚不用出洗碗公差，」* 接著大手一扔，爽快地將餐盤丟出窗外。不過這個梗已經老了，所以也沒人這樣喊了。克拉倫斯看著他拋出的餐盤碎掉，與那堆破瓷器和瓦礫堆融為一體。

---

* 編註：KP Duty，KP是kitchen police或者kitchen patrol的縮寫，意指那些在炊事兵指引下，在伙房出公差的基層士兵的工作，包括洗碗、備料等勤務。

第七章　喘息

一個月後，一九四四年十月二十九日
德國，施托爾貝格

歡騰的吶喊聲劃破了施托爾貝格住宅區的寧靜。

E連的啤酒派對才剛剛結束。

在日光逐漸黯淡的黃昏之中，克拉倫斯與恩利在城堡南邊的街坊內、循著眾人的歡呼聲而去。他們手中各拿著兩杯剛從德國啤酒桶倒出來的啤酒，不過恩利似乎不太想喝酒，讓克拉倫斯享用加倍的份量。在黃湯下肚後，克拉倫斯沒醉倒，可見酒量不錯。

辛苦在前線待了一週後，E連的弟兄終於可以下山，讓剛收假的G連弟兄上山。為了讓部隊保持戰力，每個連都要在戰車內或附近待命一週的時間，接著隔週再由其他連輪替。現在的德國已經入秋，天氣變得時好時壞，毛毛雨更是家常便飯。連日的陰雨讓萊茵蘭的道路變成「黏糊糊的爛泥巴帶」[1]，這讓大家哪兒都去不了，但這對克拉倫斯來說影響不大。

施托爾貝格現在感覺就像家鄉一樣。

E連在鎮上住進一排有門廊的高房子內，前頭還種滿了整排大樹。每棟房子住有兩輛戰車的車組員，比他們在法國或比利時住過的還要現代化，甚至還有可洗澡的熱水，可讓睡袋攤開的乾燥地板。

克拉倫斯與恩利走在人行道上，看到遠方一位二兵到處拉著經過的戰車兵耳語，然後指著自己住的那間房子。不管他說了什麼，語畢後馬上讓大夥兒兩步併三步走、互相推擠地衝進房子內。

當他們倆走到這位二兵面前時，發現原來是排上的一位阿兵哥。他在貼上來的同時，還四處張望看有沒有軍官在旁，最後在兩人耳邊像個小偷般地低語，說有一個漂亮的金髮德國小姐正在屋內。

「她來者不拒喔。」

克拉倫斯沒意會過來。

「她想跟美國大兵打砲啦！」二兵見他駑鈍，馬上補充。

在家鄉有女朋友的恩利對此嗤之以鼻，克拉倫斯則露出難以置信的表情。二兵緊接著說，施托爾貝格的男人早就因為戰爭而離鄉背井多年了，女人都會想要一些男人的關愛，基本上就是把那位德國小姐形容成一副飢渴的模樣。

聽完後，克拉倫斯決定一探究竟，二兵跟他保證絕對不會後悔。不過，恩利勸他最好打消這個念頭。上級如果抓到他跟德國人講話就可能會要罰錢，更何況是上床。

大概在一個月前，陸軍禁止軍人與外國平民建立關係，不管是交朋友或更親密的行為都是。這道命令讓很多施托爾貝格的居民感到「有些驚訝與沮喪」[2]，因為他們真的很想回歸正常生活，將戰爭拋諸腦後。

高層之所以制定此軍民分離政策，是因為美國報紙刊載了很多美國大兵和微笑德國人的合照，令許多美國平民感到噁心，接著大量的抱怨湧向白宮[3]，結果就是白宮轉向軍隊施壓而成此令。

克拉倫斯向恩利保證快去快回，只是去「偵察」一下而已，二兵也笑著為克拉倫斯指路。

進到屋內，克拉倫斯發現住在這間房子內的車組員早就組織了一個接客系統。先是一名下士歡迎來賓光臨，接著克拉倫斯被導向通往二樓的樓梯間，不過這期間一直有聲音從房子一樓後頭的臥室傳來。

克拉倫斯震驚地在樓梯間止步，他看見至少有六個人在那裡排隊，等著進入「極樂間」。待客的下士輕推了他一下，要他乖乖的排在大家後頭。都來到這一步了，克拉倫斯也沒打算回頭，排到了所有人最後方。

過了一會兒，一名戰車兵離開了房間、走向樓梯間，他擦掉額頭上的汗珠、拉直凌亂的上衣，接著對排隊的弟兄說：「真的讚！」

克拉倫斯挑了眉，察覺到事有蹊蹺。蓬頭垢面的人、門外的二兵、在樓梯間待客的下士，很顯然是同一車的人。他們怎麼會如此殷勤呢？

接著，下士讓隊伍一名在排頭的魁武戰車兵進入臥室後馬上關上房門。但在那一瞬間，克拉倫斯從他站的位置窺見臥室內的狀況。房內只有一盞掛在屋頂的燈泡，非常昏暗，還可看見一個身穿蕾絲睡衣、皮膚光滑的人影，背向他並跪在床上。隨著他越來越往前，他終於可以看見人影的臉孔，她有著起皺的紅唇、煙燻妝和深黑色的睫毛。

突然間，臥室的房門大開，環境光不只掃除了房內的昏暗，五名戰車兵還憋笑著，拿著手電筒照向那個魁武戰車兵的臉以及人影的臉孔。在震驚之中，大個兒發現了極度驚恐的事情，當他靠近一看床上的「德國小姐」，竟發現是個年輕戰車兵假扮的，他頭戴金色假髮、畫濃妝，然後裝出要親親的臉。

大個兒當場氣炸了。

通常在惡作劇曝光之後，調皮的大家會把暴怒的被害者丟出窗外，以確保還能繼續惡搞別人，但那個大傢伙早在他們反應過來前，就直接衝出房門然後警告在樓梯間等待的大家。惡作劇的人見狀後，還想要拉住他並摀住嘴巴，卻造成了反效果。在遭到羞辱後還被這樣對待，大個兒終於忍不住了，他重拳一揮，現場所有嬉鬧的氣氛也跟著揮之而去。

在有人終於動手的情況下，負責惡作劇的那群車組員也還擊，在樓梯間等待的人是大個兒的車組員，他們見狀後也加入混戰。混亂之中，越來越多人從門外衝進來。從他們的神情和動作來看，應該也是不久前被惡整的可憐蟲。小小的房子內，現在到處都是飛舞的拳頭。

克拉倫斯從來沒跟人打過架，且也沒必要打這場毫無意義的架，他的車組員才是他的家人，不是這些人。在一群互毆拳頭、推擠拋丟的男人間，克拉倫斯想側身奮力鑽到出口去，卻硬生生地被卡住了。突然間，一股強大的力量抓住他的後領口、猛力將他拉出大門，當他回過神來時才發現原來是恩利的手。

「我可不想因為這件蠢事，害我還要重新找一個射手！」恩利喃喃自語。

脫離險境後，恩利抓著克拉倫斯回到他們房子。說時遲那時快，尖銳的哨音從他們背後傳來，一群憲兵從暗處衝出，包圍了正在鬥毆的大兵們。

——

幾天後，克拉倫斯、恩利以及其他E連的弟兄在房子後方的連車場集合。

一名身高六英尺的軍官在官兵和戰車之間走過。戰車一輛輛整齊停在一旁，水平的砲管蓋上了防水布，指向同一個方向，看起來就像機械化行刑隊。

在連續好幾晚的審訊之下，惡作劇小組終於揭露了他們的惡行。他們沒想過用手電筒胡鬧其他阿兵哥，最終會讓人被揍到躺在擔架上。但這情況未來不會再重演了，因為連長梅森・索爾茲伯里上尉（Mason Salisbury）在得知此事後非常憤怒。

連長梅森・索爾茲伯里上尉

索爾茲伯里是一名二十四歲的年輕軍官，有著稚氣的方臉，軍小帽底下是一頭金色捲髮。他出身於紐約長島的上流社會，就讀耶魯大學，直到一九四二年[4]放下了學業、足球隊、合唱團等等精彩的大學生活，加入了陸軍。在成為E連連長前的七月間，他是在豹式戰車實彈測試委員會擔任秘書[5]。部隊攻入西牆後，原E連連長重傷，這才讓索爾茲伯里接任連長。他對全連來說還非常陌生，同樣的他對於連長一職也還不甚熟悉。

索爾茲伯里在第二排前停了下來，他們是在鬥毆中得到最多熊貓眼的人。當連長銳利的眼神掃過時，克拉倫斯與恩利不敢動一根寒毛、用盡全身的肌肉維持最標準的立正姿勢。他們倆雖然逃過了憲兵，但現在的問題是全排會不會連坐懲處？

在全連弟兄面前，連長再次強調他們的行為非常令人厭惡，一群男人排隊只為了跟同一個女人上床，而且還因此鬥毆。在被訓話的同時，參與鬥毆的人，眼神慌亂地漂移在彼此之間，似乎在尋求脫罪的希望。倘若連長知道過程中，床上的德國小姐是男扮女裝的話，那現場大家就死定了。

「我應該把你們每個都送軍事法庭！」連長一邊訓話，一邊要他們思考那個女人的私德不只有問題，搞不好還有性病。*

他真的以為床上那個是女的啊！克拉倫斯心裡想著。

參與惡作劇的人，有些也看著假扮德國小姐的那位年輕小夥子。

所幸，連長最後說跟德國人交朋友沒必要送軍事法庭，因為他們已經先把自己的臉丟盡了，這就是他們的懲罰，但倘若未來再看到這位「德國小姐」，一定要馬上回報給各自的排長。

聽到連長的話後，惡作劇者緊憋著，但露出一絲微笑。在一等士官長下達解散後，全連弟兄每個都強忍住不要讓嘴巴爆出笑聲來，就連克拉倫斯都抿著嘴，沉浸在這個憋笑到內傷的情境中。

以美國陸軍的標準來說，他們差不多就像一群被無罪釋放的謀殺犯人。

＊　原註：《洋基雜誌》（*Yank*）在後來的一篇漫畫中，提醒美國大兵要避免被賣身的德國女人（Veronika Dankeschön，簡稱VD）給誘惑，並把那些女人描繪成一個「綁辮子[6]又愛吃酸菜的肥胖女性」。編註：VD（venereal disease）在英文也有性病的意思。

六週之後，一九四四年十二月初

在夜色的掩護下，克拉倫斯從居住的屋內溜走。在沒有人注意到他的情況下，俯身跑過E連住宿的那條街[7]，再沿著石子路跑上了山丘上的村莊。在冬夜刺骨的細雨之下，他披著雨衣、手下夾著包裹。一路上雖無照明，但他不用燈光也能認得路。

城堡在夜空中呈現只有輪廓的黑影，身後的施托爾貝格鎮仍是一片寂靜。一群戰車兵用微弱的手電筒照路，要不就是去看夜場電影，要不就是去從事其他娛樂。

大家的生活漸入佳境。

十一月，稱號「灰狼師」（Timberwolves）的第一〇四步兵師已經將前線往外推，避免此地繼續暴露在砲擊的風險之下，比利時北部的安特衛普港也已開放[8]，得以讓源源不絕的補給品從此輸入。戰車連的伙食已經從只有口糧可吃，進步到有奶油煎餅、雀巢咖啡和巧克力派。

在克拉倫斯的包裹中，裝有廚子偷偷塞給他的晚餐。今晚，他有一個不一樣，但同樣危險的任務：約會。

克拉倫斯見到了那個坐在家門前台階上的女孩。儘管陸軍規定不得與平民接觸，但他實在太想認識那個女孩，還是選擇接近了她。然而，在這個時間點，幾乎每一個美軍都犯了這條規定，大家都想要從返回戰場的恐懼中轉移注意力。

戰車兵都會注意最漂亮的女人住哪，這樣他們才能在空襲的時候躲進去[9]，就連連長都不意外。有一名叫唐納文（Donovan）的下士也想用這招，結果對方打開門時，卻發現連長索爾茲伯里竟躲在那個德國女人家中。為了封口，連長用一瓶威士忌買通了他。不過這個賄賂顯然不夠，用不了多久，全連都知道連長也在幹同樣的事。

從公園那條路對面的山頂上，有著一排磚造民房，蕾西・佛菲（Resi Pfieffer）正撐著傘站在門前台階上，注視著憲兵的出沒。蕾西是一位貨真價實、含苞待放的十八歲德國小姐，有著一雙溫和的綠色雙眼，並通常將她的棕髮往後綁成包頭。

不見憲兵的蹤影。

蕾西和克拉倫斯快速溜進了前門，並在屋內約會。在屋內，他們會一起玩桌遊，共享克拉倫斯帶來的食物，但這一切都得在蕾拉父母的監督之下，他們也會在憲兵上門時強調「此處無美國人」來掩護他與女兒的密會。

對克拉倫斯來說，他雖然才剛開始約會，但這已經是開啟後續無限可能的第一步。那些捧盤子的日子似乎已經是很遙遠的事情了。

蕾西・佛菲

一或兩週後，一九四四年十二月十八日

那天是一個適合待在室內的悠閒下午，灰黑色的雲朵掛在施托爾貝格的天空，看起來隨時都會釋放暴雪，覆蓋整片大地。

每個市民都在做好迎接即將到來的的風暴，到處都可看到年輕媽媽和小孩拖著小拖車到森林裡面蒐集柴火，或者年邁的夫婦帶著沮喪的神情，檢查他們被砲兵轟擊過而破損的屋頂。

在美軍借住的民宅內，爐灶中的柴火正劈啪作響，溫暖了整個屋內。克拉倫斯看了他的錶，計算著他還有幾個小時才能再看到蕾西。此時這位女孩也不是秘密了，現在全車組員都知道她的存在。

在屋內的角落，立著一顆小聖誕樹。這棵聖誕樹是從那座林中到處都是西牆碉堡的森林砍下來，並在樹枝上掛滿空軍轟炸機拋撒，原本用來干擾德軍雷達的鋁箔片。

這是一個充滿希望的節日。全排每個人捐出兩元，集資買了一頭牛要當聖誕節大餐。這是有著虔誠信仰的佳節。有些人與德國人一同上教堂，坐在同一張長椅上禱告。

聖誕佳節中也充滿驚喜。恩利此時甩開門，對大家大喊：「所有人上車！我們要動身了！」「德軍突破某處的防線了！」恩利將他目前僅知的戰況告訴大家，克拉倫斯和其他人聽見後立即站起身來。

事實上，「某處」指的就是比利時的阿登森林。被譽為「老弱殘兵的安靜天堂」和安置未經考驗的部隊的地方[10]。德軍看準了這點，選擇了此處發動奇襲。

此時，從阿登森林傳回的情報非常片面。從已知情報所繪製的地圖，只能「大略看出敵人的位置和接戰區」[11]。雖然可以看出敵軍進攻的模式正逐漸形成——在美軍防線上全力往西邊形成一個突出部，但他們的進攻目標仍然不詳。

克拉倫斯對此十分吃驚，德軍在承受各方面的重擊後，理應無力組織大規模的進攻。就算矛尖師什麼都不做，空襲和東線的蘇軍也應該能將他們打得分崩離析，並從各個戰線上節節敗退才對。

有人問恩利是否能將那頭牛給殺了，然後帶著牛肉上路，克拉倫斯也徵求最後的機會與他的心上人道別。

答案是兩件事都辦不到，因為沒時間了。

恩利要求大家蒐集任何可以找到的保暖衣物，目前軍隊只有給他們雨衣，但現在戰鬥將可能在冬季中進行。這時，克拉倫斯突然有一個想法，反正帶在路上的食物不嫌少，而他剛好又跟伙房很熟，因此自願到伙房去弄點食物。在沒有額外的任務要交辦後，大家各奔東西去張羅動身所需要的物資。

頓時，施托爾貝格陷入一團混亂，道路上到處都是東奔西跑的人。戰車兵從伙房跑出時帶走他們打包的食物，憲兵則盡力在交通瀕臨崩潰的道路上疏通人車。一名E連的戰車車首機槍手甚至趁亂、手提麻袋，到鄰近的農莊偷了三、四隻雞。

步兵也在收拾行囊，當其中一名士兵將細軟塞上半履帶車時，一名後勤兵見狀後驚嘆道：

「老天，這看起來就像電影場景[12]，你們大夥要上戰場去了！」

然而，現場沒有人知道實際上情況有多麼危急。

阿登的激戰已經持續了兩天，德軍還在不斷猛攻。過程中，德軍掌握了巨大的戰術優勢，其步兵對美軍人數比為三比一[13]，戰車數量比為二比一。德軍事先派人剪斷了美軍的電話線、干擾無線電通訊，在無線電頻道中廣播德國城鎮的鐘聲[14]。

為了遲滯攻勢[15]，美國大兵竭盡所能、無所畏懼地投身戰火，他們將樹木砍倒後橫在路上形成路障、將鐵鍊掛在卡車後模擬戰車的聲音，甚至用巴祖卡火箭筒佯裝成火砲，增加德軍進攻的難度和疑心。但最大的問題，是德軍的人數實在是太多了。

——

在車場，手忙腳亂的戰車兵們衝向自己的戰車。克拉倫斯將裝滿口糧的木箱綁緊在戰車上，與其他人一起完成老鷹號的發車前準備。

大家的雪曼現在已經不是原本清湯掛麵的樣子了。它們的側面掛著剛砍下來的自救木，倘若戰車不幸卡在爛泥巴裡，可以放在前方讓履帶抓住後脫困。戰車引擎蓋板上，披掛的黑色防水帆布像皺褶的床單。鏟子、榔頭和備用油桶，塞在任何一處它們可以塞進或綁緊的地方。此外，所有的戰車履帶也都加掛了俗稱「鴨嘴」（Duck Bills）的裝置，它是一種長四英寸的延長版履帶終端連節器[16]，在鬆軟地面上能進一步分散接地壓，降低陷入爛泥地的可能。

混亂之中，文書兵提著一袋聖誕節郵件並唱名領取。有人揹著一袋已經臭酸的烤花生回來，還有人收到信後得知自己的孩子病了，總之沒人收到好消息。

當文書兵高喊：「克拉倫斯．史墨爾！」時，克拉倫斯精神抖擻地去取信，接著從郵袋手中拿過一個用蠟紙包裝的盒子，滿心期待裡面裝有他想要的東西。

在見到美軍東奔西跑的樣子後，德國平民也走到街上一探究竟，並對人滿為患的車場談論與指指點點。同時，克拉倫斯對於無法向蕾西和她的父母正式道別而感到心煩意亂，畢竟她父母對待克拉倫斯宛如養子一般。

在部隊出發到前線之前，所有車長聚在一起開會。矛尖師所屬的第一軍團，除了將最老練的幾個師派往前線救火，也向前線達增援六萬人[17]。

「如果你的其中一個部下受傷[18]，就給他一劑嗎啡、蓋毛毯然後上檢傷標籤，並將他放置於路邊。若你的車輛癱瘓，後方的車輛會將它推離路面。我們在明日黎明時要抵達戰場，」部分車長在會議中被如此告知。

——

時間不過下午五點，但光線已經相當昏暗。E連的戰車呈縱隊[19]穿越施托爾貝格，後車的頭燈讓前車看起來像一面周遭圍繞著亮光的黑色陰影，魚貫地駛向「未知的位置」[20]。透過潛望鏡，克拉倫斯不需要地圖就知道他們要離開德國，因為往施托爾貝格南邊的路，就是要去比利時的方向。

當縱隊彎過轉角時，戰車兵看著他們此生無法忘懷的景象。人行道上站滿了德國市民，男女老少都有，許多人手上還拿著油燈與蠟燭。在整個單位中，克拉倫斯並非唯一一個被德國家庭當成養子的人。

為了讓克拉倫斯看他的愛人最後一眼，恩利讓他站在車長席上，用最後的機會找尋蕾西的身影。克拉倫斯左顧右盼，只看到無數的臉孔劃過他的視野。情緒激動且頻頻拭淚的女人、揮舞手帕祝他們好運的男人，甚至還有跟著戰車一邊跑、嘴裡還喊著道別的小孩。倘若德軍重返此處，現場這些居民都會被當成通敵者，但那些人仍選擇繼續向美軍道別。

克拉倫斯脫去了頭盔，希望蕾西能認得出他來，但他們通過人群的速度實在太快了。當戰車縱隊離開城市並鑽入黑夜時，他的雙眼仍盯著尚燈火通明的城市景色不放。居民仍繼續向美軍揮手，他們手中的燈光依然溫柔地搖曳著。在施托爾貝格的三個月裡，讓克拉倫斯找回了自我，讓他和車組員從恐懼中解放，但他們現在要將這一切放下，並前往遙遠的冬季戰場。

在鄰近的雪曼中，有一名車首機槍手正急忙地將偷來的雞拔毛。

第八章　第四輛戰車

五天後，一九四四年十二月二十三日

比利時南部

一輛接著一輛，E連的僚車跟著長車，沿著道路、繞過雪地不斷前進。每一輛雪曼都被雪花覆蓋著，引擎震響、使勁地在嚴寒之中排出廢氣。當來自「俄羅斯的寒風」[1]吹散天上的積雲後，午後的太陽向大地撒下了如光柱般的陽光。繞過鄉野，戰車沿著阿登森林那參差不齊的松木林前進。歷經了五天之後，盟軍終於將這一切的亂局起了個名字：「突出部之役」。

在縱隊的第四輛戰車上，恩利低伏在老鷹號的車長頂門之外，頭戴風鏡、穿著好幾層衣服外加防水風衣，抵禦著吹襲而來的刺骨寒風。戰車縱隊緩緩沿著N4公路往南爬行，引擎的廢氣瀰漫在整條公路之上。

他們在斯托爾貝格南邊稍做休息，現在輪到第二排作為前導排。部隊在每次的機動後都會輪調，讓各排輪流擔任前導的任務，而同排的各輛戰車上的車組員也會輪流值勤警戒。在戰車排的戰鬥隊形配置上，每輛戰車會保持三十碼的間隔。第一輛戰車控制全排行進速度，主砲向前，第二輛戰車緊隨在後，警戒區也放在前方以防第一輛戰車漏掉威脅，第三輛警戒右翼，第四輛警戒

克拉倫斯拿下了手套，接著拆開他在離開施托爾貝格時領取的郵件。拆開蠟紙包裝後，他馬上看到了裝滿巧克力軟糖的白色內盒。這個味道，自從以前第一次聞到它之後，克拉倫斯就一直無法忘懷。

在利海頓的老家，他在溜冰場交到的好友妙芭・懷特黑德（Melba Whitehead），親手做了巧克力軟糖當作聖誕禮物送給他。克拉倫斯發誓在抵達戰區前絕不把它拆開，但他覺得現在已經夠靠近戰區了，開始將軟糖挖起來吃。不知道是因為緊張的氣氛，還是因為已離鄉背井超過一年的關係，他覺得這盒軟糖真的是史上吃過最棒的一盒。

克拉倫斯是個可以靠吃巧克力過活的人，且他還真的做過。在跨越大西洋航程的第一天，一個暈船的美國大兵吐在他的餐盒內後，大家就不曾看到克拉倫斯人跑去哪了。他沒來吃飯，也不在床位上，棉被看起來也沒動過。最後，保羅・菲爾克拉夫在上層甲板、煙囪旁找到正在睡覺的克拉倫斯，且身邊到處都是「好時」巧克力的包裝紙。保羅把他叫醒，要他快點回到艙內，克拉倫斯拒絕了，他不想要繼續排隊打飯，他想到了解決之道。每當船上的福利社開門時，他就去買一盒「好時」巧克力霸，接著連續十天[8]都靠這東西過活。

戰車停下後，冷風不再高速從頂門吹入，車內變得稍微暖和了點，當然這也可能是幻覺。但不論是真實或幻覺，克拉倫斯都正在慢慢地一口一口吃掉軟糖。

儘管戰車是成群結隊的出擊，但當排成縱隊且身處第四輛車時，遭遇到敵人後跟前方戰車的處境是完全不同的。就他經歷過的戰鬥來說，縱隊往往只有第一輛戰車在戰鬥，其他車只是待命。

在第一輛戰車的砲塔上，一個纖瘦且年輕的車長正用望遠鏡掃視前方的地平線。這位車長第一次參與實戰，因此他做的任何事情都依照教範所教的那樣照本宣科。

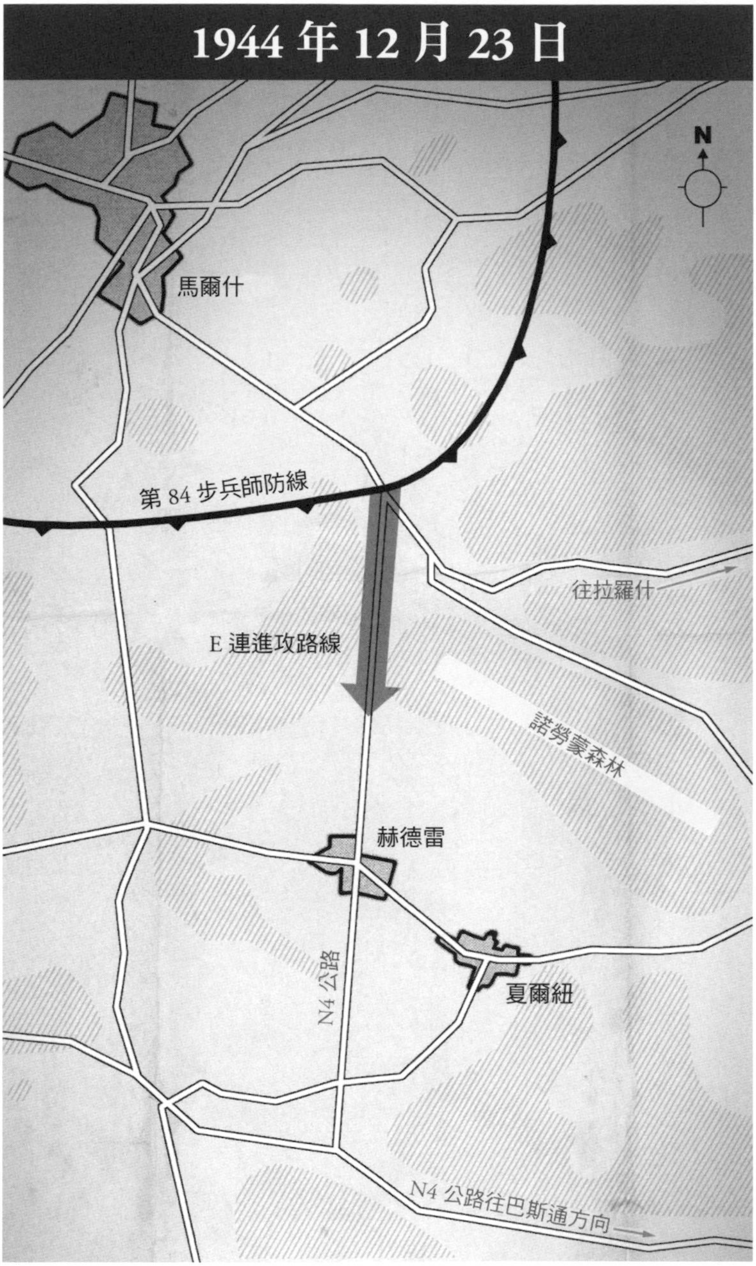

戰車作戰中，視野的重要性高於一切，先發現敵人的一方通常最有機會開出第一砲。根據英國的研究，如果比敵人先開火，有高達百分之七十[9]的機會可以存活。

那位正在使用望遠鏡的年輕車長是查理・羅斯少尉（Charlie Rose），時年二十二歲，有著一頭黑髮，笑起來時下巴會出現酒窩顎。他是在施托爾貝格時，剛被分配到其他排的菜鳥少尉，不過今天換他負責領導第二排以增加經驗。

他的個人資歷看起來就跟戰爭債券的廣告一樣華麗。

羅斯過去就是個受歡迎的人物，除了高中時擔任學生會會長之外，還是美式足球隊的明星球員。畢業之後，他被老家芝加哥附近的德堡大學（DePauw University）錄取。戰爭爆發後，他休學與原本擔任股票經紀人的父親一同加入陸軍。留在老家的妻子已經懷有身孕，還計畫要與開拓重工（Caterpillar）在全芝加哥的經銷商——他的岳父一同銷售拖拉機。

但這些計畫都要等到戰爭結束以後再說了，現在他的任務是要獵殺敵人戰車。羅斯接收到的命令是掃蕩至下個十字路口前的道路[10]，預期將遭遇敵人的抵抗。

E連現在所走的道路，其實就是日前德軍第二裝甲師[11]攻擊時馬爾什所走的同樣路線，只是後者被守軍擊退了而已。

但他們現在在哪？總有人要去一探究竟。

同樣也叫羅斯，但跟本排菜鳥排長沒關係的第三裝甲師師長莫里斯・羅斯少將（Maurice Rose），在今天早上向各級軍官下達了最新命令：「要讓每個人都清楚知道[12]，我們必須堅守於

查理・羅斯

此，否則我們不光會被逼退，且戰爭還要再重打一次。」

這時，羅斯少尉一聲令下，戰車縱隊繼續朝赫德雷前進。這裡的房子是用薄長的石塊堆疊而成，看起來跟殖民時期的新英格蘭地區的傳統房子如出一轍。

戰車開動後，克拉倫斯不情願地合上軟糖盒，刺骨的寒風再次吹進了車內。當羅斯的戰車開到與第一棟民宅的台階齊平時，德軍大砲發出巨響，直接射斷了羅斯戰車的履帶。在猛烈的金屬撞擊聲中，戰車瞬間搖晃後嘎然而止。從裝甲上被震飛的雪花就像滾滾黃塵，只是變成白色。

看來他們已經找到了德軍第二裝甲師的位置了，但壞消息是對方先找到了他們。

「排長車中彈！」恩利喊著。

克拉倫斯馬上將主砲搖向正面。

第二輛由排附指揮的戰車，正停滯在聚落的入口前，砲塔左右轉向、急忙搜索敵人。但不管是排附還是他的射手，都沒看見砲彈從何處射來。

從剛剛的驚險中回過神後，羅斯和他的車組員馬上脫離戰車，衝進旁邊的溝壑內撤退。雖然催促著所有人加快腳步，但羅斯並沒有跟著撤離，而是爬上了排附車。

他站在砲塔後方，引導排附往前向左邊搜索，也就是羅斯最後見到敵戰車的方向。當排附蹲進砲塔內告訴射手往何處瞄準時，羅斯則繼續觀察敵方動向。

突然間，一發拖著火熱綠光的德軍砲彈從正面劃穿了冰冷的空氣，在命中戰車砲塔後，發著紅色亮光的大塊破片直接打穿了羅斯的肚子，幾乎將人腰斬，接著他了無生息的軀體直接癱軟在戰車旁。

見到這幕後，克拉倫斯震驚到差點從座椅上跌落，還把他寶貴的巧克力軟糖撒了一地。恩利鑽進砲塔，咕噥著剛剛的破片差點把自己的頭給削掉。克拉倫斯眼睛回到潛望鏡前時，心裡想著剛剛那件事情是真的嗎？少尉真的死了嗎？答案毫無疑問是肯定的，因為雪地流滿了羅斯遺體沿著戰車裝甲滴下的鮮血。排附和他的車組即刻逃出已經受損的戰車。

「回報狀況！回報狀況！」位在縱隊後方的連長索爾茲伯里在無線電上喊著，亟欲了解前方的狀況。

但前方沒有人回應連長，因為所有配備雙向無線電的戰車都已經被擊毀了。

克拉倫斯盯著潛望鏡外雜亂、慌忙的景象，眼珠慌忙地轉動著，恐懼更如漩渦一般佔據了他的腦袋。在施托爾貝格過了近三個月的安逸日子後，克拉倫斯的反應力已然遲鈍。隨著前兩輛戰車被摧毀，只剩下一輛戰車還擋在他與敵人之間。原本那個專屬於第四輛戰車——老鷹號的安全區——現在已經不復存在了。

恩利重新站了起來，探出頂門對著克拉倫斯說：「保持你的主砲指向，假如那是豹式的話，你知道該怎麼處置。」

克拉倫斯的胃部感到一陣寒意，陸軍雖然找出了豹式戰車正面的弱點，但那弱點的範圍並不大。在近距離——短於兩百五十碼——七十六公厘主砲可以貫穿豹式的砲盾[13]，也就是砲塔正面保護主砲周遭區域的裝甲，但也僅止而已。透過指向前方的潛望鏡，克拉倫斯靜候敵人戰車進入他的視界。此時，他甚至能聽見自己的心跳聲。

這時，前方外號「卡津仔」（Cajun Boy）[*]的法蘭克・奧迪弗萊德下士（Frank Audiffred）所指揮的戰車，似乎受不了迎面而來的壓力，突然往右轉開進了淺溝。

克拉倫斯難以置信地看著，難道卡津仔要拋棄友軍了嗎？

二十三歲的卡津仔來自路易斯安納濕地地區、不按牌理出牌的人物，他的堅毅精神在E連之中是一種傳奇的存在。在實戰中，他共有四次戰車被貫穿的經驗，但每一次砲彈都奇蹟似地從他的下方掠過。但這一次令人意料之外的行為，當下也只有卡津仔和自己的車組員知道他們在做什麼。

克拉倫斯持續將十字絲對準前方的地平線，當他意識到自己已經從第四車變成第一車時，突然全身起了雞皮疙瘩。

就在此時，卡津仔的戰車從右邊重新出現在克拉倫斯的視野，正朝上坡開去。克拉倫斯讚嘆他的膽量，看來卡津仔並不是要逃跑，而是打算繞過村莊對敵進行側襲。

那輛七五砲型雪曼履帶攪動著積雪，緩緩地在雪中爬行，曾經擔任過射手的奧迪弗萊德命令裝填手預先在主砲內裝填高爆彈（HE）。這種彈種通常用來對付輕薄的車輛、建築和散兵，而不是戰車。但他在諾曼第作戰時，曾先用高爆彈癱瘓一輛德軍四號戰車，接著再換成穿甲彈（AP）並移動到有利射擊陣地打出致命的一擊。

車上的無線電開始吱嘎作響，其中一個在縱隊後方的車長突然在頻道上喊道：「敵人正在迂迴！」

其中一輛戰車發現左邊的森林中有動靜，代表德軍正派遣他們的步兵從側翼逼近他們，並跟正面的德軍戰車共同壓縮他們的生存空間。

＊編註：卡津意指居住在美國路易斯安那州，法裔加拿大人的後代。

連長下令全連撤回馬爾什防線，所有戰車立即各自左右迴轉，開始撤退。這時，在克拉倫斯前方由卡津仔指揮的戰車，也同時在雪地中緩緩地劃出了一個迴圈，別無選擇地將車尾暴露對著敵人的方向。

現場是一團混亂，恩利突然意識到沒有任何一輛戰車將砲口指向威脅可能出現的前方，而那頭有德軍戰車已經是不爭的事實。如果對方繼續往前，露出稜線之上，它可以像獵鴨子一樣把逃跑中的雪曼給打掉。

恩利告訴克拉倫斯用高爆彈進行火力壓制，掩護大家撤退。他說道：「我們要嚇嚇他，免得他追上來。」

克拉倫斯不明白恩利的命令，畢竟德軍戰車還沒有暴露出來，那他到底要往哪打呢？他問道：「那我要往哪打？」

「隨便打。」

恩利下令駕駛手開車撤離，在老鷹號做了一個緩慢的三點式掉頭、砲管也跟著其他戰車指向同樣的方向時，引擎頓時提高了音量。接著，克拉倫斯將主砲搖向後方、瞄準村莊的入口。儘管在直管鏡中沒看見任何敵人，但命令就是命令，他的腳踩下了主砲扳機踏板。

爆炸震盪了山上的整座聚落。雪曼邊後退、邊往前開砲，克拉倫斯反覆左右開砲。在被擊毀的雪曼前方，礫石與積雪從路面上拋起、令石牆變為瓦礫，也將樹木炸成殘渣。每開一砲，砲尾也跟活塞一樣瞬間往後退，接著在砲門開啟的瞬間拋出仍冒著滾滾白煙的空彈殼。砲尾復位後，裝填手便立即裝入新砲彈，克拉倫斯也重新瞄準下一個目標。

在開火時，卡津仔的戰車重新出現在了克拉倫斯的視界之中，並沿著道路將一旁厚實的積雪給鏟開。

克拉倫斯繼續朝稜線上發射砲彈，十字絲隨著後座力和行駛的震動而跳躍。此時精準度並不重要，因為在他需要在與德軍戰車之間創造一個持續爆炸的區域，製造像砲擊一樣的效果，且應該沒有敵人想開著戰車直接穿越砲擊。

這正是恩利的計畫。

卡津仔的戰車終於開回到路上，跟著大家一起撤退。克拉倫斯停止了射擊，並將向後警戒的任務交給了那輛戰車。

克拉倫斯身旁的砲膛竄出濃濃的硝煙，恩利透過望遠鏡繼續觀察稜線。他所看見的變化只有雪曼的殘骸慢慢消失在稜線之下。

看來計畫奏效了，敵戰車在取得雙殺後就不再向前。

克拉倫斯將腳移開了扳機並喘了一大口氣。砲塔籃底散落著空彈殼以及他的軟糖。

第九章　希望

當晚，一九四四年十二月二十三日
比利時，馬爾什南方數英里處

三輛雪曼靜靜停在積雪覆蓋的常春藤樹枝下，目前一切都十分安靜。結冰的大地在月光照耀下閃閃發光，戰車的身後，是高聳入夜空而漸黑的諾勞蒙森林（Bois de Nolaumont）。附近有一或兩個排，躲在之前自己挖在林線下壕溝內的步兵。氣溫大約在零度左右[1]。

偽裝已經完成，戰車兵將常春藤樹枝蓋在戰車上，鋪蓋在上方的雪也因為嚴寒而硬化。即便月光直接照到他們，光憑肉眼很難發現眼前有數輛戰車。

大約七十碼外，空地那頭有一座比利時人的小村庄，時不時從小屋窗戶內透出的暖色燭光，讓必須睡在冰冷戰車之中的戰車兵感覺更心寒。

這三輛戰車是第二排的僅存兵力，連長索爾茲伯里命令他們必須在這條小路鎮守，並幹掉任何會動的東西。其餘的E連兵力大約在一英里半外緊盯N4公路的動靜，每一條道路的控制權對防禦馬爾什都至關重要。戰車雖然可以不走道路而改採越野的方式前進，但到目前為止，為了保持速度，德軍都選擇行駛在道路上。

現在美軍唯一能做的只有等待了。

夜晚的嚴寒透過裝甲一路傳進戰車內。在老鷹號的射手席上，克拉倫斯用毛毯把自己包起來，連鞋子都沒脫掉就鑽進睡袋內，接著用睡袋多餘的部分緊緊圍在脖子的周遭。假如現在戰車被敵人打中，包成像個肉粽的他大概沒辦法跳車逃生，但他已經覺得無所謂了。

這一天的事情讓他徹底心寒，所有的努力都是徒勞無功，不管他做什麼都沒有意義，雪曼戰車的裝甲在德軍大砲面前跟紙糊的差不多。

另一名E連的射手，二兵約翰・丹佛斯（John Danforth）寫了一封信秉報上級關於大家的挫折感。這封信甚至一路傳到了艾森豪將軍的辦公桌上。信中寫道：「有兩輛我指揮的戰車[2]被打爆的經驗，看來造這些戰車的人並不知道德軍火砲的威力。我還看過德軍主砲先貫穿兩棟房子後，再貫穿一輛M4戰車，接著又穿出去打進另一棟房子。」

在夜裡，克拉倫斯定期在潛望鏡的目鏡面前哈氣，接著用手指擦拭鏡片。無線電保持靜默，冷風呼嘯吹進半開的車長頂門蓋，之所以還沒完全關閉，是恩利需要用聽的探知敵人的動態。他的鋼盔黏滿了紛飛的雪花，為了提神，他三不五時把即溶咖啡粉直接倒進嘴巴裡咀嚼。

當他們在馬爾什的修道院時，院裡的加爾默羅會（Carmelite）修女會為負責守城的八十四步兵師弟兄盛熱湯。修女院長問了其中一位美國大兵，這裡德軍多不多。

她得到的答案是肯定的。

「那我們會為你們禱告，」[3]院長向大兵承諾。

「謝謝，」大兵感激地回應她：「請幫我們多多禱告。」

星艾羅爾．弗林（Errol Flynn）相似的酒窩，且也修了類似的細八字鬍。他將查克帶入車內，彷彿是在窩藏逃犯一樣。

查克回到了射手席上[6]，由於暴露在寒風中太久，他體溫過低而臉色蒼白、不斷抽搐。比爾為他蓋上了毛毯，並叫其他人拿來噴燈。平常的時候，噴燈是維修時用的，但現在的用途不太一樣。比爾從他人手中接過噴燈後點燃，接著交給查克自行用來取暖。漸漸的，查克在比爾緊盯之下恢復生氣。

二十八歲的比爾相較大部分的弟兄稍微年長，也是一名新接手的幹部。他在一個月前才升上車長[7]。一名虔誠的衛理公會教徒，時常埋首於聖經之中，特別喜歡一首名為：「上帝曾在那」（And God Was There）[8]的士兵詩歌。

比爾．海伊

在施托爾貝格有一段大家都意志消沉的期間，卡津仔一度因不知道要向女友：莉莉（Lil）在信中寫些什麼而苦惱，比爾自願為他代筆並交代E連的動向。但比爾的協助還發生了意想不到的結果，正如卡津仔在信中提到：「他是一個超級好心的人[9]，但現在他讓排上的大家都問我是否能寫信給妳當筆友，妳也知道這裡有超多阿兵哥的。」

但在比爾的眾多特質之中，查克在今晚最需要也最欣賞的一點，就是比爾．海伊能守口如瓶。

漫漫長夜尚未結束，克拉倫斯在睡袋內睡睡醒醒，寒意穿過層層衣物直抵後頸，他反射性地縮頸彎腰，這時他的頭盔突然被某種液體噴濺到。

結霜正在融化。

此時在砲塔籃下、戰車右前方的副駕駛席上傳來了微弱的光芒和嘶嘶聲，坐在那位置上的是身材矮小、脾氣暴躁且愛逞兇鬥狠的車首機槍手：二兵荷馬「老煙槍」戴維斯（Homer "Smokey" Davis）。二十歲的他來自肯塔基州的莫爾黑德（Morehead），眼眸下沉重的眼袋是他出身艱困的印記。此人走到哪都戴著戰車兵帽兜，且香菸幾乎不離身。

在睡袋內的克拉倫斯傾身，看見車首不斷跳躍的陰影後，他就知道老煙槍點著了汽化爐，接著熱氣一路蔓延到了砲塔室。克拉倫斯坐回到席位上，同情起了他的朋友，因為他正坐在車上最冷的位置。

熱氣持續融化了車上的結霜，更多冰冷的水珠開始從裝甲壁上滴落。克拉倫斯的領口和肩膀開始被浸溼，但他想汽化爐中終究會用光燃料，所以沒有吭聲。

這時牢騷聲出現了，因為恩利也開始被滴到，接著他拿起麥克風後喊住了老煙槍。

老煙槍嘴巴微弱地吐出了聲音，他說：「真的好冷，我已經受不了了，」此時，他的雙腳因為無空間可活動而整個凍僵了，因此他脫掉靴子，將雙腳放在汽化爐上加溫。

荷馬「老煙槍」戴維斯

就在德軍裝甲師襲向這裡的前一晚，恩利提醒老煙槍關於噪音與燈火管制的重要性後，又補了句：「你頂多就掉幾隻腳趾頭而已，」便結束了對話。

汽化爐停止發出嘶嘶聲，戰車內再次變得一片漆黑。

——

此時，機械的震動聲在夜空下傳盪，叫醒了三輛戰車內的人們。

還包裹著睡袋的克拉倫斯坐起身來，皺了皺眉頭。他那被淋濕的外套已然結凍。看來外頭有動靜，他清了直管鏡上的結霜，接著打開了一個開關，讓十字絲亮了起來。

在恩利將頂蓋推得更開時，一連串的機械聲也順勢灌入車內——引擎的噗噗聲、換檔聲、履帶摩擦聲。聲音從森林一路移動到左前方，且越來越大聲。

昏暗的頭燈從森林中射出，若隱若現地掃過了戰車前的空地。

克拉倫斯解開睡袋，將眼睛貼在直管鏡上後，被眼前的情況嚇得震了一下。一輛裝甲偵察車帶著縱隊的車輛從森林中出現，從左至右穿越克拉倫斯的視野。只有偵察車開著頭燈，且用遮光罩調暗了車燈，其他車輛緊隨其後，他們的燈都熄了，只有月亮映出車輛的輪廓。

那是德軍，他們為了躲避盟軍戰機和轟炸機而選擇在夜間行駛。

「克拉倫斯，保持追瞄，」恩利下令道。

被月光襯托出輪廓的黑影持續逼近。

這列夜間車隊，幾乎每一種德軍戰爭機器都在行列中，包括水桶車（Kübelwagens）、歐寶閃電卡車（Opel Blitz），和鼻子看起來鈍鈍的半履帶車。

當它們開過去時，每一型車輛獨特的噪音從漸大再淡出，接著全新的噪音逐漸帶入。那是德軍戰車金屬履帶摩擦的吱呀聲，它們接二連三沿著道路行駛到開闊地上。車上的梅巴赫V－12引擎（Maybach V-12）咆哮著，令些許藍色火焰從排氣口噴出，在駛過時讓大地為之震動。

克拉倫斯穩定地讓十字絲置追瞄在輪廓中央，由左至右、重複追瞄。它們的身影隱沒在村莊中，接著又從另一端再次出現。在追瞄目標時，馬達運轉聲也伴隨著砲塔轉動發出。雪曼的砲塔轉速很快，最快只需要十五秒即可迴轉一圈[10]。

「他們會聽見我們的！」老煙槍在通信系統上低語，但沒有任何人回他。

敵人戰車繼續靠近，克拉倫斯發誓那距離已經近到能聞到引擎廢氣味。

恩利緊盯著敵人，並指示克拉倫斯待命射擊。

克拉倫斯的心跳加速，腦中瀰漫著想立即開砲的念頭。這些戰車很可能是德軍第二裝甲師的後衛，正全速要追上大部隊。克拉倫斯仔細端詳了眼前的眾多輪廓一番，試圖要弄清楚他們到底是什麼型號的戰車。某些有尖尖輪廓的可能是豹式，有些四四方方的可能是四號戰車，搞不好還是傳奇的虎式戰車。虎式戰車是一種重達六十噸的巨無霸[11]，但因為過重而無法跨越大部分的橋樑，且因為過寬而在上鐵路板運時還須換裝窄履帶。

但現在，克拉倫斯可以摧毀任何一輛戰車，這些德軍戰車都暴露出其脆弱的側面了。

「目標看起來像什麼？」恩利用猶豫的語氣詢問克拉倫斯。

克拉倫斯思索良久，最終給了恩利一個可能讓預期結果改變的答案。

月光照映下的德軍戰車正逐漸遠離，三輛雪曼都各自可摧毀其中一、兩輛，甚至連步兵都能用他們的巴祖卡火箭筒打掉一些。但如果其中一輛戰車轉過來對付他們呢？雪曼戰車的背後是森林，無處可逃，本身也承受不了任何一擊，如果敵戰車出現砲口焰光，將會是他們見到的最後畫面。**現在開砲就跟自殺沒兩樣**。

「不太秒，包伯，太多敵人了。」

假如這是小縱隊，他們還可以處理，但現在發動攻擊簡直就像拿手指去戳大熊。

恩利同意，但同時也要克拉倫斯知道，假如其他人開火了，他們也只能別無選擇地加入戰鬥。在沒有無線電發射器的情況下，恩利沒辦法告訴卡津仔或比爾・海伊他們不要開火。

當克拉倫斯停止追瞄目標後，砲塔內的馬達聲也嘎然而止。

他很不想讓德軍就這樣溜走，但其實也沒有什麼選擇的餘地。在夜裡的考量與白天會不太一樣，因為他現在不會將眼前的戰車當作有人在操作的機器，而是一群正在找尋受害者的鋼鐵怪物。

「讓他們通過吧，」恩利嘀咕著。

在車外，由雪曼戰車和步兵組成的防線仍一片靜默。他們告訴自己：**要慎選戰鬥，反正他們的死期遲早會到**。

每個在老鷹號內的人也都保持靜止不動，深怕在水桶車吵雜的引擎噗噗聲中，德國人的耳朵還能聽到他們的動靜。接著，大家的腦中又開始思索戰車的偽裝夠不夠好，當初是不是應該多丟兩根樹枝在上頭？

克拉倫斯這輩子從未如此認真考慮被俘虜後的狀況。

他在身邊的車側置物箱內，擺有一把在法國從德軍軍官那拿來的魯格手槍（Luger）。傳聞說如果德軍捕獲一個持有魯格手槍的敵人，那下場就是把槍口塞進這個人嘴裡扣扳機。他現在還能把手槍藏到哪？

「讓他們過。」

在腎上腺素作用下，克拉倫斯感受到刺骨的寒冷且渾身顫抖，貼在砲身旁的手錶，秒針每動一格都像搖一次晚餐鈴一樣大聲。他的右手蓋住了手錶、壓住了噪音。

年幼的時候，克拉倫斯不太清楚要如何禱告，直到一個鄰居為他添購了一套西裝，好讓他可以定期上教堂。之後，他就模仿其他信徒的一舉一動，大概就是如何禱告或為人禱告之類的。現在他正在做一件多年習慣養成而自然不過的事：跟上帝說話。

克拉倫斯遠離了直管鏡，接著雙手緊緊抱胸好讓自己更暖活點。戰車將他包覆著、束縛著，令他無從在怒吼中的德軍車隊前逃跑或躲藏。

在一片死寂中，克拉倫斯此生中從未有過如此艱困的禱告。

——

破曉之時，被德軍戰車履帶蹂躪過的空蕩蕩道路也顯露無遺。

戰車兵紛紛從三輛雪曼戰車冒出，經過了那令人難熬的一夜後，克拉倫斯對於能從潛望鏡中再看見曙光而心存感激。

沒人會向上級回報他們默許一列德軍車隊安全通過，也沒人會談及被綁在吉普車引擎蓋上的羅斯少尉，為何會神祕地出現在指揮部營帳外。

畢竟，對於不在現場的人來說，這一切都很難以理解。

——

隔日，聖誕節早上

一群像極了流浪漢的戰車兵群聚在戰車後方，正用引擎廢氣溫暖他們的雙手。時間大約是早上十一點，火砲的轟擊聲劃破了晴空，反射著陽光的雪地顯得閃閃發光[12]。

此地除了E連之外，還有一個戰車連和一個步兵連的支援兵力在附近待命。這些特遣隊受命擔任預備隊，並待在馬爾什北邊六英里處[13]的友軍控制區內。倘若德軍打穿防線的話，指揮官就會呼叫他們出動。

美國工兵正在馬爾什南邊的聯外道路鋪設地雷，其滴水不露的程度，甚至連人行道上都佈滿詭雷。城區之外，砲兵弟兄為了將源源不絕的砲彈送進砲膛內，其全身散發的熱量之高，即便在天寒之中也將上衣脫去[14]。他們發射的砲彈在南邊的防線外畫出一道圓弧形的打擊區，目的是阻滯德軍前進。此時接替德軍第二裝甲師的新單位已經抵達，並重新朝默茲河發動猛攻。

在克拉倫斯的雙手重新回暖後，便離開了戰車後方，畢竟引擎廢氣雖然在天寒地凍時會令人感到舒服，卻也會讓全身變得骯髒無比。他之所以會主動跑來吹引擎廢氣，是因為他此前找醫護兵處理自己的凍傷時，對方只不過是替他的腳指頭加溫就叫他離開醫護所了，醫護兵有更嚴重的傷患要處理。

這裡被稱為「福吉谷陰影」（Shades of Valley Forge）[15]，部隊的戰鬥日誌這樣寫道。「寒風會高速從白雪茫茫的比利時山丘頂上橫掃而下，戰車兵便發現他們的戰車，會從戰爭機器變成機械化冷藏櫃。」

今年的聖誕節沒有報喜或舉杯歡呼，克拉倫斯未曾感到如此強烈的失鄉感與被遺忘感。在他的印象中，當他的家鄉在過聖誕節時，路燈會串起聖誕節的燈泡，第一街上的商店展示櫥窗[16]也會擺滿商品。家家戶戶在詔示耶穌降臨的鐘聲敲響後，都會披著長外套魚貫從教堂內走出。

當克拉倫斯還小時，他曾經跟其他一樣清貧的小孩排隊站在市中心的老鷹俱樂部（Eagles Club）門前，在與裡面的聖誕老人聊上一會兒後，將會得到一盒禮物。接著，他會帶著禮物到公園去，享受整個聖誕節中他最愛的部分，拆開裝著一盒糖果和一顆橘子的禮物。

克拉倫斯的家庭教育給了他健全的價值觀，那就是不論情況看起來有多糟，永遠都有人比自己更慘。而此時的他，腦中想著的是保羅的母親，以及羅斯少尉的遺孀：海倫，不知道這兩人過的是什麼樣的聖誕節呢？

大約在中午時刻，一輛卡車停在戰車後方，克拉倫斯探頭探腦看著卡車是否送更多的彈藥來了。

車尾門板放下，克拉倫斯難以置信地看著卡車貨艙，裡面裝的不是彈藥，而是遠比彈藥要好的東西。伙房兵蹲在冒著白煙的伙食加熱容器後。看來聖誕奇蹟沒有缺席，只是晚到了而已。

克拉倫斯和其他車組員拿著餐具，一起排進了正在快速向前移動的隊伍。當每一個人盛到飯菜後，伙房兵就會祝他聖誕快樂。在盛滿熱騰騰的食物和咖啡後，克拉倫斯和其他人將伙食放在戰車擋泥板上當餐桌。眼前這頓聖誕大餐配料俱全，餐盒內裝滿了雞腿棒、肉餡、馬鈴薯泥、肉汁和一片新鮮剛出爐的麵包。

每吃下一口，克拉倫斯的心情就越來越好。看來，還是有人關心他們的。

不久後，嗡嗡聲從天空遠處傳出。

克拉倫斯和其他弟兄拉長了脖子，抬頭四處找尋到底噪音從何而來。此時，正朝西邊飛去，如金屬絲般發光的美國轟炸機隊，在天空中拖曳著許多條白色的凝結尾跡。

美國第八航空軍正要返回基地。

近四百架B－24轟炸機[17]已經完成對德國西半部的轟炸任務，它們精準地針對鐵路調車場和交叉路口進行轟炸，這進一步擴大前一晚空襲行動的效果。有超過三百架英國皇家空軍的軍機[18]，在當時襲擊了德軍運輸機使用的機場，目的是透過阻止德軍利用空運方式進行補給，達到遲滯阿登地區德軍部隊的目標。德軍士兵絕對有注意到這點。其中一名德軍戰車兵見後甚至說道：「在我們的頭頂上[19]，川流不息的轟炸機隊正飛向帝國。懷著沉重的心情和無助的憤怒，我只能充滿絕望地盯著它們。」

長達三十分鐘的時間，轟炸機一波波[20]飛過大家的頭上，引擎聲鳴叫在天寒地凍中迴盪著，克拉倫斯與他的弟兄們盡情地享用著他們的聖誕節大餐。

幾天以來，克拉倫斯的嘴角終於第一次上揚。身後有個強大的友軍撐腰，局勢又再度扭轉回來了。

這場戰鬥的勝負已成定局。

第十章　更大的盤算

將近兩週後，一九四五年一月七日
比利時，大薩特

E連的雪曼沿著兩側都是枯樹的上坡前進，履帶的摩擦和撞擊聲也隨著油門的加深而增大。現在大約是早上八點半左右[1]，路面覆蓋一層薄冰，蔚藍的天空[2]透過頭頂峭壁上的樹冠向我們招手。

排在縱隊中前幾輛的老鷹號，看起來糟透了。擋泥板上掛滿了冰柱，結凍在底盤上的樹枝讓戰車看起來像長了鬍渣。此時，腦袋探出頂門的駕駛手，努力避免讓這輛三十三噸的機器打滑到路邊的溝壑。他的雙手握著轉向桿，只要拉動左右任一根，就可以將戰車的車頭帶往那個方向。

老煙槍在頂蓋旁稍微側了一下頭，測量履帶距離道路邊緣還有多遠。戰車兵身上的污垢，是他們在馬爾什往東一路打了三十六英里的證明[3]。「我們身上的泥土[4]甚至已經多到可以拿來種馬鈴薯，」卡津仔寫道：「有時我也在想到底要怎麼把這些髒東西刷掉。」

戰鬥已經接近尾聲。

德軍第二裝甲師最後只衝刺到距離默茲河邊約三英里處[5]，馬爾什穩住了[6]，巴斯通還在盟軍手裡，英軍也準備收復拉羅什，至於聖維特則在下一波解放名單之列。局勢已經逆轉，是時候將突出部給推回去了。

光線沿著山丘頂的輪廓邊緣射出，看來他們很接近了。

抵達山頂上時，戰車通過第三十六裝甲步兵團A連的防線。散兵坑分布於焦黑、分裂的樹幹之間。用領巾圍起整張臉、穿著公發毛衣而讓自己看起來像土匪的步兵，蜷縮在坑洞之中。步兵攔停了做為前導車的愛蓮娜號，並警告車長比爾・海伊，前一晚他們才被一輛四號戰車轟過，擔心那輛戰車可能會對任何想接近村莊的人造成威脅。

愛蓮娜號砲塔上的比爾，戴著風鏡、細鬍鬚結上了一層薄薄的冰屑。在山頂上，他凝視著眼前有如明信片與聖誕節卡片封面般的美麗景象。

如床鋪般的白雪一路往下伸展到大薩特村（Grand-Sart），接著再延伸到另一座山頂上那藍灰色林線。白色的原野上有著一綑一綑的乾草堆點綴。此景如果出現在世界上其他的地方，那會是一個漂亮的景緻。

E連受命要攻佔並固守這塊在森林、溝壑與原野中的小範圍，要與德軍來場殊死角力戰，特別是他們展現出莫名頑強的抵抗力。一名德軍士兵在日記中寫下的內容對此做了最好詮釋：「城鎮已成廢墟[8]，但我們會守著這座廢墟。」*

——

這次領導戰車連的是比爾・海伊。

超過十二輛雪曼戰車魚貫開入原野，有些隨便在車上撇一撇白漆就當作雪地迷彩，有些還是橄欖綠塗裝，就像老鷹號那樣，只是車上被積雪所覆蓋。E連在馬爾什之後損失了兩輛戰車[9]，一輛是被砲擊、一輛是翻車。

比爾的愛蓮娜號開到原野最深處、轉向大薩特前的彎道，接著停在那，另外三輛雪曼停在它旁邊。今天，第二排負責打前鋒，老鷹號的位置在最靠近森林的左翼。克拉倫斯稍微後傾，眼睛移開了直管鏡，並思考在積雪近兩呎深的雪地中開火後對視野的影響。積雪的上層是還未穩固的雪花，七十六公厘主砲的巨大砲口焰可以把它們整片掀起來，然後變成一團雪花煙塵。在正常的戰場環境下，開砲造成的煙塵會阻礙射手的視野長達三十秒。[10]

老鷹號的駕駛，是來自密西根州的十九歲愛爾蘭裔美國人，名叫威廉「伍迪」麥克維（William "Woody" McVey），官階技術上兵，有著一頭黑髮和一雙老是動得飛快的眼睛。此時他準備要開始做一件參與戰鬥前的

威廉「伍迪」麥克維

* 原註：技術上來說，德軍在突出部之役中已經推進到了默茲河[7]。十二月底，英軍士兵偶然發現了一輛在河邊道路被地雷炸翻的美軍吉普車，車上乘員外穿美軍野戰夾克、內搭德軍制服，研判應該是德軍第二裝甲師的偵察部隊。

例行公事，他故作玄虛地問其他人要不要一起禱告，但現在大家都知道最好是不要一起認真地低頭禱告。

「主啊，請讓大砲彈遠離我們，」在莊嚴的短暫停頓之後，他便以「阿門」結尾。車內迴盪著笑聲，他的禱告總能化解緊張的氣氛。

——

在愛蓮娜號狹窄的車內，頭戴防寒帽、護耳放下蓋住耳朵的查克．米勒坐著沉思。他一點都不喜歡眼前的情況。在兩千碼——超過一英里——這個數字正是他們接下來要推進且沿路上沒有掩護，又可能遭遇敵火的距離。在這種距離，七十五公厘砲的砲口初速將會是雪曼的阿基里斯之腱。

一九四二年初雪曼戰車剛開始量產時[11]，七十五公厘砲還算是不錯的武器。透過租借法案獲得一萬七千輛[12]雪曼戰車的英軍，甚至在阿拉曼之役（El Alamein）中初次用以對抗德軍四號G型戰車（Mark IV G）時，給予「非常滿意」[13]的評價。但那已經是兩年前了，從那之後，德軍戰車的裝甲厚度和主砲初速皆已大幅提升，但七十五公厘砲仍保持原樣，初速也相對較低。*

「這計畫真是糟透了，」查克說。

比爾也同意，但他無力改變命令。這時有些車組員開始嘲諷了查克起來，其中查克的綽號正是他們的駕駛手強加給他的。

愛蓮娜號的駕駛手是一位名叫法爾尼（Fahrni）的超重量級上兵，他之所以會幫查克取綽號，大概是因為查克曾自介是七兄弟中最年輕的，又或者是在發薪日時，他都會存一些錢去買糖果，再把剩下的軍餉寄回去給母親。但不管什麼原因，法爾尼給查克的綽號「寶寶」（Baby），在連上早就廣為人知。

此外，當法爾尼下車搜刮戰利品時，通常會帶著玩偶回來給查克。

戰車連已經就位，連長以無線電下令開始攻擊。

在前導車的頂門上，比爾高舉右手、向前一揮，示意全排攻擊前進，接著第二排便開始動了起來。四輛戰車各在雪地中刨出了深深的車軌，它們在雪塊間攪動的履帶就像是工廠的輸送帶。

第二排出發後，後方由另一排組成的第二橫隊，在等到跟前導排有七十五碼的間隔距離後跟著出發。接著第三橫隊遵照同樣的原則，後方的步兵則徒步跟上。

查克輕鬆扳了一個開關，主砲的穩定系統開啟了。這是美軍的一個優勢，這是利用液壓系統控制主砲垂直晃動，可以協助射手在移動時的目標獲取，並在戰車急停射擊時減少瞄準時間。此時在查克的心中，他一方面擔心大家正開入白雪皚皚的靶場，另一方面卻也能接受他自己就是整個大計畫的一小部分而已。

盟軍在本週展開了反擊行動，其規模之巨大就像在地圖上拚起了拼圖[16]。第三裝甲師與第一

---

* 原註：雪曼是為了一九四一年的環境而生[14]——主要用於支援步兵突穿防線，擴大戰果，在敵線後造成混亂，有時會當作砲兵運用，同時也包含跟其他戰車進行決戰。戰車決戰在一戰很少發生，當時德皇的部隊只有二十輛戰車[15]，但在德軍發動閃電戰的一九四〇年，換成盟軍要努力趕上了。

突擊大薩特

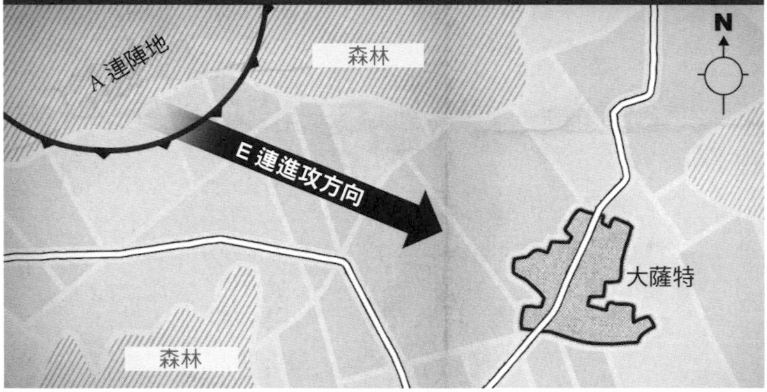

軍團從北面推進，英軍第三十軍從西面推進，巴頓的第三軍團從南面推進。在這幅真實世界的拼圖，每一小塊都很重要。

查克用直管鏡掃視了前方，在正面偏左幾碼處，有一個深色的物體，一名德軍士兵的屍體。查克可以看到他身邊有從盒子內撤出的黑麵包，他死前在哪裡做什麼呢？

——

時間是早上十點十三分[17]，當戰車幾乎開到空地的一半時，機槍火力從村內射了出來。

子彈呼嘯而過，比爾趕緊將頭縮回頂門內。

仍鎮守於大薩特的德軍兩個團[18]——第二十和第四十八裝甲擲彈兵團殘部，負責在其他友軍轉進時提供掩護。在他們身後，道路上塞滿了各式車輛，士兵以步行、騎腳踏車甚至騎馬的方式穿梭在其中[19]。

阿登地區的德軍雖然逐漸喪失對高層的信心，但仍有不少人因著個人勇氣或責任心驅使而選擇繼續戰鬥，正如一位德軍將領事後的回憶道：「部隊在意識到祖國和她的疆界有立即性的危險後[20]，進一步激勵了抵抗無情敵人的決心。」

發動裝甲突擊的美軍慢慢向前推進，一步一步逼近目標。

在愛蓮娜號左側，算過去第二輛雪曼底部的積雪炸了開來，接著升起了在戰車周遭散開的黑煙。

「地雷！」比爾對著手中的麥克風大喊。

他們正前方就有一顆地雷，法爾尼雖然使勁將操縱桿往後拉，希望能煞停，但已經太遲了。一個巨大的爆炸在左履帶下炸開，將戰車的車首抬離地面數英寸，戰車在重重摔回地上後，整個懸吊系統左右晃動。砲塔室內除了爆炸產生的黑煙以外，還有法爾尼的髒話，接著比爾要求傷亡回報。

查克握著鮮血直流的鼻子，他的臉剛剛砸上去潛望鏡，但怕成為法爾尼的笑柄，他決定說自己沒事。

畢竟，他不再是「寶寶」了。

——

爆炸過後，全連似乎因被地雷嚇到而停在原地。

他們顯然正開向雷區，每個人都在想著同樣的問題：**我們要回頭嗎**？

克拉倫斯轉動了砲塔，他在周遭每一輛戰車內都有朋友。

隔壁那輛地上一圈黑的戰車，是由唐納文指揮——那個抓到連長跟德國女孩廝混的下士。他和他的車組員搖頭晃腦地爬出戰車，但看起來很幸運，只有一人受傷。

三輛戰車距離之外，濃煙和雪花包覆了愛蓮娜號一圈，克拉倫斯希望那輛車上的朋友查克可以安然無恙。

接下來的事情出乎大家的意料。

比爾．海伊跳出車外，身處雷區之中。

他小心翼翼走到了愛蓮娜號的車頭，接著蹲下來檢查損害狀況。爆炸把幾片橡膠塊從履帶上炸飛了，兩個乘載輪也裂成兩半，但履帶本身仍奇蹟似地保持完整。

底盤逃生口沒有毀損。據悉，地雷會將逃生口底門往車內炸飛，有時還炸死車首機槍手[21]。

比爾爬上砲塔，面臨著艱困的抉擇時刻。假如他下令回頭的話，沒有人會責怪他，但他還不打算放棄。他在砲塔上，舉手給出了「向前」的手勢。

愛蓮娜號的履帶再次轉動，一切並無異樣，後續跟上的戰車開在前導的三輛戰車所留下的履帶軌跡上，減少觸雷的機會。一想到接下來還有可能爆炸，就令人感覺度日如年。

比爾在砲塔上挺直身子，決心要提前找到下一個威脅。大薩特其實只是突出部中的小小一塊拼圖，至今還掌握在**德軍**手中，且他們不打算輕言放棄。

比爾舉手握拳，指示三個戰車排全都停下。從望遠鏡中，他似乎發現了什麼，接著平靜地用麥克風說：「查克，發現一輛敵戰車了。」

查克的左肩感覺輕輕被點了一下，他將砲塔往左邊開始轉動。

「繼續搖、繼續搖，」比爾說。

當主砲指向比爾要的方向後，他喊了聲：「好！」要查克停下來，接著預測距離約有一千碼。

查克發現了躲在那座小穀倉後方的敵人，它那刷白了的長砲管從一堆木柴堆後突出。當德軍的砲管長度清晰可見的時候，雖然代表它沒有在瞄準你，但可能是在瞄準其他人，此時很可能就是查克的朋友。當下沒有任何人開砲，在沒有雙向無線電的情況下，比爾無法警告其他人。

查克無法判定敵人戰車朝向自己的是側翼或正面，他沿著砲管推算穀倉內砲塔的位置，再以十字絲瞄準它。幾英寸的木板是擋不了穿甲彈的，他瞄準了預估的目標中心、踩下了主砲扳機。

砲聲大作，穀倉被砲彈打穿的瞬間噴出了一些碎木，砲膛向後拋出了空彈殼，刺鼻的白煙瀰漫在砲塔室內。自從他們在諾曼第被命中後，砲塔的鼓風機就一直沒有修好，查克只能一邊咳嗽、一邊揮手來驅散令他頭暈目眩的濃煙。

查克的眼睛貼回直管鏡，期望能看到穀倉後冒起火來，就像羅馬蠟燭一樣，結果卻什麼都沒看到。難道砲彈彈開了？還是根本沒命中？眼前德軍戰車似乎毫髮無傷。

「他往前開了！」比爾喊道。

德軍戰車往前開了，在將砲塔轉向愛蓮娜號後，急停後晃動了一下。

查克馬上重新瞄準，但太遲了。敵人的長砲管已經消失，直直地瞄準著他。

砲口焰一閃。

查克看著綠色的曳光彈飛過來，就像是慢動作，這時它突然加速，接著瞬間掠過直管鏡的畫面上緣。砲塔被砲彈重擊後頓了一下，接著查克的直管鏡內染紅了一大片，強大的後座力再將他往後甩。

比爾還來不及規避，跳彈就直接在他的頭盔上打出了個V形凹槽，雙腿一癱後落到了查克的肩膀上，將鮮血與腦漿撒滿查克的全身。查克尖叫並顫抖著，他的車長這時滾落到了砲塔籃底。

短短的八天，這就是比爾．海伊擔任雪曼戰車車長參與實戰的天數。

戰車急停，車內通訊對話充滿了各種恐慌的驚叫聲，裝填手驚恐地盯著比爾的屍體。

沒有時間了。

「快逃！」查克對著車內通訊大喊。「棄車逃生！」大家都知道，敵人會繼續開火直到戰車燒起來為止。

為了避開比爾的屍體，裝填手俯身跟著車首機槍手爬出後者的頂門。

快逃！

查克踩在車長屍體旁邊，飛快地將自己推出砲塔頂門。

快逃！

查克出砲塔後，立刻往後翻，準備要落在引擎蓋板上，但他忘記自己將砲塔往左轉了，當他滾落砲塔尾部時，是直接從約九英尺的高度[22]，正臉撞在雪地上。

他頭昏腦脹地坐起身來，雪花覆蓋在滿是鮮血的鼻子和夾克上。他不可能往其他地方跑，子彈扎扎實實地打在戰車上，他現在是在大薩特內的德軍槍口之下。他只能爬回愛蓮娜號後方尋求掩護，這也只是暫時的。

這時，愛蓮娜號神奇似地起死回生了。

雙排氣管呼嘯著，將熱氣往查克的臉上打，當他聽到了變速器換檔的聲音後，履帶開始往後轉了起來。

查克見狀馬上往右翻滾，與無情的履帶擦身而過。

戰車倒車的時候，主砲竟然也開始往車頭搖，好像有鬼魂正在操作它似的。這時，愛蓮娜號停下來、駕駛手頂門蓋甩開，法爾尼從車側滾了下來，且看起來氣炸了。

查克見到法爾尼時，馬上知道自己做錯了什麼。當主砲往左搖之後，砲管就擋住了駕駛手頂門蓋的開啟空間，害法爾尼被困在車內。不過，雪曼有一個功能，只要還在移動，就可以自動將主砲歸到正前方，多虧了有此設計才讓法爾尼逃出生天。

車組員在冰凍的河床找掩護，當法爾尼爬到那裡的時候，不意外是用了一連串的髒話招呼查克。查克對於法爾尼的侮辱置之不理，靠在河床邊瞧了一下正從穀倉撤退的德軍戰車。它一邊奔馳過原野、一邊在後方拋起積雪，車體的雪地偽裝讓人很難識別出是什麼型號。但在突出部這裡，豹式的機率是高達三分之一[23]。

這種機動方式也是豹式常會採取的策略。每當開火後，它就會後撤半英里，尋求掩蔽，然後再找下一個攻擊機會。

以村莊作為掩護，那輛戰車溜進了最近的一處森林之中。

——

E連一邊向大薩特推進，邊射擊前進。

黑色的雲層正在遠處醞釀，那是暴風雪來臨的前兆。

在這裡旁觀也沒有什麼用，查克和其他人撤回他們較早前出發的那座森林——在沒有戰車的保護下原路折返。

在森林中，A連步兵正從林線衝出並加入攻擊。他們平時雖然會搭乘半履帶車，但駕駛兵不想冒觸動被雪覆蓋的地雷的風險。

步兵們跑過四個狼狽不堪的戰車兵，朝向前方溫暖的房子前進。時間是下午五點〇七分[24]，大薩特已經完全被美軍佔領了，剛好有時間讓裝甲步兵可以找掩蔽躲暴風雪。

其中一名醫護兵在見到查克滿身是血後，便關心起這名年輕的戰車兵。

「你哪裡中彈了嗎？」

「這血不是我的，」查克向那個醫護兵保證，他沒事。

醫護兵離開前，用難以置信的眼神撇了他的肩膀一眼。

戴著帽兜的查克喘著粗氣，一邊步履蹣跚地走向樹林，以及安全的所在。此時，他慢慢回想起剛剛同袍喪生的一連串事件。

我打太高了嗎？**還是太低**？查克在之後的日子不停自問，但他永遠不會知道真相。

卡津仔在之後與女友的通信中，寫下了令人難過的一段話。他女友在還不知情的情況下仍繼續與海伊當筆友。

「親愛的，這裡真的是太悲慘了[25]，整整一週的時間我都在挨寒受凍……我現在就想要睡覺。昨天，我的腿甚至快抬不起來了……順帶一提，親愛的日後別再寫信給比爾・海伊了，我不解釋太多，總之不是好事。」

攻擊後的一段時間

暴風雪在黑夜中嚎哮。

在一間因戰火而破損的比利時農舍中，光線從窗戶內照映而出，照亮在屋外紛飛的白雪。二兵麥爾坎「巴克」馬許（Malcolm "Buck" Marsh）從房子的後門走出來，踏進暴雪之中。他將頭盔壓低、領口拉高，襯托出他的黑眼、突出的臉頰與尖下巴。巴克發誓不再做雪球來玩。他是一名和藹可親的二十一歲南方人，當時他很同情那些只能待在戰車內的戰車兵，畢竟後者不像自己和其他步兵，可以在換哨之後進屋裡暖暖身子。

另一位略高、身材魁武的步兵跟在巴克之後。二兵包伯・賈尼基（Bob Janicki）壓低頭、拉高了領子，遮住了那雙窄眼距的眼睛，以及寬厚下顎上那對緊繃的臉頰。賈尼基和巴克是共享散兵坑的好朋友，戰爭讓賈尼基看起來格外蒼老，甚至比他實際的二十三歲還要老上十幾歲。

時間已經接近午夜，兩人準備要去步槍班的三〇機槍哨點，將十點上哨的人換下來。

麥爾坎「巴克」馬許

包伯・賈尼基

手中端著M1步槍，巴克帶路走進漆黑的森林。

他的身材高略矮，大衣的衣襬剛好碰到及膝的積雪。菜鳥新兵，還不知道害怕為何物，巴克是A連在阿登地區接收的十九名補充兵的其中一人[26]。

儘管村莊已經被佔領了，但周遭的森林還很危險。巴克與他的弟兄就在大薩特附近抓過三十七個德軍戰俘[27]，但同時還有很多敵人逃進森林內。在那兒，敵人正徘徊著、四處找尋願意庇護他們的比利時平民[28]。

巴克從頭盔的下緣看出去，前方有兩個人影正以蹣跚的步伐走向自己。看起來前一班哨的人已經等不及要換哨了。他們蜷曲在大衣之中，連一眼都不看就走過了巴克兩人，畢竟這裡實在冷到不想停下，也不想交談。

但當賈尼基和巴克走到林線時，他卻發現兩個人正縮在機槍陣地內。

巴克突然被眼前的景象迷惑了，難道他記錯哨了嗎？

這時眼前兩名步兵站起來，開始收拾裝備。他們就像剛剛兩個走過巴克身邊的人一樣，想趕快離開這裡。在巴克往回望向農舍的輪廓時，他這才弄清楚剛剛那是怎麼回事。

「喔，糟糕！」巴克警告其他人，剛剛有兩個德軍走過他們身邊。

賈尼基將背著的步槍從肩膀上取下，用低沉但不安的聲音說道：「不是吧。」

老兵邁著那不疾不徐的步伐，準備要走回農舍，巴克準備要跟他一起回頭。此時他們沒聽到任何槍聲，他們全班就在屋內，數量遠遠超過德國人。

「要去哪！」另外兩個弟兄叫住了他們，提醒換哨時間已經到了。他們寧可去跟敵人面對面，也不願在寒風中多待一分鐘。

於是巴克與賈尼基兩人蹲坐在機槍陣地內，面對著恐怖的黑色森林。巴克就位的當兒，腦中一直在回想剛剛遇到德軍的事情，假如那些是德軍突擊隊呢？他曾經聽過有會說英語的德國人、穿著美軍制服，負責在開戰前滲透美軍防線。要真正辨識出這些探子和破壞份子的方法，除了問些關於棒球或好萊塢女星琴吉・羅傑斯（Ginger Rogers）的問題外，還要檢查一下他們穿什麼褲子[29]。

賈尼基看起來不太擔心這些事情，他的雙眼呆滯，只有在交火時才會恢復生氣。在老家伊利諾伊州，他是一名摩托車技師，現在只想回家與妻子露絲（Ruth）團圓。

巴克生長於阿拉巴馬州佛羅倫斯（Florence）的富裕大家庭，性格合群且平易近人，他的高中同學甚至票選他為「擁有最佳人格特質的男孩」。

兩人共享一座散兵坑而成為搭檔後，無疑形成了一對奇怪的組合。

下一班衛哨兩個小時後抵達時，巴克的頭盔上也積滿了雪。他們告訴兩人，有兩個德軍逃兵跑去敲門，想找美軍投降，結果還在昏昏欲睡跑去應門的弟兄，在見到兩個德軍後差點尿在褲子上，接著才恢復理智將他們俘虜。

聽到之後，巴克如釋重負地笑了出來。

回到屋內，在點著蠟燭的廚房，木製火爐正煮著咖啡，巴克連喝了兩杯。在遠方的牆壁旁，坐著兩個德軍士兵，他們身穿長大衣、頭戴小帽而無鋼盔。當他們拋棄鋼盔的那一刻，代表他們不想要繼續戰鬥了。

在屋內有一人坐在餐桌旁負責緊盯俘虜，其他班兵則圍在客廳的火爐旁睡覺。

那兩個德軍既蒼白又憔悴，且看起來全身發癢，很可能是正在被跳蚤叮咬。其中一人看起來較年長體型也較大，有著一臉黑鬍子，另一個毛髮較稀疏、金髮且看起來神情痛苦。較年輕的德軍看起來狀況不佳，當官兵將他的其中一雙靴子脫下來時，他被凍傷的腳趾也跟著一起被扯了下來。

只有他們自己知道已經在冰冷的樹林中盯著這間屋子多久了。

賈尼基脫下了鋼盔，一道在側臉的修長紅色疤痕也顯露出來。在秋季時，他曾經被一片火熱的破片掃中。在看見德軍戰俘和他們的傷勢後，賈尼基仍無動於衷地躺在火推旁睡著了。

巴克則警覺地坐在餐桌旁，將步槍靠在牆邊。在啜飲每一口咖啡之間，他提筆寫起日記來。堅持每日寫日記的習慣是巴克在就讀田納西理工大學工程系時養成的，巴克其實已經沒有睡意，再加上原本的衛哨開始打瞌睡，他因此自願站哨。聽到有人願意幫忙站哨後，那位弟兄趕忙在巴克改變主意前鑽進睡袋內。逐漸的，巴克在被像賈尼基這些老兵影響之下，也期許自己能做得比他人期待得還要更好。

在屋內，唯一還醒著的人只剩下巴克和較年長的那位德軍俘虜。

巴克看著五英尺外那位臉靠著石牆、腳包著繃帶，時不時發出痛苦呻吟的德軍。另一位年長、滿臉黑鬍的德軍則較靠近巴克。也許是出自於對未來命運的未知，他用疲憊但不信任的眼神看著眼前這位年輕的美國人。

納粹已經明令，任何士兵在未負傷的情況下遭敵俘虜，將視為「拋棄榮譽且家人也會失去政府援助」[30]。親衛隊全國領袖海因里希．希姆萊（Heinrich Himmler）曾在他向德軍第五傘兵師發出的電報中強調：「假如有任何一個士兵被懷疑是因逃亡而擅離職守[31]，從而影響了他所屬單位的戰力，該員的其中一名家人（妻子）將被槍決。」

夜晚的時間在推移，巴克從他的雜物包拿出一包K口糧（K-ration），並將內容物倒在桌上。當食物一出現，較年長的德軍便從地上端坐了起來，巴克將自己討厭的加工起司罐頭移到一旁，繼續找其他東西來吃。豬肉罐頭、餅乾、卡拉梅爾奶糖，只要比起司還好吃的東西都行。用完餐後，起司罐頭還完好如初的擺在一旁。

滿臉大鬍子的德軍挑高了眉頭，盯著那個罐頭看，似乎示意著什麼。

巴克想著口糧是不是可以給戰俘吃？而在這個爐火將滅、眾人皆睡的房子內，是否應該將罐頭交給戰俘？畢竟他還是敵人。

屋外的狂風仍在呼嘯，身邊的蠟燭也已快燃盡。巴克眼前的這位俘虜雖然看起來巨大且強悍，但無顯露任何敵意。

「好吧，」巴克將起司罐頭丟給他。

殷殷盼著罐頭的德國人立刻接住，臉上露出一抹微笑，低語向他道謝。

正當巴克準備要繼續收拾垃圾時，一個聲音讓他停下動作。

錯不了，那是刀子從金屬刀鞘抽出來的聲音。巴克的雙眼緩緩移過去，他的心跳也飛快地加速。

那個德國人從他的靴子內抽出了一把八英寸長的小刀。

巴克看著靠在牆上那把M1步槍，那是他唯一伸手能及的武器，但它還上著保險。在當前緊張的氣氛下，一隻手臂的距離就好比一英里般的遙遠。就在他身體慢慢往前傾、手慢慢挪向步槍時，德國人突然挪動了一下靴子，讓巴克屏住了氣息。

在巴克拿到步槍前，德國人就將小刀插入罐頭中，沿著邊緣將蓋子切開來。

巴克恢復了吸氣。

德國人用刀子將起司切半，接著走到他的戰友身邊，將食物與小刀遞給他。兩個人很快把起司給吃光了，罐頭內一丁點都不剩，很顯然已經餓壞了。

德軍補給線被切斷長達數週，唯一獲得補給的辦法大概只有掠奪比利時民房。在某一處農舍中，一名女性央求德軍不要把所有東西都奪走，結果被一個軍官甩開一旁，並對她警告道：「我的士兵已經八天沒吃飯了[32]，他們必須先吃。」

滿臉鬍子的德國人用他的長褲將刀子擦乾淨，接著手持刀刃、將刀柄交給巴克。

「謝謝你，」巴克說。

德國人點了點頭，坐回他的原位。

巴克低頭仔細端詳手中這把刀，那是一把希特勒青年團小刀，有著寬刃和魚鱗狀表面處理的黑色電木握柄，以及嵌在握把中央帶有紅底白框的納粹卍字符號。當握著它時，巴克的手似乎也在顫抖著。

如果這把小刀是在其他時間、地點，且由另一個德軍持有，也許對方會毫不遲疑地將刀刃刺入他的身體。巴克心裡清楚，如果要以矛尖師的步兵存活到戰爭結束，還有很長的一段路要走。

畢竟，「擁有最佳人格特質的男孩」這種頭銜，在這裡一點用處都沒有。

第十一章　美國的虎式

一個月後，一九四五年二月八日
德國，施托爾貝格

雖然冬天仍籠罩著整個地區，但峽谷裡已經感覺得出春天了。

從阿登回到施托爾貝格的第一天早上，路面上到處都是來來往往的戰車兵和裝甲步兵[1]，他們急著要跟德國女友以及他們在德國新組的家庭團圓。

就現在來說，施托爾貝格又是他們的家了。

之前這些美軍在無預警的狀況下離開，經過這次休息與休整（rest and recuperation, R&R）之後，肯定也會再發生一次前述狀況，只是時間早晚而已。

克拉倫斯踏著急切的步伐，朝在山丘上蕾西的家走去。他必須要找她談談關於他們倆的未來。

阿登的經歷令人揮之不去。在突出部之戰中，他見到盟軍憑藉著勇於犧牲奉獻的精神和頑強的意志而打了勝仗。當時的戰術是要戰車組員在結冰的道路上或穿過雪原執行自殺式任務，但官兵們仍然整裝待發繼續前進，往往這之後要面對的是死亡。

第三裝甲師損失的戰車比摧毀的還要多，戰鬥中損失了一百六十三輛[2]，摧毀了一〇八輛德軍戰車與自走砲，包括三十一輛被美軍摧毀的豹式。美國陸軍甚至要向英軍借用三百五十輛雪曼戰車[3]來補充損失。這樣的結果，造成許多戰車兵對我方裝備失去了信心，且影響範圍不只是克拉倫斯和矛尖師內的弟兄而已。[*]

一名《星條旗報》（*Stars and Stripes*）的記者在盟軍重新佔領阿登地區後，訪談了一些來自另一個裝甲師：第二裝甲師——以外號「地獄之輪」（Hell on Wheels）而為人所知——的戰車兵。在他的報導：「美國戰車部隊老兵說，虎式戰車彈開了我們的砲彈，」該名記者在內文記載了各個弟兄的談話。一名車長說道：「我們的戰車數量不夠[5]、火力也不足，就是這樣，我們並不要求戰車的裝甲或火力到最強，但當你發現所有火力砸向德軍戰車卻只是被彈開時，你就會開始發現問題的嚴重了。」

他的車首機槍手也同意道：「別誤會我們所說的，我們所要的就只是更強的砲，這樣我們就能應付那些德國戰車。」

他們的連長說：「假如報紙上少些吹牛說自家戰車多猛的故事，我們的士氣可能會好很多。我們雖損失了四至五輛戰車，但從被打爆的戰車中跳出來的弟兄們，卻有那個膽量再跳上新戰車繼續戰鬥。」

然後，排附以稱讚豹式戰車但語帶諷刺的話作為結語：「假如他們給我操作的是五號戰車（Mark V），那我就能跟任何德軍戰車硬幹了。」

——

蕾西打開大門，簡直無法相信還能親眼再見到克拉倫斯本人。

「你回來了！」在大庭廣眾之下，她對著克拉倫斯又親又抱。進門之後，蕾西激動地告訴克拉倫斯關於她在收音機中聽到的新聞，「希特勒說他已經摧毀了第三裝甲師。」

當克拉倫斯聽到德國荒謬的宣傳戰後，忍不住笑了出來。兩人好不容易團圓，蕾西就像開啟了話匣子，讓克拉倫斯完全插不上話，而他原本有好一番話要提出來商量，但就是找不到適當的切入點。

蕾西的母親，一名黑髮、衣著端莊的女士，明顯對於克拉倫斯的歸來感到欣喜，但她的態度跟蕾西那有著平易近人性格的商人父親卻不太一樣，這讓克拉倫斯有點嚇到。

她想要私下跟克拉倫斯好好對話，但當他們在廚房中獨處時，蕾西的母親降低音量到接近耳語的程度，她告訴克拉倫斯：「德國已經毀了，蕾西繼續待在這裡沒有好處。」

克拉倫斯深表同情，因為這樣的情緒在德國平民中很常見。一名住在亞琛（Aachen）附近的女性，在對一名德國士兵說教時也透露著眾人的心聲：「這五年來我們都被謊言以及欺騙所蒙蔽[6]，還承諾什麼輝煌的未來，看看我們現在是什麼德行？」

但克拉倫斯突然感覺到，她要說的並不是這麼簡單而已。

她緊接著說：「你現在就娶蕾西，之後帶她回美國。」

---

* 原註：矛尖師師長羅斯將軍在信中曾向艾森豪將軍表示[4]，他麾下單位在阿登的損失過於慘重，且表示雪曼戰車不如德軍的豹式。那麼，他的矛尖師為何最終仍能獲得勝利呢？羅斯寫說：「答案就是，我們有效地結合了砲兵、空中支援和機動作戰的力量，戰車兵透過機動到有利陣地，沉住氣，直到態勢對自己最有利時才開火，藉此彌補了裝備優劣的差距。」

「其實我們根本不應該交談，我無法娶她，軍隊會把我丟進牢房的，」克拉倫斯說道。伯母臉色一沉，她並不打算在女兒的未來有所著落前，就讓克拉倫斯再次離開施托爾貝格。她一手抓住克拉倫斯、一手抓住蕾西，接著將兩人推進蕾西的臥室後大力關上房門。大門甩上的聲音傳來，蕾拉母親離家出門，鞋跟踩踏在鵝卵石上的聲音清楚聽見。她的意圖很明顯，就是希望家中空無一人時，克拉倫斯會在賀爾蒙的驅使下推倒蕾西。

這對年輕的情侶坐在床邊，經歷剛剛的事情後，開啟對話並不是件容易的事。此時蕾西尷尬地笑了，她應該已預料到這件事情遲早會發生。

克拉倫斯看著她。她看起來好青春，自己卻又老又疲倦，而她滿懷希望，自己卻生無可戀，最重要的是她對克拉倫斯忠貞——一直在等那個未能跟她道別的男人回來。

其他男人可就沒這麼幸運了。

排上其他弟兄的郵件抵達時，有幾個人收到令他們心碎的消息。有一名戰車兵如此寫道：「很多人[7]被他們的妻子和女友給背叛了，我猜這對他們的打擊很大，希望我不需要擔心這個問題。戰後，大夥兒也不知道回家後要找什麼樣的女人。」

蕾西往前靠並親吻了克拉倫斯，但出乎意料地，克拉倫斯後退了。

克拉倫斯終於找到機會能一吐在進屋以來一直要說的，那就是解釋有件事情令他們不能繼續交往：下一場戰鬥。克拉倫斯不知道這場戰爭會將他帶往何處，也不知道他有多大的機會能活過戰爭。

「我有可能會回不來，」克拉倫斯說。

聽到這番話後，蕾西愴然涕下，克拉倫斯握著她的手，自己也變得越來越情緒化。

克拉倫斯成功地從阿登歷劫歸來，但他選擇在此時，向蕾西訴說他心中最大的恐懼：「我可能會死。」

蕾西摟著他後開始啜泣，他溫柔地抱著蕾西。這場戰爭已經奪走很多蕾西美好的事物了，克拉倫斯很確定他的雪曼早晚有一天會成為他的靈車。蕾西流乾眼淚後，克拉倫斯牽起她的手並走出了臥室。

為了她好，他們別無選擇地只能走上分離之路。

——

兩週之後，一九四五年二月二十二日

今天是個適合開砲射擊的日子[8]。

施托爾貝格南邊的山頂上，一群戰車兵聚在一輛戰車旁，這些來自全團的弟兄，都是為了射擊展示而來。其中一名在現場的戰車兵寫道：「傳入耳裡的[9]都是『回家真好！』這樣的話。」

山腳下，峽谷中的一切正沐浴在正午的陽光下，山頂上的他們之所以還帶著鋼盔而不能徹底地被陽光照射，因為他們距離前線只有八英里[10]。

整片萊茵蘭已成水鄉澤國，淺綠色的田野到處都是積水和沼澤，枯樹就像在汪洋中的孤島。在這個時間點，融雪造成了很大的問題，但最主要的麻煩是德軍造成的，他們為了減緩盟軍的攻擊節奏，在無預警的情況下令北邊的水壩洩洪，導致平原氾濫成災。戰車沒辦法在這種沼澤地中機動，矛尖師只能等到萊茵蘭的洪水排除後才再次動身，不過這樣的消息對於裝甲部隊的弟兄來說，反而讓他們鬆了一口氣。

在整個歐洲戰區，兵工官與技工正手忙腳亂地在雪曼戰車上動手腳。如果想要在下一次戰鬥中存活下來，就不能只是用那種原廠標配的戰車。他們的解決辦法就是即造裝甲[11]。

第七軍團在他們的雪曼外加裝了鐵架，接著將沙包塞滿在架子上。另外一種常見的方式，則是將混凝土澆灌在正面裝甲之上，讓裝甲獲得額外的保護。

第九軍團是在戰車的正面裝甲外焊上履帶，接著用掛有沙包的網子疊加在上面。

巴頓命令他的第三軍團從美軍和德軍車輛殘骸上切下可用的鋼板，接著再焊接到雪曼戰車的正面。

至於第一軍團，矛尖師挑出一些戰車然後焊接上鋼板與澆灌混凝土，但這並非他們唯一增強戰力的辦法，他們現在還有更好的選擇。

克拉倫斯和其他人看著正停在射擊線上的戰車，恩利的衣袖上，現在縫的是中士階級章[12]，代表他最近晉升為排附。當戰車兵可以自由活動時，他們議論紛紛地走向了那輛戰車，它並不是大家所熟悉的雪曼。

在光滑的車體上，有著楔形的正面裝甲和寬大的履帶，其前靠的砲塔令它看起來侵略性十足，主砲的長度幾乎與戰車本身一樣長。這就是「美國回敬德國虎式戰車」[13]的作品：T26E3型潘興戰車（Pershing）。

這是秘密武器，潘興戰車先前尚未公諸於世。首批四十輛才剛從費雪戰車廠（Fisher Tank Arsenal）的裝配線下線，其中半數[14]送往諾克斯堡（Fort Knox）進行測試，另外二十輛運往歐洲——進行實戰測試。

兩天前，連長告訴克拉倫斯和他的車組員一個好消息，他們將會接裝生產序號二十六號的潘興戰車。

大家都很樂意將現在的雪曼戰車換掉。

相較於雪曼，潘興的性能提升可不只是一點點而已，而是有顯著性的提升[15]。它配備了兇猛的九十公厘戰車砲，可高速倒車的自動變速箱，裝甲等效厚度是雪曼的兩倍。這令潘興戰車的重量高達四十六噸，只比豹式輕上三噸。

克拉倫斯對於為何自己會被配發到潘興戰車感到一頭霧水。**為什麼是我們**？就他自己來說，他認為射手丹佛斯所屬的那一車才應該要分配到潘興，他們最常為全連打頭陣。

對於這個問題，克拉倫斯問了團兵工官後，才知道這是由一群遠離

進行實彈射擊展示的 T26E3 型潘興戰車「老鷹七號」。

說。

戰場的會議桌上所做的決定：「他們覺得恩利和他的車組員最適合開這款新戰車，」兵工官這麼

是什麼原因讓後方的大老們覺得自己最適合呢？恩利心想：「大概是我們這一車從來沒被擊毀過吧。」

新戰車在前擋泥板漆著E7的編號，車組員順勢將它取名叫「老鷹七號」（Eagle 7）。當克拉倫斯與他的車組員上車時，攝影師也恰巧記錄下這個歷史時刻。

站在引擎蓋板上的克拉倫斯感到一陣焦慮，大家的目光都放在他身上。當他首次發射九十公厘砲的同時，也是第一次向整個第三十二團示範此砲的威力。許多前來一睹熱鬧的戰車兵老兵，都是抱著對雪曼的後繼者是否能給他們任何希望的懷疑心態來的。他們都想知道，潘興真能在戰場上跟德國戰車進行正面對決嗎？

克拉倫斯進入砲塔，潘興車內的白漆都還非常亮白，他坐到那門被陸軍譽為「有史以來裝在戰車上最強大之武器」[16]的九十公厘主砲旁的射手席。在他眼前，有著一具配著六倍放大瞄準鏡的潛望鏡總成，這讓他的頭不需要在潛望鏡與直管鏡間移來移去。

他最後一次翻閱了手中的筆記本。在山谷內用於示範射擊的標靶已經放置完畢，靶場危險區內的房屋也都確認是無人居住。最後克拉倫斯將筆記本蓋上，決定臨機應變邊做邊學。

儘管之前有個民人技師教他如何操作主砲，但那也只是坐在教室內，且教的還不怎麼完整，特別是克拉倫斯未經過正統的射手訓練，根本無法真正聽懂。

基本上，克拉倫斯能走到今天這一步就是一連串意外下的結果。

一九四三年秋季，他所屬的營前往英格蘭西南邊的海岸[17]進行遠距離射擊訓練，其中包括了

要把置於海岸沙丘上如桌子般大小目標轟掉的科目。射手開砲之後，接下來就換裝填手開砲，這樣他們在未來如果遇到射手失能的情況下，仍可以讓裝填手繼續操作武器。當時主持訓練的軍官讓參與的兩個連的車組員彼此競爭，優勝車組的獎品就是大瓶的威士忌。

沒人期望克拉倫斯能有多好的表現，他卻不費吹灰之力在八次射擊中全命中一千碼外的目標，令大夥嘖嘖稱奇。夜裡，當車組員享受著威士忌時，保羅．菲爾克拉夫便希望他當自己的射手，這就是克拉倫斯成為射手的契機。

——

潘興的後方，人群中聚集著一群軍官。

所有人都穿著及膝的軍官大衣，只有中間的那一位身披戰車兵夾克、腳穿紮進棕色高筒靴的馬褲。

第三裝甲師師長莫里斯．羅斯少將的頭頂上，戴著正面嵌入兩顆銀星的鋼盔。四十五歲的他身材高大，有著一雙堅定的眼睛，以及一對能自然散發出威嚴感的拱型黑色濃眉。羅斯是移居到丹佛（Denver）的波蘭猶太教拉比之子，十七歲[18]加入陸軍後，一路從二兵升至今日的高位[19]。

他曾在非洲指揮稱號「老鐵殼」（Old Ironsides）的第一裝甲師麾下的戰車部隊，在西

莫里斯．羅斯

西里指揮「地獄之輪」第二裝甲師的部隊[20]。現在人在德國的他，成為了被他稱為「世界上最優秀戰車部隊」[21]的矛尖師師長。

因著羅斯這樣的特質，他受到了麾下的愛戴且願意跟隨他四處征戰。

《芝加哥論壇報》（*Chicago Tribune*）寫道：「不論他派遣部隊到何處[22]，他總是身先士卒。」

羅斯將軍與他的隨行人員站在潘興戰車的左邊，與砲管呈平行的位置。目前還沒有人看過潘星開砲，不論是催促此戰車上前線的艾森豪，或者是下令半數的潘興配發[23]至矛尖師的布萊德雷將軍都沒有。

噘著嘴唇、緊盯戰車的羅斯，亟欲知道這門砲和射手的能耐，此車關乎到他的計畫能否成功。在三十英里外有著德國「皇后城」之稱的科隆，城內的萊茵河畔，那巨大又有特色的歌德式雙尖塔結構的科隆大教堂坐落於一旁。此城是德國疆域衛戍的象徵。

羅斯的計畫，如果矛尖師能佔領科隆並跨越萊茵河，就能深入打擊德國的中心地帶，逼迫德軍盡早投降。

現在，各種關於科隆是否會成為戰爭中高潮的一役的議論早已紛飛。羅斯本人的出現，似乎證實了這些臆測。但在這之前，他必須確認潘興戰車是否真有報告中形容的那股實力。

——

「你不會相信誰在這裡的，」恩利坐進砲塔內的車長席，對克拉倫斯說道。

他告訴克拉倫斯，師長就站在五十英尺外。

聽到後，克拉倫斯的壓力更大了。在這之前，他只有照著流程操作九十公厘砲，從未實際射擊過，現在竟然還有將軍在看？那些高官給了他和車組員這輛潘興戰車，但是不是也有可能收回去呢？

恩利開始下口令，是時候要好好表現了。

裝填手抬起三英尺長的穿甲彈[24]裝入砲膛，重達一〇二磅的砲門向上彈起，發出重擊聲後完成閉門。另外兩位負責觀察的民人技師站在引擎蓋板上、摀著雙耳。

手持雙筒望遠鏡緊貼雙眼的恩利，對克拉倫斯下達了往右搖砲的口令。

眼貼在六倍放大的瞄準鏡上，克拉倫斯往右扭轉了動力搖砲握把，接著十五．五英尺長[25]的砲管便向右劃過空氣。砲口頂端，造型如足球般的砲口制退器[26]，側邊開有可讓砲口焰從旁排出的通道，可以減少砲口揚塵對射手視線的影響。

在瞄具裡，小聚落的屋頂快速地飛掠過，最後當十字絲落在一棟受損的農舍中央時，克拉倫斯停止了動作。

恩利下達距離「么千兩百」，這是戰車兵下達一千兩百碼距離口令的方式，這個距離大約是三分之二英里遠，接著再下達目標口令：「那個煙囪。」

聽到目標口令後，克拉倫斯真想舉起雙手投降，他們竟然要他去打房子的磚造煙囪？難道他們以為九十公厘砲是狙擊槍嗎？

「準備好就開砲，」恩利說。

克拉倫斯小心翼翼地將十字絲挪動到目標上。

與雪曼不同的是，潘興的射手席沒有腳踏扳機，取而代之的是動力搖砲握把上用食指扣引的紅色擊發鍵。他告訴自己，**別打歪了**。克拉倫斯的砲術之所以神準的訣竅其實很簡單：深怕讓他的車組員失望的恐懼感。

他深吸一口氣，接著食指扣下擊發鍵。

瞄準鏡內登時透出令人眩目的閃光，伴隨著震耳欲聾巨響的砲彈從砲口奔出後，重達四十六噸的戰車因主砲強大的後座力跳起。

灼熱的砲口焰徹底佔據了克拉倫斯的視角。

戰車外，高速從砲口制退器兩側排出的氣體和震波，將羅斯將軍與他的隨員震離地面。眾目睽睽之下，一枚拖曳著橘光的砲彈以驚人初速飛向遠方，縱使彈頭重達二十四磅，卻以極為平伸的彈道衝向了那根煙囪。瞬間，煙囪在空中炸開成一團紅色的磚塊雲。

車內的克拉倫斯摀住了耳朵，擊發後造成的噪音如冰錐敲在耳膜上般疼痛。聽力恢復之後，克拉倫斯聽到有人在後方發出咕噥的聲音。一回頭，發現恩利正摀住自己的臉。

當主砲制退並開門時，伴隨著空彈殼出來的還有未燃燒完全推進藥造成的回火，這團火球順著車長頂門向外噴出，沿途刷過恩利的臉，烤焦了他的眉毛。沒有人在事前警告過——即使他們事前知道——會發生這樣的事。

在前方，駕駛麥克維先是打開了頂門蓋，接著闔上後開始大笑。

他說羅斯將軍和他的隨從人員：「就像保齡球瓶被砲口暴風所吹倒！」聽到這番話後，車首機槍手「老菸槍」也起身一探究竟，接著闔門後加入了大笑的行列。羅斯與他的幕僚從濕漉漉的地面掙扎爬起，所有在場的人都強忍著笑意，擠出了扭曲的臉龐。

「目標二，」恩利整理好自己後再次下令。

克拉倫斯接著將砲往右邊搖，這次的目標是另一棟農舍，距離落在一千五百碼，大約是一英里外。他所瞄準的這棟房子有兩根煙囪，一個較近、另一個較遠。克拉倫斯挑選了其中較近、較容易命中的那根白色石造煙囪後說：「我選較近的那個。」[27]

恩利這次緊貼在砲塔壁上，並告知食指已經懸在擊發鍵前的克拉倫斯，自己已經準備就緒。在九十公厘砲初體驗中，不論是猛烈的後座力，還是在砲口傳出震波後瞬間高漲的氣壓，一切強烈的感受都讓克拉倫斯大吃一驚。

別打歪了。克拉倫斯再次提醒自己。

他再次開砲。

伴隨著另一次耳膜的疼痛感，砲彈從砲口飛出、砲閂向後制退。砲口焰散去後，剛剛還屹立著的煙囪，如今已經畫作一團白煙與殘缺的碎塊。

車外的歡呼聲傳進砲塔內。

我喜歡這門砲！克拉倫斯的腦海中突然飄過了這個念頭。

受眼前景象激勵的恩利，接著對克拉倫斯說：「試試那個比較小的？」

那個比較小的磚造煙囪，很可能是在房子後端，只有頂端部分露出主屋頂的煙囪。

克拉倫斯心有不安，他距離目標大約有一英里，這個難度就好像只想把鋼盔從士兵頭上打掉一樣高。他很想就此打住，畢竟不去打這個目標，也好過讓大家對於未成功命中目標而失落。

「喔，拜託，試試看嘛，」恩利說道。

聽到恩利這樣說，克拉倫斯只好不情願地將眼睛貼回瞄準鏡前。從鏡中看來，煙囪細得就像鉛筆尖，這需要一點特殊的瞄準技巧才能命中。他將十字絲放置在煙囪中央，這也是平庸的射手所會做的，但克拉倫斯能做到的不只這樣。他在腦中盤算了一下潛望鏡的位置大約是主砲右側兩英尺，他使用手搖握把輕輕地將主砲往右搖一點，補償末端的彈道誤差。

別打歪了。

克拉倫斯扣下了擊發鍵，砲彈在另一聲巨響中，以每秒兩千八百英尺的初速衝向目標。瞬間，煙囪炸成一坨紅色的煙霧，親眼目睹這一切的克拉倫斯簡直無法相信自己的眼睛。他不只命中了目標，還把目標給揮發了。

車內一片歡聲雷動，所有人情緒激昂。恩利向前拍了拍克拉倫斯的背。

——

克拉倫斯跟著恩利爬出戰車，迎接他們的是如雷般掌聲，露出靦腆笑容的他，害羞地朝人群揮了揮手。

羅斯將軍和他的幕僚雖然滿身是泥，卻倍感自豪地跟其他士官兵一樣熱烈在鼓掌。沒多久，羅斯在寫給艾森豪的信中甚至提到：「毫無疑問[28]，我軍部隊的射擊技術遠優於德軍。」

克拉倫斯、恩利和其他人下車後，立即被興高采烈的弟兄們團團圍住。當連長也靠過來，看到恩利那燒焦的眉毛時，他情不自禁地開始大笑了起來。

現場那些見識過無數戰鬥而變得十分粗曠的老兵，現在每個都興奮得像個小孩一樣，這些人爭相拍著克拉倫斯他們的背，開始叫著累積已久的豪語，像是：「希特勒小心，我們來了！」這些在參戰以來都沒機會喊的話。長久以來，大夥們看見的未來只有死亡或殘廢，但在這之後，卻出現了希望。

克拉倫斯對蜂擁而上的大家說：「陸軍應該快點把更多這種戰車送過來。」

有趣的是，大家並沒有趕回施托爾貝格喝啤酒或把妹，而是逗留在這裡。克拉倫斯看見大家在戰車前擺出姿勢，好讓自己在攝影師拍照時能留下寶貴紀念。恩利、麥克維和老菸槍在鏡頭下，帶其他人了解這輛戰車。

激昂情緒是有感染力的。克拉倫斯彷彿見到科隆大教堂的尖塔佇立在遙遠的迷霧之中。更重要的是，在更遙遠的某處，戰爭結束的終點。

施托爾貝格是他在歐洲時最像家鄉的地方。但現在，卻也是自他抵達這裡以來，第一次對離去感到如此焦躁不安。

他和弟兄們都準備好要再上戰場了。

第十二章　二英里血戰

四天後，一九四五年二月二十六日
德國，高爾茲海姆

位於高爾茲海姆（Golzheim）村莊一旁的公路上，E連的戰車正淋著綿綿細雨。時間大約是早上八點半，寒冷的濃霧飄盪在濕軟的田野上，雨水沿著戰車砲管上滴落[1]。半身透出車長頂門的克拉倫斯，腰部正被潘興引擎的震動而搖晃著，他看見剛聽完簡報的恩利回來了。車上各人，對於未來該何去何從只能用猜測的，但只有恩利能告訴他們自己有沒有猜對。

今天，他們的命運可能就端看恩利要跟他們說什麼了。

在道路的遠端，一輛加裝推土鏟的戰車正將樹幹路障推開。兩側林立著整齊排列的樹木，寬敞而筆直的路面再次通暢。克拉倫斯看見這一幕後，打了個小哈欠。今天稍早，矛尖師已經往東離開施托爾貝格，其麾下的各特遣隊也依據第一軍團的規畫部署在科隆平原上[2]。

對於待在「X特遣隊」（Task Force X），前進了十六英里、未開半槍的克拉倫斯來說，目前為止都是一帆風順——這一切都要歸功於灰狼師[3]。縱隊左翼的步兵，他們在雨天裡，頭戴濕漉漉的鋼盔、滿身泥濘地在高爾茲海姆的爛泥巴裡作戰，並在前一晚就佔據了一旁的村莊。

高爾茲海姆與每個在科隆平原上的村莊，在被攻陷前都加強了防禦[4]，而在被攻陷後，它們在淪陷時的樣貌也大同小異。根據矛尖師的記載顯示：「每座村莊的主要幹道都設置了障礙[5]，車輛被推翻，房屋化為一堆正在悶燒的廢墟。德軍的屍體正如他們傾覆的帝國標誌：卍字旗，一同橫躺在路邊。周遭散落著納粹政府的官方文件，以及帶有十字標記，但現在就跟垃圾沒兩樣的隨身物品。」

剛聽完簡報的車長們手下夾著地圖，各自往自己的戰車走去。克拉倫斯身體往前傾，看著人群中的恩利。他和其他人都覺得已經可以光靠恩利的菸斗冒出的煙飄向何處，猜到接下來的任務有多危險，雖然有時還是不要知道比較好。

克拉倫斯見到他的菸斗在牙齒間上下晃、飄忽不定的白煙向上飄盪後，便低身進入砲塔內，心有不安地對大家說：「它在漂浮不定。」

大家的哀怨聲大到連車外都聽得到。當恩利都開始緊張的時候，任務肯定非常艱困。

恩利回到車上，告訴大家由於工兵在偵察後發現公路沿途可能埋有地雷，無法通行，戰車只能採越野的方式，從荒涼、貧脊的原野繞道而行。E連的戰車魚貫從公路上開入原野，接著背向高爾茲海姆排成了橫隊。

克拉倫斯貼近潛望鏡，鏡頭上因積水而印著水痕。在兩英里以東，於一片被濃霧包圍的死寂樹林之後，坐落著布拉茨海姆鎮（Blatzheim），它是通往科隆的道路上，其中一座必經的德軍設防城鎮。他們此時距離科隆僅有十二英里，空中偵察證實敵人正沿著城鎮周遭挖掘壕溝。克拉倫斯對此並不太擔憂，E連不負責本次的主攻。

三輛M5史都華輕戰車（Stuart）[6]正在發起線上待命。

今天的攻擊行動除了E連本身之外，還會有完整的特遣隊支援。來自B連的幾輛史都華會打頭陣，探查是否有可跨越壕溝的路線，接著F連的雪曼戰車會掩護左翼，讓E連可以直攻布拉茨海姆。

——

在E連發起線上，停著一輛車身側面漆著「永恆號」（Everlasting）的七十六公厘砲型雪曼，查克．米勒就坐在它的射手席上。從潛望鏡內看出去，那個令他恐懼的回憶又再次浮現。空曠的原野、坑坑巴巴的地面，看起來就像那時的大薩特。

那次事件之後，查克在另一個車長需要射手的情況下調到了那輛車上，對他而言，只要不是「愛蓮娜號」都好。當時，盟軍攻陷大薩特後，他們一行人將戰車開回比利時的戰車車場，理論上來說清理戰車通常是技工的工作，但不知為何，那次是由查克和他的車組員負責清理自己的戰車。他們將濺滿血的無線電與砲彈挪到車外，接著刷洗掉車內白色牆壁上的污垢。但當他們面對比爾．海伊灑落在車長席上的腦漿時，沒人膽敢去碰觸它，只有查克強忍著收拾一切。

臨時葬禮中，師部將蓋上床單、穿著制服的比爾入了土[7]。再將他的遺物，一疊地址記事本、一本禱告書，寄給了他的母親，勞蕾塔（Lauretta）。

理論上，當戰車內有人陣亡時，該輛戰車就會轉移到其他連，軍隊不想讓車上其他人意外看見他們陣亡弟兄的幽魂。但不知出於什麼原因，愛蓮娜號並沒有從E連調走，至於駕駛法爾尼升為車長，查克則一心只想遠離這輛戰車。

野地上，三輛史都華的排氣管噴著凱迪拉克引擎的白煙，以楔型隊形朝布拉茨海姆疾駛而去。

在查克的眼中，這些方形小戰車看起來跟誘餌沒兩樣。

除了它的速度——可以高達每小時四十英里——就如同「地獄之輪師」師長對史都華輕戰車的評論：「……作為一輛戰車，它每一種性能都很落伍。」[8]

跟新銳的潘興戰車的工程奇蹟相比[9]，相差甚遠。史都華的主砲僅是一門三十七公厘砲，正面裝甲等效厚度只有薄薄的一．五英寸。更糟糕的是，只要一踩到地雷，爆炸威力直接炸穿薄弱的底盤，由下而上將戰車兵給炸碎。

以高速行進，跨越了三分之二空曠地的史都華，突然間全部急停了下來，接著前導車將砲管指向遠方的乾草堆。

M5 史都華輕戰車

自殺。

不要啊！查克在心中對著那些史都華吶喊著，如果敵人正盯著他們，保持在原地不動無異於自殺。

但看來前導車車長，「忘了」他原本應該要執行的任務[10]，而是下令對其中一個乾草堆開火，就在他準備要射擊下一個時，德軍的砲彈提醒了他錯誤決策的後果。一發綠色曳光彈從左邊飛來，直接從史都華的左側貫入再從右側飛出，接著一陣黑色的環狀濃煙從車上竄升，受傷的車組員從車旁滾落[11]。見到前導車被擊毀後，另外兩輛立即迴轉往回跑。

查克憑著對綠色曳光彈的彈道記憶，一路追蹤到了北方一英里的一處農場。

突然間，不好的回憶突然閃現了出來。

——

在史都華為這場攻擊行動做了一個不吉利的開場後，E連開始動了起來。全連戰車一如以往排成三個橫隊為縱深的隊形，接著加足馬力朝濕漉漉的原野衝過去。

透過潛望鏡，克拉倫斯神情自若，麥克維已以「主啊，請讓大砲彈遠離我們，」之禱詞為初次操作潘興的他們加持，且主也聽到了他的禱告。

潘興戰車處在隊型的正中央，克拉倫斯眼見所及之處都是其他戰車正在轉動的履帶和揚起的廢氣。前方有五輛雪曼，後方也跟著五輛，同排的其他戰車在他的兩翼。全連最前排的戰車刻意將速度壓在時速二十英里，為的就是讓較慢的潘興可以跟上。同時，A連的步兵以徒步的方式，在E連的右翼沿著公路前進，B和C連步兵在後方作為預備隊，以備不時之需。

在隊形的安排上，將潘興按在全連的中央是連長的指示，畢竟沒人願意見到這輛全新的戰車，在第一次投入實戰時就遭遇到什麼不測。

克拉倫斯對此沒有意見，畢竟潘興確實是值得被保護的。在車內，得益於較長的砲塔，它就算配備了比雪曼還大的主砲，空間也還是比較大，這讓他能更靈活地移動到裝填手那側，或者是鑽進車首機槍手的位置再從頂門逃生。整體而言，進出砲塔變得比以前都還要迅速。

E連前進到剛才史都華被擊毀的位置，戰車隊形稍微疏開，繞過仍燃著熊熊烈火的戰車。經過那裡的時候，高熱甚至逼得恩利以手遮住臉。

但這一次，他們已經準備好了。

前導的數輛雪曼戰車將砲管指向農場，也就是德軍砲彈稍早前射來的位置，大家期盼德軍再故技重施。

對於大家的期盼，德軍是樂於實現的。這時另一發綠色曳光彈又從左邊飛來，差之毫釐地掠過其中一輛雪曼，直接鑽入了它身後的泥地中。

遭遇敵火後，裝甲步兵馬上臥倒，駕駛手們急拉操縱桿，全連戰車在引擎的轟隆聲中停了車。克拉倫斯的心中突然竄過一絲寒意，說時遲那時快，一發看似七十五公厘戰防砲射出的綠色

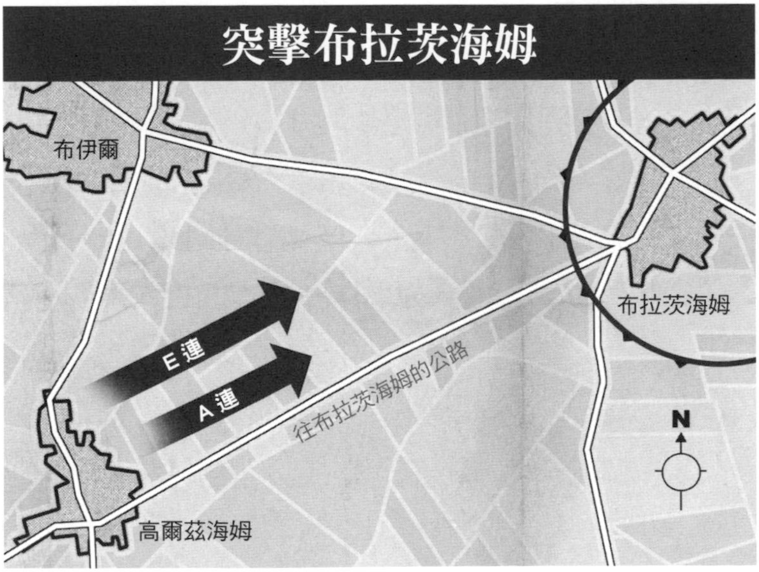

曳光彈劃過了天空，接著第二發又隨之而來。

前排的戰車開火還擊，各戰車的主砲隨著每一次的射擊而制退。猛烈的砲擊基本上將農場的房屋炸碎，剛剛不論是誰朝他們開火，大概也葬身在那堆殘骸之中。正當大家只注意左翼的敵人時，又一發砲彈從正面飛來[12]。這發如綠色閃電般的砲彈從各車的間隔中鑽過，在地上挖出了如牛鞭狀的巨大彈坑。

克拉倫斯立刻將主砲往正面搖。

綠色閃電接二連三從布拉茨海姆的方向飛來，它們起初看起來都像用慢動作飛行，但在最後一刻，這些綠色閃電卻會突然加速，如火箭一般高速飛掠在各車之間。在砲彈的鞭笞聲中，坐在射手席上的克拉倫斯縮緊了身體，恩利壓低了頭，深怕成為下一個受害者。在敵人的第一波集火射擊時，每一發皆以咫尺之差錯過了目標，但它們高速通過時發出的聲響，卻馬上讓人警覺到這些並非普通的砲彈。德國人發射了他們的戰車殺手砲[13]——八八砲。

這種大砲的口徑為八十八公厘[14]，根據一名美軍士兵所說，它是一種可以「反制所有東西」的武器。在當作防空砲使用時，它可以將二十磅重的砲彈打上六英里半的高空。攻擊戰車時，八八砲就會變得更加致命，它在平射時，射程會再增加三英里。

方才保持靜默的無線電，現在充斥著各種咒罵聲。

更令情況雪上加霜的是，原本以為已經消滅的左側戰防砲，現在突然活了過來並加入集火之中。E連恐慌地發現，他們現在正身處於至少由六門戰防砲所組成的火網之中[15]。

身處在被友軍戰車團團包圍的潘興之內，緊縮在射手席上的克拉倫斯只能無力地盯著外面看，完全沒有還手的餘地。從潛望鏡裡，一發綠色閃電命中了一輛七十六公厘雪曼的右前方，伴隨著一團四散的火星。戰車頂門快速被推開後，驚慌失措的車組員爭先恐後地拉扯著彼此冒出來。沒人會在此等急如星火的情況下互助與禮讓，剩下的只有本能式的求生。

一輛滿載約八十枚砲彈[16]和一百七十加侖汽油的雪曼，一旦被敵人命中，車上的這些內容物就是創造地獄的條件。誠如一位射手寫道：「當你的戰車被命中[17]且開始起火時，你當下唯一的目標就是馬上跳車逃生。」

透過潛望鏡，克拉倫斯看見他的朋友休伯特・福斯特上兵（Hubert Foster）在看起來毫髮無傷的情況下逃出砲塔，他鬆了口氣。福斯特是個纖瘦、有著一雙大腳丫且滿臉都是痘疤的人，他使盡吃奶的力氣從砲塔跳到引擎蓋板上，接著朝戰車後方拔腿狂奔。當他從戰車上跳下時，雙腳就像在半空中踩腳踏車一樣瘋狂地踩踏著直到落地為止。

看見這幕的克拉倫斯突然發出了咯咯的笑聲。

「什麼事情這麼好笑？」恩利透過車內通話問他。

「我看見有人在半空中走路，」克拉倫斯回。

從恩利的位置上，幽默感無處容身於他所見到的世界。第一橫隊現在已經是一團亂，有些戰車朝正面開火，其他朝側面射擊，其他在後排的戰車只能著急的在原地待命。某些車長甚至開始比出在塞車時，用路人會比的憤怒手勢。

更令情況雪上加霜的是，無線電通訊網現在就像他們現在一樣正經歷一場大塞車。連長索爾茲伯里將他的戰車當成機動指揮所，但因為遠在高爾茲海姆，只能透過混亂的通訊網嘗試掌握狀況。在無數的訊息中，有一車回報他們的主砲卡死[18]，另一車的無線電傳來機械故障後發出的怪聲。

真是一團亂。

在金屬的重擊聲中，另一輛在前排的雪曼承受重擊並當場爆炸，它的引擎蓋板被炸開，車長被拋到空中。這時另一個車組員步履蹣跚地從車頭前繞回來，他身上原本該有手臂的那一處，現在只剩下自由甩動的衣袖。

前排損失了兩輛雪曼後，連長下令全連撤退。為了掩護徒步逃生的戰車兵，恩利下令全排朝前方打出一片煙幕。每輛雪曼都配備有M3煙霧彈迫擊發射器，這種英國設計的東西構造就像信號槍，能從砲塔的一個小洞內發射。煙幕彈在兩輛被擊毀的雪曼前嘶嘶作響，升起的白色煙幕阻擋在他們與敵人之間。

剩餘的十二輛戰車在緊急迴轉，零星的綠色閃電仍在穿越煙幕。

阿登的慘劇又重演了一遍。

——

但在此時，卻沒人告訴步兵要撤退了。

巴克．馬許（Buck Marsh）將手中的步槍橫在腰際，穿過濃厚的煙幕。煙幕中，德軍已經停止射擊，只有被大火吞沒的雪曼，發出不絕於耳的嘶嘶聲。

巴克又冷又濕，牙齒不由自主地打顫，當腦海中出現德軍從煙幕那端朝他發起衝鋒的畫面時，雙腳的步伐也跟著減緩了。此時被指派為尖兵的他身在全連之前，起初他認為這是份殊榮，但賈尼基卻道出殘酷的現實。尖兵通常是第一個踩到地雷的，或是在交火中被孤立，又或者是直接吃子彈的那個。

煙幕刺激著雙眼，令巴克不由自主地拭眼。他們究竟接近德軍戰壕了沒？他在煙幕中迷失了方向，越是深入這團人造煙幕，他的步伐就越來越小。

「巴克！繼續走！」

巴克回頭一看，一位高六呎二、比其他弟兄還高的軍官雖然被煙幕遮蔽，但其輪廓依然清晰可見。巴克的排長威廉・布姆少尉（William Boom）正輝著手要他向前，排長急切佔據更多的陣地。

不願意讓人失望的巴克又恢復了前進速度，走到盡頭時，煙幕越來越淡，這讓他終於可以見到靴子旁的綠色植被一點一滴地重新出現。走出煙幕濃煙後，他見到公路就在右邊，布拉茨海姆還遠在一英里之外。他們跨越了這片空地一半的距離了，每走一步，煙幕更遠離身後，這時，一位接著一位，其他弟兄也跟著出現了，不久後A連的一百八十一個士官兵便全部從煙幕中現身。

「繼續走，巴克！」布姆再次催促了他，感覺就像棒球隊在叫球員前進一樣。在大學時代，布姆是棒球新星，他的風格更像一位棒球教練，而非排長。

作為尖兵，巴克理應在大部隊前方一百英尺外，這樣才能幫大部隊探路並提供敵情的早期預警。然而，在沒有煙幕圍繞在身旁的狀況下，他絲毫感覺不到任何一點安全感。手榴彈在吊帶上搖晃，背後的工兵鏟也是如此。戴著手套的手掌不停在冒汗，眼睛盯著公路沿線的溝渠，裡面是充滿了看起來不懷好意的黑色樹葉。

他們到底在等什麼呢？他感到不解。

德軍確實在等，他們在防空型的八八砲——四十一型防空砲（FlaK 41）的後方盯著他們。事實上，這個地區正是德軍的防空砲帶[19]，充斥著至少兩百門八八砲與其砲班。

現在正是最需要禱告的時候。巴克從小就是長老教會信徒，他來自南方的家族過去五十年來都坐在教堂中同樣的長椅上。在他剛部署到歐陸時，他都會定時念禱詞並禱告，但自從他成為賈尼基的夥伴後，卻沒有再保持這個習慣。在阿登地區作戰時，他們曾經身處迫擊砲彈幕中，巴克很自然向上帝求救。但當砲擊落幕後，賈尼基看著他說：「你覺得上帝會幫你，好讓你爬出這個散兵坑然後去殺德國人嗎？」

當下，巴克沒有辦法回答這個問題，現在，他依舊無法回答這個問題。他現在只在心中禱告著。

巴克回頭看著高爾茲海姆的方向，發現友軍的戰車正停在那頭，如果A連在沒有戰車支援的情況下要挺進到敵人的壕溝，那他們就跟一戰時期的老前輩沒什麼兩樣，死定了。

你們到底在等什麼？巴克看著友軍戰車，心中很想吶喊出這句話。

——

此時的E連正在發起線上待命。

所有戰車中，主砲卡住的那輛先行退場，其餘十一輛蓄勢待發。

在那輛七五砲型雪曼中，法蘭克「卡津仔」奧迪弗萊德下士現在坐在了射手席上。這位粗曠但善良的戰車兵有著一張天然的濕地獵人的臉孔。他的黑髮厚實、鼻形陡峭，黑色的雙眼深埋在眉骨之下。童年時期，他最愛的課外活動就是獵捕食魚蝮蛇，軍隊讓他將這個獵殺「天分」發揮更大的用處。奧迪弗萊德將眼睛貼上直管鏡時，映入眼簾的景象看起來不太妙。

步兵正盲目地往前推進，受困的戰車兵正蜷曲在彈坑內尋求掩護，一名戰車兵的一腳就剩下一小截，只能憑另一腳跳著移動。往左一英里之外，F連的雪曼正在猛攻農場，在他們解除眼前威脅前，E連哪兒都去不了。

奧迪弗萊德坐立難安的將頭往後移，他不想當個只能袖手旁觀的人。此外，他現在也只是個代理射手而已。

這天早上，連長索爾茲伯里向他討個人情。一名從B連調來[20]、在阿登作戰時負傷的新手中尉要來報到。連長要奧迪弗萊德先當一天的射手，好讓少尉累積一些經驗。

羅伯特・鮑爾中尉（Robert Bower）現在就坐在奧迪弗萊德身後的車長席上。這位高大、有雙藍眼睛、一頭棕髮[21]，一臉蒼白的軍官，因為剛才的攻擊還在顫抖著。在奧迪弗萊德眼中，他就像是個大學生而已，即便他實際比二十四歲的奧迪弗萊德還要老上兩歲。在他的帆布包中裝有一組西洋棋，心中有一顆亟欲了解所有關於雪曼戰車的熱情之心，如渴求知識的學子。鮑爾中尉清楚自己只是當個一日車長而已，真正的老大還是奧迪弗萊德，而這些特質都讓奧迪弗萊德馬上對這個人有了好感。

此時，無線電發出了連長的聲音，連長對鮑爾說明狀況，奧迪弗萊德也專心聽著。現在農場的威脅已經解除，他們可以恢復攻擊，既然現在第二排的戰力完整，這次就由他們打頭陣，這意味著鮑爾中尉必須肩負起指揮的責任。

通訊結束前，連長說了一句令人不安的話作為

法蘭克「卡津仔」奧迪弗萊德

結尾：「沒有撤退的餘地。」

鮑爾看著奧迪弗萊德，與他四目相接，說：「他認真的嗎？」

奧迪弗萊德點了點頭，這就是戰車兵的使命，他們上車並往前進，縱使等待自己的是死亡，個人早對生死了然於心。當還在法國時，奧迪弗萊德與車組員在一場暴風雨中被指派要睡在戰車底下守夜，這意味著他們會渾身淋濕，但奧迪弗萊德找到了更好的方法。一架墜毀的P－47戰機，上下顛倒、機尾朝天插在地上。當地人恭敬地將殉職的美軍飛行員，放置在機身後部下方。跟戰車底下比起來，這裡還要乾燥些。奧迪弗萊德在那兒，就在飛行員的遺體旁過了一夜。

是時候要出發了。戰車前進時，靠在砲塔壁上的手槍因震動而嘎嘎作響，奧迪弗萊德將槍套轉到了左邊。

鮑爾中尉用無線電呼全排，他的聲音顯然正在顫抖。

「中尉，記得在開始交火後要把頭壓低，」奧迪弗萊德用他緩慢但堅定的南方法裔腔調對著中尉拉著長音說：「你可以的。」

鮑爾對於奧迪弗萊德的提點表示感激。

奧迪弗萊德心想，**鮑爾對於即將經歷的狀況毫無頭緒**。

——

剛才被敵火壓制而動彈不得的戰車兵，在見到第二排的戰車經過時皆歡欣鼓舞。第二排之後，又有六輛雪曼戰車緊跟在後。

此時，在打頭陣的戰車與裝甲步兵之間已經沒有任何障礙物了。

奧迪弗萊德的七五砲型雪曼在隊形左翼，潘興戰車在右翼，不僅是最靠近公路也是相對來說最安全的位置。位處中央的是查克．米勒的七六砲型「永恆號」雪曼。不過，查克至今還是沒能真正遠離「愛蓮娜號」，那輛歷經滄桑的老戰車就排在他的右邊。

查克身後的車長席上，站著他最要好的朋友雷蒙德「朱克」朱爾夫斯下士（Raymond "Juke" Juilfs）。二十二歲的朱克出生在愛荷華州的小鎮，有著一頭金髮和平直的深色眉毛，看起來就像個應該待在棒球場好好發揮天分的人，而不是在戰車上。

但他們已身在此處，別無選擇。

從布拉茨海姆鎮那頭，冒出了多門八八砲的砲口焰。透過潛望鏡，查克可以看到步兵們趕在被綠色閃電削掉頭部的前一刻臥倒，一聲尖銳的金屬撞擊聲劃穿了空氣，聽起來像是有什麼東西被擊中了。

「是愛蓮娜號！」朱克喊著。

「狀況多遭？」查克問道。

朱克轉身查看。愛蓮娜號被砲彈貫穿車首後再打進了履帶內，車長法爾尼從頂門爬出、滾落砲塔，其他生還者拉著駕駛的手臂，將他拉出駕駛席。那位駕駛名叫彼得．懷特（Peter White），就是那個在施托爾柏格偷雞的人。現在他的雙腳已經

雷蒙德「朱克」朱爾夫斯

扭曲變形，注定是要截肢的了。

剩下四輛戰力的戰車排繼續推進。

查克的復仇之心強烈。戰車越野時劇烈的晃動，查克努力將眼睛緊貼在潛望鏡前，即便他真的辦到且穩定系統也已經啟動的狀況下，眼前的十字絲仍不停地跳動。猛烈的跳動一次次將他從座椅上拋起，砲膛同樣晃動得厲害。這種情況下，假如查克開火，裝填手是無法重新裝填的。

在潛望鏡中，查克突然撇見迎面而來的綠色閃電，這讓他本能式地往旁邊一閃，儘管這對結果並不會有任何影響。那發砲彈先是輕觸了一下地面，接著再彈跳起來命中其他人。

朱克緊接著回報另一輛雪曼跟不上編隊，應該是履帶被射斷了，但全排仍然繼續前進，儘管只剩下三輛車。現在敵人可以瞄準的目標更少了，因此火力更加集中到中央的戰車上，每當一發綠色閃電以高速掠過時，都會在朱克頭上發出如鞭笞的巨響，接著再鑽入「永恆號」附近的泥土裡。這時，一發砲彈落在了戰車前並在地上留下了一個冒煙的大坑，儘管駕駛手盡全力想煞停，但距離實在太短了。

「抓好了！」朱克大喊。

查克甫抓緊了隔板，雪曼的車頭便朝下俯衝，懸吊和履帶也跟著嘎吱作響。

頓時間，履帶被拋飛到空中，引擎也在猛落地後發出最後的悲慨，接著嘎然而止。

查克的頭猛撞上潛望鏡，頭盔底下的思緒陷入一片天旋地轉。他試著要移動肢體，卻發現自己正被散落的裝備卡在射手席的一角。車內發出火焰嘶嘶聲和嗖嗖聲，他知道自己必須盡快振作起來，車內隨時就會變成惡夢降臨。

「棄車！」朱克大喊。

在所有人急忙逃離之時，只有查克還卡在車內。在戰車兵的評價裡，雪曼根本就是個火藥箱[22]。英國人稱它為「湯米火爐」、自由波蘭軍稱它為「燃燒墳墓」，美國人叫它「機動式烤箱」，甚至還有「輪子上的火葬場」這樣的外號。*

為了避免爆出火花，查克切斷了主砲的電門，將頭盔的通信線拔掉，接著嘗試在彈鏈、空砲彈殼、地圖和其他雜物推裡挪動身體，騰出一點空間後，開始往光線照進來的地方爬去。查克拱著身體繞過他的椅背，最後攀上朱克的頂蓋將自己給拉出去。剛離開車內，他馬上置身於一個吵雜的世界，此時後排的戰車正繞過永恆號，繼續向前推進。

查克從車旁滑下來後跳進坑洞，接著衝向其他已經成功逃生、趴在一堆被稻草覆蓋的馬鈴薯堆當掩護的其他車組員。他趴在朱克身旁，臉上不是帶有熊貓眼就是流鼻血的朱克和其他人，此時正嘗試將自己壓得更低。每一次的爆炸聲，都讓大家將頭盔更壓入地面一點。他們顯然不能再繼續待在這裡，但跑回高爾茲海姆的生還機率又有多少呢？

查克回頭看向其他抛錨的戰車與找掩護的戰車兵，一發砲彈落在一群戰車兵的中間。滾滾沙塵之中，其中一個戰車兵以百米狂奔的速度衝刺著。看著他步伐逐漸減緩。他在最後倒下之前，還蹣跚了幾步。查克驚恐地發現，他的臉整個不見了。

查克再撇過頭，一道閃光突然從馬鈴薯前爆開，看起來就像雷電從土裡打出來。瞬間的震波

---

* 原註：早期的七五砲型有著容易殉爆的惡名[23]，因為它的彈架就放在脆弱的側面裝甲板旁。假如敵火貫穿，有高達百分之八十的機率會殉爆。但在後期型號中，砲彈被挪到底盤地板下，置於液態彈藥儲藏間，將殉爆機率降低到百分之十五左右。對於戰車兵來說，雪曼初期那惡名昭彰的殉爆率，恐怕已經烙印在他們的觀念最深處了。

將他肺部內的空氣抽光，他急促、大口喘氣、暈頭轉向地抬起頭來時，環繞他的只有耳鳴。一旁的駕駛手，喬．卡塞塔上兵（Joe Caserta）正痛苦地扭動肩膀。

查克轉向朱克大喊：「我們必須離開這裡！」

朱克毫無反應，查克搖晃他時，朱克的頭無力地轉向了他，最後在靜止前晃動了一下。在朱克的戰車頭盔頂部，留有一個被破片打出、冒著煙的黑色大洞。

了無生息的朱克，永遠沒辦法再與他的妻子達蓮娜（Darlene）團圓[24]，也無法見到他還未能親見的幼子傑米．雷（Jimmy Ray）。查克難以置信地看著他最好的朋友已經死去，其他人要不是受傷就是被炸到呆滯。雪上加霜的是，他們仍身處於彈幕之中。這種時候，其他人可能會精神崩潰，哭得像個孩子。

但查克．米勒沒有，他對其他人喊：「我們走！」後，便拉起了負傷但倖存的卡塞塔，讓他靠在自己的肩膀上，一步步扶著他走向高爾茲海姆，並帶著其他仍在猶豫、震驚的人，跟隨他們的腳步遠離這片屠宰場。

——

即便全排只剩下兩輛車，戰車排仍然持續推進。

離德軍防線僅剩下八百碼，奧迪弗萊德的雪曼與潘興戰車並肩衝向敵火，持續拉近了距離。在車內，奧迪弗萊德不停地自言自語，也不在乎鮑爾能否聽懂，整個砲塔室內充斥著他那獨特的口音。

他努力將主砲指向各個目標，每當他將十字絲放置於遠方砲口焰的中心時，十字絲又會突然上下跳動，接著目標便失去了蹤影。奧迪弗萊德回頭看向鮑爾排長，此時的他正遵照奧迪弗萊德的建議，真的將自己壓低在砲塔內，等待戰車可以對敵人壕溝發動攻擊並大展身手的那一刻。

但那個時刻永遠不會來了。

一發砲彈貫穿入砲塔，鐘響般的撞擊聲迴盪在整個空間，如鐵水般的破片群從裝填手那側灌入，吞沒了裝填手與鮑爾排長。強大的衝擊力再將奧迪弗萊德甩上艙壁，將他撞暈。

數秒鐘後，也或許是數分鐘後，奧迪弗萊德再次醒來、睜開眼，漆黑、辛辣的黑煙已經瀰漫在砲塔室之中，伴隨他的還有正在跳躍的火花。仍然坐在射手席上的他，意識與全身的感知已經麻木到不確定戰車是否仍在前進。

我們被打中了。

他的左半邊已經沒有衣物，上半身的戰車兵夾克和下半身的長褲都已經徹底被焚毀，被破片貫穿的傷口也正滲著鮮血、流滿他的全身，就像被肉錘敲過。他的下巴發麻、頭頂發癢，手指順著頭皮往上摸時，一團黑髮掉了下來。大幸的是，他的眼睛被砲膛保護住，成為身上僅存未被傷害的部位。

排長呢？

奧迪弗萊德轉頭一看，曾經站在那裡、前途一片光明的「大學男孩」，現在成為一具躺在砲塔籃底，全身被打得稀爛、頭顱已無法辨認的屍體[25]。

爬出戰車的奧迪弗萊德，雙腳跪在泥地，年僅二十四歲的他，已經損失了人生中的第五輛戰車。孤身一人的奧迪弗萊德環顧四周，對於剛才如何逃生已沒有了印象。敵人的彈幕仍落在他的周遭。在本能反應下，他的手搆向剛才移到左邊的槍套並想掏出他的一九一一手槍，卻發現怎麼使勁抽都抽不出來。

低頭一看，這才發現一片鋸齒狀的破片卡進了手槍滑套。槍體本身只靠著細件固定著。那把手槍不僅護住了他的動脈，更保住了他一命。

奧迪弗萊德被劇痛所吞沒，身體不受控制地癱軟在泥地之上。

——

現在全連是由潘興戰車率領衝鋒，全排就剩它這輛了。

為了繞過滿地都是的毀損戰車以及受困的戰車兵，後排的雪曼不得不放慢速度，這讓它們離潘興的距離更遠。

克拉倫斯緊貼潛望鏡的同時，爆炸威力撼動著這輛堅實的戰車。

到此刻，克拉倫斯都還未能開出第一砲。

砲塔另一頭，約翰・德里吉上兵（John DeRiggi）抱著一發砲彈，急著想要將它塞入砲膛之中。這名二十歲，長得像年輕時候的演員勞勃・米契（Robert Mitchum）的裝填手，頭戴的是跟人交換來的法國黑色皮製護耳的那種戰車帽。

德里吉出身賓夕凡尼亞州斯克蘭頓（Scranton）的一個義裔美國人家庭，從小被取了個「強尼小

約翰「強尼小鬼」德里吉

鬼」（Johnny Boy）的綽號，因為他從小就愛惡作劇，導致他的父母常常吼道：「強尼！小鬼！假如我抓到你……」[26]但在此時，原本愛搞笑的德里吉神情嚴肅，眼神和聽覺都關注著外頭四處橫飛的砲彈。當見到克拉倫斯在此等激戰中卻未開一砲還擊時，他再也受不了了。

「快點打回去啦！」他對著砲塔的另一端大吼。「我們快被幹掉了！」

克拉倫斯怒火中燒，轉頭回嗆：「我屁都看不到還打什麼？」敵人的戰防砲陣地都深掘到低於地平線，幾乎看不到它們的存在。

五個步兵嘗試衝向公路尋求掩護，但早在這之前，一發砲彈就將他們炸上了西天，一頂美軍的鋼盔還噴飛到二十英尺外[27]。

僅能用潛望鏡看世界的克拉倫斯，發現大部分的砲口焰都在城鎮與公路的交界處，且都在樹下……

樹下……

原來敵人利用樹林來遮蔽他們所挖掘出的壕溝線。

克拉倫斯叫恩利停下戰車，好讓他可以穩定瞄準。但德里吉和其他人極力反對，因為停在戰場中央無疑會成為敵人的靶，跟自殺沒什麼兩樣。

克拉倫斯忽略其他人的嚎叫，繼續堅定的轉頭告訴恩利：「停下戰車，我需要開砲！」

恩利從未見過克拉倫斯如此憤怒且堅定，他命令駕駛手停車，麥克維鬆開了油門，拉緊操縱桿。

克拉倫斯轉向德里吉喊道：「白磷彈（WP）！」

德里吉聽到後愣住了，因為白磷彈通常是拿來標定目標的。

「現在馬上！該死的！」眼睛緊貼著潛望鏡的克拉倫斯吼道。

德里吉被吼了之後馬上將手中的砲彈放回彈架上，接著取出彈頭塗有灰色油漆的砲彈。

潘興已然停車，德軍發出的綠色閃電也就打得更準、更密了。現在他們的四面八方都有如間歇泉般噴發的土石，無情地落在戰車之上。

從潛望鏡，克拉倫斯從紛飛的土石中看到了小鎮與公路的交會處，心無旁騖地將十字絲對準其中一根樹幹中央，一切震耳欲聾的噪音，此刻都與他無關。

別打歪了。他一如往常地在心中對自己這麼說，但這次是生死存亡的關鍵時刻。克拉倫斯扣引了擊發鍵，九十公厘主砲即在怒吼聲中將那枚特殊的灰色砲彈送向目標。

在目標的那端，樹幹瞬間炸成了散裂的火柴。但白磷彈的威力不僅於此，原本立著樹木的地方，現在竄起了一坨劇烈翻騰的白色煙幕，充斥著無數正在閃閃發亮、每顆都高達一千度的白磷粒子之火。很快的，煙幕化作許多閃閃發光的觸手，蔓延在壕溝之間。

從潛望鏡裡，克拉倫斯發現那門八八砲不再閃出砲口焰了。

這招奏效了！

在心中燃起一絲希望後，喜極而泣的情緒湧上了克拉倫斯的心頭。現在可不是慶祝的時候，敵人的砲彈越打越近，在克拉倫斯能開第二砲之前，恩利就對駕駛手大喊：「倒車！」

說時遲那時快，一發砲彈就炸在了剛才潘興停車的位置。當戰車再次停止時，克拉倫斯又一次扣引擊發鍵，用白磷彈將另外一顆樹炸碎並幹掉了另一門八八砲。隨著克拉倫斯一次一次的開砲，恩利也不斷命令駕駛手前進或倒車，令敵人難以命中他們。

一發接著一發，克拉倫斯掃倒了一根又一根的樹幹，九十公厘砲的砲門不斷退出空彈殼，恩利也接連躲著向後竄出的熱氣。

一團慘白的煙幕，宛如晨霧漂浮在壕溝之上，所有的德軍火砲都已經沉寂。恩利這時拿起了無線電呼叫後方的戰車，看誰還有白磷彈的就盡量砸過去，幫他們幹掉敵人。

——

美軍砲彈掠過頭頂時，與德軍壕溝保持安全距離的A連弟兄，個個皆緊貼在地上。巴克緊拉著頭盔，試圖令他的耳朵避開「一切消耗精神的巨響」[28]。

當一切塵埃落定，他抬起了頭，映入眼簾的是正在消散的白磷之霧。接著一個人從一排衝到了另一排，看來是時候要朝敵軍壕溝衝鋒了。

隨著布姆少尉一聲令下，巴克站起來向前衝鋒，後方跟著所有A連的弟兄。飛快的衝刺，更令他與其他人的距離進一步拉大。巴克已經可以看見布拉茨海姆鎮的茅草屋頂與石造教堂。在他能發現之前，德軍的戰壕已在腳邊。他扔了一顆手榴彈進戰壕，看著一團塵土煙隨爆炸冒起。斥候的職責就是要發現敵人，盡責的巴克當然不會辜負他人的期待。他跳進壕溝，開始尋找敵人的蹤跡。

右邊二十碼外有一處砲陣地，聚集在那門八八砲旁的德軍砲班，仍對剛才遭到白磷彈攻擊而餘悸猶存。當德軍注意到巴克後，四、五個人馬上轉向他並將武器放下，巴克舉起步槍指著他們。雙方以恐懼的眼神凝視著彼此，敵不動我不動地僵在原地。

在任何衝突爆發前，A連就衝進了壕溝內，一個一個弟兄跳進滿是泥濘的地上，有人用槍指著德軍的臉，其他人則將地上的步槍踢開，再將衝鋒槍從仍在顫抖的手中奪走。

整條戰壕中的德軍，成群脫盔、投降，共有五座砲陣地的八八砲被放棄[29]。但有更多的砲陣地留有拖曳的痕跡，這些本該在陣地內的八八砲不知去向。

巴克突然在濕滑的戰壕裡滑倒，爛泥弄得他滿嘴就像塞滿了棉花。他雖然拿起水壺想要將口給漱乾淨，卻一點用都沒有。

巴克還來不及起身，多名德軍戰俘就在其他人的驅趕之下跨過了他的腳下。A連共俘虜了一百七十三名戰俘[30]，他們絕大部分都是德國第十二國民擲彈兵師的部隊，都是被國家徵召以履行「無條件衛國」的士兵[31]，年紀比其他德國軍人還要稍長。

賈尼基找到巴克，將他從爛泥地上拉起，這時其他同班的八人正好集合在一起。他們十人即是第三排第二班，簡稱三／二。

其他人對於巴克還能活著感到驚訝。他們稱呼巴克「矮子」（Shorty），他們甚至這樣形容他：「矮子覺得他自己是隱形的！」每當巴克聽到他們這麼說時，都很好奇他們是不是分不出隱形（Invisible）還是無敵（Invincible）的差異。他也沒打算要糾正他們，畢竟他們是一群老屁股，自己只是個菜鳥。今天過後，他與大家的距離，比此前都還要疏遠了。

賈尼基和其他人將槍從肩上取下，巴克也跟著做。他希望自己可以待在這裡就好，但布拉茨海姆鎮內的槍聲不絕於耳，主幹道上的路障也得有人去清除。

老兵們該帶頭衝鋒了。

——

當潘興以蛇行跨過戰壕，它的乘載輪也隨著地形起伏而下探後又上升。

在布拉茨海姆鎮的外圍，在潘興發出厭戰的嘆息並關閉了引擎後，其餘六輛雪曼隨意停在它周遭。掛在戰車側邊的自救木要不是被炸裂，就是被剝了層皮。戰車頂門紛紛開啟，戰車兵們順勢跳出車外。不遠處的聖壇，滿佈密密麻麻的彈孔。

背緊貼著潘興的克拉倫斯，對激戰後的場景[32]差點就要吐出來。連上四輛雪曼和一輛史都華躺在戰場上成了廢棄物，它們的主砲還指著生前最後所見到的目標。其餘幾輛受損的戰車一跛一跛開回了高爾茲海姆。但比這場機械大屠殺還要糟糕的是，許多人因此流血犧牲。彈雨止息後，許多救護吉普車不斷穿梭在爛泥之間，搶救十六名負傷的戰車兵，更不要說還有那些受傷的步兵。

至於死者呢？他們仍坐在冰冷的鋼鐵棺材中。

——

在戰場中央，一名站在彈坑裡名叫圖羅份（Truffin）的車長，揮手叫停了一輛正要開回高爾茲海姆的雪曼。

圖羅份雖然失去了他的戰車，但他並不是為了自己而求援的。

那輛雪曼停止後，圖羅份與其他車組員將失去意識的「卡津仔」奧迪弗萊德從彈坑內扛起，放到了擋泥板上，接著大夥坐在一旁協助固定他，免得奧迪弗萊德在顛頗的路上滑落。

野戰醫院裡，軍醫發現奧迪弗萊德的大腿深深印著手槍形狀的瘀青。身受重傷的他，數天後幸運地在法國的軍醫院裡醒來。清醒後，他第一個念頭，甚至第二個念頭都不是覺得自己有多幸運，而是為那位可憐的中尉感到惋惜。

羅伯特・鮑爾中尉在雪曼上的戰鬥時間，僅僅兩個小時。

——

抵達高爾茲海姆並將卡塞塔安全交給了醫護兵後，查克・米勒蹣跚地走了幾步便席地而坐。此時他的腳踝卻不知原因地出現了疼痛感。

查克脫去了右靴，拉下襪子，見到腳踝外一個大洞不斷滲著鮮血。一個醫護兵衝過來為他檢查傷勢，想挖出破片，但破片實在埋得太深，只能先行包紮後上擔架等待手術。

在失去了兩輛戰車與兩位車長後，查克被送回施托爾貝格療養[33]，並派任新職務擔任補給士。在第三裝甲師這個部隊裡，查克已經做得夠多，也看得夠多了。

——

太陽逐漸低垂，影子悄悄延伸過原野。克拉倫斯與車組員正在為他們的潘興整補。燻黑的砲口制退器、積滿淤泥的履帶，以及無數由破片留下的咬痕，這輛戰車現在看起來既堅毅又粗曠。路過的步兵見到這輛「超級戰車」[34]後無一不目瞪口呆，並詢問這是擄獲的德軍戰車嗎。其他的E連戰車兵聽見後便走過來對那些步兵說，潘興戰車實在「太慢」投入戰場了。

「我可沒看到你們任何人想衝得比我們還快啊，」克拉倫斯此語既出，封住了其他人的嘴。

在找到機會後，恩利私下誇獎了克拉倫斯在選用白磷彈時的應變能力，且也看見了他的改變。在成為恩利的下屬以來，克拉倫斯首次表現得如此堅定不移，這也是戰車射手該有的專業特質。

恩利四目相投，看著他的朋友。

「從現在開始，**你**覺得該開火時就開火吧，」恩利對克拉倫斯說。「不需要等我命令了。」

受寵若驚的克拉倫斯向恩利保證絕對不會令他失望。

就克拉倫斯個人而言，他認為自己之所以能活下來，必須歸功於操作的是潘興戰車。搭載了自動變速箱與神準的九十公厘砲，這輛戰車已經不再是普通的戰車，是能確保他的「家人」都安全的好夥伴，這也是克拉倫斯唯一關心的任務。

那一晚，有人以另一個角度看待潘興。

連長索爾茲伯里鬱悶地視察連上，五條人命的逝去令他難受。奪下了這樣一個小鎮犧牲了五條人命，這還不是科隆這種大城市他們目標要奪取的。

大家都知道連長其實是一個非常關心下屬，也會將部隊傷亡狀況了解透徹的人，特別是對那些在行動中死亡的弟兄。對他而言，一條人命的逝去，也等同於辜負了他們的母親。現在，他必須要寫五封慰問信[35]並連同五位弟兄的遺物：打火機、戒指、信仰物品、二十七枚紀念幣與一組西洋棋，分別寄送到五戶不同人家中。

面對這一切，索爾茲伯里認定有一人要扛起所有責任，那就是他自己。是他決定要讓潘興給保護起來，用整個戰車連將這輛超級戰車團團圍住，結果只是讓他的雪曼一輛接一輛被德軍消滅，而潘興卻一點都幫不上忙。

這種事情絕不能再重演。

時間是一九四五年二月，儘管這是艱困的決定，但連長索爾茲伯里已經下了決心。假使他的戰車連想要活著看到戰爭結束，那他必須讓其中一組戰車兵保護其他人。

從現在開始，潘興將成為開路先鋒。

第十三章　獵殺

四天後，一九四五年三月二日
德國，上奧塞姆附近

在布拉茨海姆約北邊七英里處，巴克踏著輕盈的步伐沿著寒冷、周遭都是枯木的小徑行走。雪花飄過樹冠、白樺林隨風搖曳，那是一個冬天仍抗拒讓位給春天[1]的下午。

巴克身後，跟著排成一路縱隊的A連弟兄，但這次沒有人指派他當尖兵，他是自願擔任。戰車還卡在路上，步兵正在掃蕩通往上奧塞姆（Oberaussem）的森林[2]——上奧賽姆是通往科隆之路必然會遭遇到，有德軍設防的城鎮。此時的他們，距離科隆僅剩下八英里了。

巴克其實頗樂於擔任尖兵，畢竟沒有什麼比敵人舉起槍前，就衝到敵人面前並拿槍指著他們還要刺激。這種刺激感，彷彿令他置身於他最愛看的西部電影，成為裡面那最帥氣的牛仔。

就某種程度來看，巴克其實遠比連上其他城市來的小子還適合擔任這個工作，那些人可能連牛糞都沒見過。對於巴克來說，森林簡直就是他們家後院。巴克的父親是個粗勇的營造監工，曾參與田納西州的水壩工程以及北阿拉巴馬州的公路鋪設，並親手教導了年僅十二歲的巴克如何使用來福槍。在一眨眼間，巴克和他的弟弟就能動手蓋起小木屋，並在閒暇時間去玩耍和打獵。

隨著前方樹林越來越稀疏，巴克放緩了步伐，仔細聆聽穿透在樹木間的任何一絲聲響。他見不到在地形轉彎處後方有什麼東西，矛尖師曾有支巡邏隊就在這樣的情況下撞見了令他們永遠不會忘記的事件。

那支巡邏隊找了一間穀倉，裡面的景象極其恐怖。在椽子上，吊著一家德國人，父親、母親、青少女，甚至還有他們忠心的臘腸犬，全部都已氣絕身亡，現場沒有掙扎的跡象。在狂熱的愛國心驅使下，這家人在美軍抵達前結束了自己的生命。

這景象對他們而言已是家常便飯，畢竟這還不是最糟糕的。就心理上對他們而言，這世上又少了三個納粹份子。

一個師部的隨軍記者記錄下其中一人的反應：「一名士兵困惑地[3]檢查案發現場，突然彈了下手指後說：『我懂了！這狗真可惡啊，牠先把全家人吊死然後再上吊自殺！』」

此時的巴克已經走到相對空曠的地方，映入眼簾的是一座跨越溪澗的窄便橋。橋的另一端，是一座石造狩獵小屋，立著一棵橡樹的後院。樹根旁有一圈微微堆起的土堆，看起來就像是工事，有個東西在樹陰下晃動，看起來灰灰的。

是德軍鋼盔。

巴克將步槍朝天舉過頭，向後示意已目擊敵人。全連在見到此信號後立即臥倒，他則在最近的樹木後方尋找掩護，仔細研究敵人的掩體。

一名德軍悄悄抬起了頭，窺看一下左邊的林子後，馬上再蹲回掩體內。

過沒多久，掩體內噴出了一連串的槍口焰，機槍吐出的子彈撕裂了空氣，在遠離巴克的地方，掃射在林線內空無一人的小徑上。

從他們朝空無一人之處掃射來看，那群德軍已經被嚇傻了。

在機槍掃出了另一次連射後，德軍機槍射手抬起頭來看看他是否有打到任何東西。見到獵物出現的巴克，將M1步槍架在最近的樹瘤上，再將準星針穩穩瞄在那人的鋼盔中央——弧狀護耳上緣處。

槍聲一響，鋼盔在迴盪於樹林的槍聲中掉落。在腎上腺素飆升驅使下，巴克將整個彈夾剩下的子彈都射向了掩體。

——

森林的空氣再次被詭異的寧靜所填滿。

布姆少尉爬向巴克，接著停在他身後的林線。布姆過去曾是大學籃球校隊明星，風采依舊。二十三歲的他有著一張瘦長、帶著窄眼和圓耳的臉孔，他和巴克都因著對運動的熱誠而成為了好友。巴克在大學時也曾是網球隊隊長，布姆大四都依然在亞利桑納州大學的籃球校隊[4]，直到加入陸軍為止。

巴克對他的朋友指出掩體的位置，向在溪澗另一邊的布姆說：「我很確定我打中了一個。」就算巴克已經幹掉了一個射手，布姆仍然拿起望遠鏡觀察掩體，畢竟誰也不知道掩體內到底躲了多少人，任何人都可以輕易就取代死去的那個德軍掌機槍的位置。

與其叫他的步兵排賭一把衝上去攻佔陣地，布姆選擇了比較保險的方式：呼叫迫砲支援。數分鐘後，好幾條深色、模糊的高速條紋從天而降。在重擊了小屋和橡樹後炸出了橘紅色的火球，將屋頂碎片和橡樹殘枝拋上天際，再如雨點般降下。

確認敵人機槍陣地完全死透後，布姆召集了他的班長們。他們單膝跪地，聽從布姆指派任務。布姆帶領他的步兵排就像在帶球隊，討論的都是如何在場上擊敗敵人，只是在這場比賽中只有一方會活下來。每當他對大家的精神講話結束後，總是會補一句溫馨但聽起來像馬後砲的提醒：「還是罩子放亮點，這樣就沒人會吃子彈了。」

「好，我們走，」布姆一語既出後，起身離開那些班長，接著跑過窄橋，將巴克和排上其他人甩在腦後。

布姆與其他弟兄小心翼翼包圍掩體，巴克卻肆無忌憚地朝坑內探頭，迫切想知道在他精湛的射擊技術下的受害者是誰。出乎意料的是，坑內什麼也沒有，沒有德軍也沒有機槍，唯一可證明掩體近期曾被使用過的痕跡，是一條通往小屋牆邊的逃生壕溝。

巴克轉向布姆不可置信地說：「我發誓我有打到一個了！」

「假如你可以活過這場戰爭的話，那真該給你頒一枚勳章，」布姆笑著回答。

巴克在見到壕溝內滴有一條血跡後，便循著血跡來到了小屋外的轉角，再繼續追蹤到地下室的樓梯口，其他人包括布姆跟在他身後。一位中士好心提醒少尉，他現在所做的事情並不是軍官所該做的。排上許多人都知道布姆有著不太在乎自身的安危，但有時候就跟尋死沒什麼兩樣。

邁著輕盈的步伐，巴克就像別人說他

威廉・布姆

「矮子覺得自己是隱形的」那樣，三步併兩步走下台階。身後有一位弟兄建議他直接朝內丟一顆手榴彈，但巴克拒絕了，平民有時候也會躲在地下室，他不想要濫殺無辜。

走到一半，他舉起了手，給出了「停止」的手勢，接著打開了門。在沒有子彈飛出來的情況下，他走進了昏暗的地下室。

這時他見到背對著他的八個德軍，全都圍繞著什麼東西。巴克對他們大吼，所有人馬上轉過來，高舉雙手投降，且全都沮喪地皺起了眉頭。為了要看清楚他們在藏匿什麼東西，巴克示意要他們走開。德軍全部向後站，他見到了一個躺在地板上的年輕德軍士兵。

巴克靠近了點看。

那個士兵有著一頭金髮、藍眼睛，看起來跟巴克差不多歲數。他雖然仍在呼吸，但灰色的腦漿卻不停地從頭顱兩側的孔洞滲出。見到此景，巴克頓時語塞，所有的聲響甚至是時空，似乎凝結在那一刻，他的腦袋此時陷入一陣天旋地轉，劇烈到令他害怕會當場就昏過去。在沒有其他人開槍的情況下，他很確定這就是他精湛射擊技術下的受害者，這也是他第一次如此近距離見到他所發射的子彈所造成的後果。

巴克別過頭看向其他德國人，他們的面容皆是悲痛欲絕，幾個人伸手拭淚，其他人則泫然欲泣。這些人可能不僅是軍中同袍，還可能是從同一個鄉鎮一齊被徵召、認識多年的朋友。

巴克呼叫了醫護兵。

擠滿在樓梯間的士兵衝進了房內，將德軍的步槍踢到一旁，搜索著其他威脅。不久後，拖著醫護兵的布姆來到了巴克身旁。

醫護兵跪在年輕人的身旁，巴克只是專注地盯著他們看，彷彿用他凝視的眼神就能醫好地上那位年輕人。年輕人的眼皮顫動、呼吸淺薄，醫護兵能做的就只是搖了搖頭，眼前傷者距離生命的終點只剩下咫尺之遙。

巴克的胸口感覺被壓迫著，呼吸變得困難。

布姆肯定察覺到巴克的異樣。布姆命令巴克上樓搜索時，他的腳雖然在移動，但雙眼仍盯著原處，凝視那個他所造成、但仍未結束的傷害。

——

被茫然與黑暗籠罩的巴克，漫不經心地在狩獵小屋內遊蕩。

在天花板的木椽下，弟兄們擠在德軍的槍櫃旁，不是拿起步槍來檢查就是搜刮自己喜歡的戰利品。

賈尼基在見到巴克對於搜刮戰利品興趣缺缺時，便將他帶到一旁聊聊。巴克說了剛剛在地下室看到的情形。

聽完巴克敘述那位還躺在地下室地板的年輕士兵，以及他開出那槍所造成的結果後，賈尼基對他說：「他是會毫不猶豫地將槍口指向我們，你只不過是早於他一步開槍而已。」

巴克無法接受他透過「奪去」某一人的性命，以「可能」拯救其他人的性命這件事。為了要讓巴克轉移注意力，賈尼基把他拉到槍櫃旁，接著提醒他半履帶車上還有空間可以堆步槍。

巴克撿起並端詳了槍櫃內的一把三管霰彈槍、一把步槍，還有兩把在槍櫃上的十六口徑霰彈槍，以及一把槍櫃下的點四四口徑步槍。賈尼基建議巴克可以挑把槍寄回家給他弟弟，巴克覺得這主意不錯。

左右肩背著M1步槍和三管霰彈槍的巴克走出了小屋。儘管賈尼基盡了最大的努力，巴克的眼神仍然渙散而心不在焉。在他腦海裡，扣下扳機那瞬間的回憶不斷重現。他的人生從此改變了。

我應該瞄高一點，或者應該朝橡樹開槍？

他會放下槍後逃跑嗎？

雖然離小屋越來越遠，但對於屋內正在發生的事情，以及那些德國人望著朋友死去所露出的哀怨臉孔，種種的畫面沒有隨距離而消散，而是歷歷在目地緊隨著巴克。他上教堂時，曾聽過上帝是無所不知的。現在他還想起了「當你嚥下最後一口氣時，上帝與你同在，」這句話。

回頭看著小屋，想起這句話的巴克突然起了雞皮疙瘩。也許現在上帝就在那個地下室裡。

在急速成為老兵的歷程中，他必須要忽略隨之而來的另一面：要成為戰爭中的行家，雙手必然沾滿鮮血。

第十四章　西線救火隊

兩天後，一九四五年三月初

大約距離德國上奧塞姆南邊一百三十英里

當一列德國軍用列車與奧登瓦爾德山脈（Odenwald Mountains）平行地向北急駛時[1]，夜幕已如毯子般遮蓋在大地之上。

「戰爭型蒸汽機車」賣力地運作，驅動連桿復進不斷、車輪轉動不止；它打出了規律的四拍節奏，拉著車廂以每小時三十英里的速度前進。

儘管列車已熄滅所有的燈火，但仍難以掩蔽自身的存在。在機車頭上方，火花宛如溪流，持續從煙囪內飄向夜空，在後方拖曳成一條炙熱、暗紅的餘燼長河，照亮了後方一輛輛板車上的戰車。在第三輛板車的四號戰車上，眼戴風鏡的古斯塔夫正坐在無線電的位置。

強風吹拂著他的金髮；探出頂門的頭隨著火車行駛的節奏搖晃，撲鼻而來的煤炭味異常的好聞，讓他回想起在家鄉過冬的時光。

海德堡北邊的鄉野景色飛快地經過他周遭時，古斯塔夫的笑容久久散不去。

他現在就身處在他夢想中的地方。

所有人都乖乖嚴守規定坐在貨車箱內，但古斯塔夫可不想錯過這個可以假扮列車調度員的機會。只有他偷偷鑽進了戰車，雖然只能享受短短幾小時。假如他奶奶願意讓他實現自己的夢想成為一名列車調度員的話，他基本上每天都可以這麼做了。

破曉之時，天光從群山後伸展開來，雲朵漸漸被染成粉紅色。原野仍然一片漆黑，鄰近的小村莊仍在沉睡之中。

追逐著黑夜的列車，當車輪通過鐵軌的連接處時所發出的規律節拍，譜出了一首催眠曲，引誘十分需要大睡一場的古斯塔夫進入夢鄉。

戰鬥，從他生日當天之後，就變得益加殘暴。

德軍第一〇六戰車旅被派往尚由德軍堅守，但仍與盟軍劇烈爭奪控制權的阿爾薩斯省（Alsace）西南邊。阿爾薩斯在戰前是法國的領土。德軍奪下之後[2]，先是美軍，然後是法國第一軍團極力奮戰要奪回此地。

為了保存戰力，德軍並未將第一〇六戰車旅投入突出部之役，而是不斷地在戰線上遊走，投入各個在防線上如破洞般、需要他們的地方。這樣的作戰方式也讓他們贏得了「西線救火隊」的稱號。

但此稱號背後，卻是有著極大的代價。

從前線退下來後，該旅最近被分割成多個小部隊，且重新部署至北方區域。一個飽受摧殘的連級單位被派去固守波恩的橋頭堡，兩個派往萊茵蘭。第一〇六戰車旅最後的有生力量，現在正搭乘火車去面對它該面對的命運。

在古斯塔夫後方的幾輛板車上，還有二連的七輛戰車正被鐵鍊拴著。這個最後的力量是由大約三輛豹式、三輛四號戰車與最後一或二輛的四號驅逐戰車所組成。[*]

古斯塔夫已經好一段時日未操作豹式戰車。自從他的部隊在阿爾薩斯承受重損後，他被分配到了一輛H型的四號戰車。這輛塗有深綠與棕色交錯迷彩的戰車，是徵用自一個已被解編的部隊，該車跟原生單位一樣披掛著各種戰傷：兩側的側裙裝甲已被扯下，只剩下砲塔外一圈的外掛裝甲還保留著。

天色漸亮，同時也象徵著麻煩即將到來。

當德國西邊的空域有五千架盟軍[4]的戰機在巡弋時，在鐵路上行走是一件極度危險的事情。列車駕駛員必須盡速將列車停下。

古斯塔夫在座椅上往右傾斜著身體，歪著頭看向火車頭的前方。現在這個時局，坑道是火車唯一安全的躲藏處。他心想，他們應該快要開進其中一個了吧？

在這趟的鐵道行程一開始，古斯塔夫是坐在列車尾端的兩輛貨車中的其中一車。每一車內坐有三十人，他們在稻草堆鋪成的床上恣意地玩著撲克牌，聽著火車駛過鐵軌時發出的規律節拍。他們頭頂與四周的木製車廂，無法為越來越可能發生的空襲提供任何的保護。因此，古斯塔夫偷偷溜出車廂，躲到了他的戰車內，他也只有在每次停車集合時才會出現。在車上所有弟兄中，也只有古斯塔夫想到這個妙招。

中途停靠期間，火車的煞車手私下告訴古斯塔夫，當列車通過他的家鄉時，他打算做出很重

＊ 原註：豹式是一種很容易故障的戰車[3]，而在軍方布達「任何超過六十二英里的行軍都會對其懸吊系統造成嚴重耗損」這樣的警令後，此戰車基本上都採鐵道運輸進行長距離移動。

大但後果嚴重的決定——跳出尾車逃離這一切。煞車手知道這班列車要前往「那個」地方，他一點都不想參與未來將要發生的事情。

這班列車，將要前往德國的「要塞城市」——科隆。

為避免美軍蹂躪此城[5]，國防軍送了不少八八砲前往來強化它的防空砲防線。面對臨戰狀況，人量不足，且大部分由未正式徵召的年長者所組成的國民衝鋒隊（Volkssturm），正搭乘有軌電車通往城市的各處部署，急忙在公園內挖掘防禦工事。上級給古斯塔夫所屬的連的命令很明確。

他們負責提供戰車支援。

然而，煞車手並沒有拋棄車上其他人，他站在尾車輕拉了一下煞車，向駕駛手打信號。駕駛手這時探出車窗回頭一撇，卻突然歇斯底里地朝火車司爐大吼後再躲回了駕駛艙內。夜空之中，有東西嚇著了他。

蒸汽機車的汽笛發出了令人毛骨悚然的嚎叫聲。

司爐將一鏟煤碳撒入煤爐，橘色火光如閃光燈般從火車頭閃出，照亮著周遭與火車頭那燒得通紅的底盤。

駕駛員推大節流閥後，瞬間接收到了巨大動力的動輪會打滑，再令列車逐漸加速到每小時三十五英里，甚至是四十英里的速度。伴隨著震耳欲聾的吼聲，火花如湧泉般噴出煙囪。古斯塔夫知道列車正在逃跑，但不知道是要逃離什麼。當他轉頭也想一探究竟時，映入眼簾的就只有碩大的砲塔。

古斯塔夫降回了頂門之內，隨著板車上下左右搖晃著的戰車，宛如一頭被鐵鍊禁錮著卻仍奮力起身的野獸。超過六百噸重的列車疾駛在修復過但勉強堪用的鐵道上，古斯塔夫唯有緊抓周遭才能避免自己被拋起。

在古斯塔夫眼中，火車頭如火炬般燃燒著，照亮了列車與黑夜，讓人有一種駕駛員全死光而機車頭已經失控的感覺。

此時，他的身後傳來一陣獨特、如嚎叫一般，氣流刷過星狀引擎的獨特噪音，他終於知道列車到底在逃離什麼東西了。盟軍戰轟機緊追在後，古斯塔夫唯一能做的就是緊閉頂門蓋，將他自己關進漆黑的棺材內。

曳光彈劃穿了夜空，無數彈頭伴隨著機槍的巨響從車尾傾洩到車頭，沿途撕碎了木頭車廂並在金屬表面上飛舞。古斯塔夫的頭頂上，框啷框啷的金屬撞擊聲不絕於耳，還有火車頭外管線被貫穿所發出的尖叫聲。當第二架戰機飛掠頭頂時，那尖叫聲卻被機槍的狂吼給壓制了。

在列車前方，戰機筆直低飛，蒸汽火車頭雖然還奮力拉著所有人前進，但受損嚴重的它已命在旦夕。倘若鍋爐那厚達半英寸的鋼鐵爆裂開來，它將會如炸彈的威力一樣爆開。

不知敵機是否遠離的古斯塔夫，輕輕地將頂蓋轉開，伸出頭來窺探。

就在那時，許多蒸氣束從火車頭四周射出，向後飄散的氣霧讓古斯塔夫的臉感受到了熱度。現在，令人難以捉模的戰轟機變得更難被發現，列車卻因為巨大的煙幕而更容易被飛機鎖定。剛才蹂躪過列車一遍的那兩架P－47，形如空中黑影的它們現在掉過頭來，準備從正面再來一輪掃射。

野狼還沒打算放過他們。

古斯塔夫再次躲回車內、緊閉頂門蓋，盡可能地躲起來。

第一架戰機瞄準了列車最重要的部位——火車頭——開始掃射。曳光彈在火車頭上打出了一排火花，接著切入裝滿煤炭的煤水車，留下了不久後就被高速飛掠的戰機捲成漩渦般的黑煙。

呼吸困難且正淌著血的火車頭，仍頑強地拒絕退場。

但P－47還沒玩夠。第二架飛得更高也更慢，丟下一枚直直插在列車前方不遠處、將地面炸出一堆碎石雲的航空炸彈。

火車頭的駕駛員想必已經透過窗戶見到前方的狀況。如果他們來不及煞停，等待他們的將會是災難性的出軌。

煞車被拉起，

車輪和煞車承受了巨大的動能而發出尖叫聲。從煞車塊噴出的火星形成掠過火車頭的浪潮，宛如船艦在乘風破浪時向兩側排開的船艏波浪。動輪鎖死，火花從動輪與鐵軌交會處拋出，火車則如雪橇般繼續滑動。

列車減速到了時速三十英里，接著二十。

這時，原本在後面乖乖待著的戰車兵，也賭上一把開始跳車逃生，畢竟火車如果在時速十英里時脫軌，它重達四百噸的貨物還是會如雪崩一樣猛烈的往前撞。就算降到了時速五英里，車上的乘客還是會被拋到空中。

火車雖已減速到幾乎靜止的狀態，但還是躲不了即將要發生的事情。剎時間，汽笛嘶吼，提醒所有還在車上的戰車兵和乘客準備好面對衝擊。聽見汽笛聲後，古斯塔夫伸出手臂緊抓周遭的物品。

在最後一刻，火車頭飛掠彈坑邊緣後再衝到坑內，同時發出令人反胃的擠壓聲。後方的板車一列一列彼此衝撞和擠壓，加上戰車的重量，整列火車像管風琴那樣被壓縮。坐在戰車內的古斯塔夫，突然向前一頓，臉緊緊黏在潛望鏡上。

他過了好一陣子才脫困。

古斯塔夫打開頂門蓋，想弄清楚情況有多糟糕。整列火車，除了車頭衝進了彈坑外，其他都還在鐵軌上。前方彈坑內傳來的蒸汽呼嘯聲，是正在排出蒸氣壓力的安全閥所發出。

古斯塔夫看著天上剛才掃完兩輪的P－47，在欣賞完自己的傑作後揚長而去，消失在天際的那端，繼續尋找新的獵物。

沒有人從失事的火車頭裡出來。蒸氣火車頭撞毀時，後方水煤車的大量煤炭通常會往前衝，把駕駛艙內的人壓扁在滾燙的鍋爐上。

古斯塔夫在那刻真想擁抱他的祖母，若不是她，死在火車頭的也許就是自己了。

——

當天下午，大約十個德國戰車兵在海德堡舊城溜達。

古斯塔夫對城中古老、華麗而色彩繽紛的巴洛克式建築[6]讚歎不已。彩繪標記點綴的人行道，以及宛如里程碑般佇立的拜占庭式教堂圓頂，更為整座城市增添了美麗的色彩。僅僅幾條街外，臥著與群山還有鄰接城鎮、牆垣傾頹的城堡對望的內卡河（Neckar River）。

最為令人驚嘆之處，在於這座城市仍然未被戰火所波及。就目前為止，海德堡這個德國最古老大學的誕生地，是境內難得幾乎全城皆未遭到盟軍轟炸的城市。在街道上溜達時，古斯塔夫差點就把戰爭當成一場從未發生過的惡夢。

他和其他差點殞命於列車上的戰車兵弟兄，對於能活著回到德國的城市感到開心。不久前被空襲過的列車，已經被拖回到海德堡進行修復，上級讓原本在車上的古斯塔夫與其他人休假，直到火車頭修復至堪用狀態，或有另一輛列車載走他們為止。

此外，古斯塔夫訝異於其他人願意讓他跟隨，那些人不是下士就是中士，只有他是最菜的上等兵，且年紀還最小。

多虧羅爾夫的關照，他才有辦法融入群體。

一度失聯的車長，現在就走在古斯塔夫的身旁。在盧森堡的戰鬥中，羅爾夫和裝填手逃出癱瘓的豹式後，朝原野另一端的森林衝去並躲在裡面，最後趕在全旅撤離前才與部隊集合。

古斯塔夫與羅爾夫現在是當初那輛車上唯一還在一起共事的兩人了。老兵射手韋納被調離，裝填手因傷調離或調去他還能繼續發揮作用的單位。

街道上，當路人見到戰車兵走來時，無不往兩側讓路，有些人避免與他們有眼神交流，有人則眼睛動也不動地盯著他們。

海德堡居民看見了他們不喜歡的人。

古斯塔夫不知道其他人是否也感受到了居民的敵意。遭到如此待遇，也許跟他們身上的制服有關？

大家將沾滿油污的連身服留在列車上，現在他們穿的是公發的戰車服（Panzer Wrap）。這套與德國空軍的技工服同樣是黑色，有著寬翻領、前開左右可交疊的制服。戰車兵與空軍技工穿同一種顏色的理由也很實際，接觸到油汙都是他們工作中不可免的一部分，黑色正好能避免讓制服看起來太髒。

但問題是，惡名昭彰的黨衛軍也穿黑色制服。在一般人眼中，像古斯塔夫這樣的國防軍戰車兵，跟納粹黨的私軍的外貌其實沒有太大差別。

此外，領章更加劇了這個狀況。古斯塔夫的領口，繡有銀色骷髏領章。早在滑鐵盧戰役時，布倫瑞克軍團（Brunswick Corps）的德國騎兵就是身披繡有同樣骷髏圖樣的披風，是代表置職責高於自己生命的精神象徵。自認繼承了此精神的德軍戰車兵[7]，理所當然在制服上縫製了這樣的圖樣。希特勒的黨衛軍在一九二〇年代崛起時所選用的骷顱徽章，看起來與裝甲兵骷顱章並無二致。

讓民眾產生厭惡感的不只是制服，還有許多其他要素綜合而成。

古斯塔夫於前線奮戰的時候，他並不清楚政府最近如何對內宣傳，也沒有聽過宣傳部長約瑟夫·戈培爾為了加深人民對戰敗的恐懼和奮戰的決心，不斷地在國家宣傳機器上描繪德國在戰敗後令人戰慄的未來。

戈培爾宣稱，美國人已經與俄國人達成協議[8]，要將戰俘送往西伯利亞勞動營。每一位德國男性將面臨在各座城市間轉移，被派去做最艱苦的粗工。此外，他還說美國軍官會用鞭子抽打德國女人，平民將會被軟禁在自己家中，僅留給他們每天二到三小時的自由時間。

這些聳動的宣傳很快就深植在德國人民的心中。隨著戰爭的進展，德國人民的信心不僅被擊碎，更讓他們反過來站在自己軍隊的對立面。

一名成了戰俘的德軍中士向俘虜他的人陳述了海德堡的狀況：「那裡的氣氛很糟糕[9]，但不是針對敵人，而是反過來針對德國政權。」街坊巷弄的人們認為：「要是盟軍能快點來結束戰爭就好了。」

在無數的鄉鎮與城市間，西線的德國平民現在給了他們的士兵一個新稱號——「拖戰者」[10]。

短暫在海德堡停留的古斯塔夫並沒有聽到這些說法，但從大家的反應看來，他也不需要聽到那些話才了解自己和軍隊現在的處境。

假如連自己的人民都反對的話，那他是為何而戰呢？

——

一行人走進釀酒廠後，氣氛才得以好轉。啤酒暫時讓人將殘酷的現實拋諸腦後。戰車兵一同坐在拱形木製天花板底下的座位，聽著收音機的音樂，與戰車兵們正暢談的歡樂氣氛互相匹配。大廳內，飄盪著從爐子內燉煮的美食所飄出的香氣。

現場除了戰車兵還有其他顧客，但整體生意冷清。坐在羅爾夫身邊的古斯塔夫，重新恢復了安全感。酒保送來了裝滿冒泡啤酒的馬克杯。再也沒有認真看待祝酒這種事了，人們舉杯說的，大部分都會是引起哄堂大笑的玩笑話而已。

「越多敵人就越多榮譽！」這是大家最愛的笑話之一。

不可避免的是，不論他們未來投身到哪一個戰場，敵人的數量都將遠多於他們。德國戰車兵常笑說：「我軍一輛戰車比你們美國人的十輛還強，但你們總還會有第十一輛。」

但每個單位都有些狂熱分子，這種笑話對他們來說差不多是褻瀆神明的存在。對於還相信希特勒所說的「最終勝利」（Endsieg）這種已不可能事情的人而言，一場唇槍舌戰自然是免不了的。所有人之中，只有古斯塔夫置身事外。

古斯塔夫拿起杯子啜飲一口啤酒，口感略感淡薄。他看到別桌客人因著這平淡的口感皺起了眉頭。戰時物資的短缺導致啤酒變得難喝，但它並非是唯一的受害者，奶油、果醬、蜂蜜和咖啡等等的食材，也全都是以化學合成品替代。

一個老兵從上衣內拿出了瓶葛縷子酒，這是種用香芹籽調味的酒精飲料。古斯塔夫眼神落在羅爾夫身上，技術上來說他們算還是在執勤中，軍方有明令執勤時不得飲用烈酒。不過，羅爾夫表現得一副毫不在意的模樣。檯面下，老兵將半瓶葛縷子酒倒入自己的馬克杯，其他人負責把風。他們並不是怕被軍官看見，畢竟連軍官自己都會要想喝上一口。

他們怕的是被民眾看見。諷刺的是，後者也是他們從戰爭開始誓言保護的人。在戈培爾的洗腦宣傳之下，許多百姓成為思想審查的告密者。那些人看起來與一般人沒兩樣，唯一的差別是他們的翻領上別了卍字別針，不僅忠於納粹黨，還會向蓋世太保打小報告。

德國在一九三八年頒訂了「破壞軍事力量罪」（Subversion of the War Effort）[11]的軍法，只要罪犯以各種方式、型態或形式導致軍事力量受影響，依此法皆可判處死刑。至於在執勤時飲酒是否適用此法，經歷了戰爭種種樣貌的大家已經沒人在乎了。*

老兵淺嚐一、兩口後，便將馬克杯遞給下一人，大家輪流著喝。古斯塔夫接過杯子後，試探性地品嘗了一下，一股香味瞬間佔據了他的嗅覺與味蕾，這喝起來像香料、茴香、薄荷、蜂蜜和

---

* 編註：據「破壞軍事力量罪」第五節[12]所示：「任何人公然或煽動他人不履行服兵役或協助其盟友之義務，或公然試圖透過抗爭以癱瘓或削弱德國人民與其盟友的意志……將依破壞軍事力量罪判處死刑」。

啤酒混合物的飲料，只消他輕啜一口就愛上了。馬克杯見底後，另一個中士又在桌底下倒入第二杯，接著讓大家再喝一輪。馬克杯在桌底下遞來遞去，大家的歌唱聲也越唱越大聲，笑話也越講越粗鄙，已經融入團體的古斯塔夫也跟著笑了起來。

酒精催化之下，人們開始想起了一些陳年往事。其中一個他們最愛講的故事，是關於二連的一個，也是唯一的德州人。那位德裔美國人，在戰爭爆發後才返回德國老家，接著被徵召入伍，在軍中擔任無線電手。在阿爾薩斯作戰時，他的口音非常管用。當美軍砲兵發動攻擊時，他就會在無線電上呼叫美軍，接著利用渾厚的德州腔誘騙他們將火力打向錯誤的座標。

另一個坐靠近古斯塔夫的戰車兵學長，在黃湯下肚而壯了膽後，從桌子中央拿起金屬垃圾桶，接著再倒空垃圾後拿在嘴前，模擬收音機喇叭的模樣。他說：「這裡是柏林的國民教育與宣傳部。」

古斯塔夫轉過頭去看著這好笑，卻非常危險的表演。

接著，那位學長歪著嘴，開始搞笑地模仿起了戈培爾的聲音：「假如敵人覺得[13]德國人沒有創造天分，那他們真是錯得離譜！你看我們每天都有滿載『人造』蜂蜜的貨車送到東線！還有『人造』咖啡！還有……」

登時，滿桌酩酊的戰車兵陷入一陣大笑之中。

古斯塔夫跟著其他人大笑，但因為他很久以前就領教了社會主義份子的憤怒，因此克制住自己講任何笑話的衝動。

一九三八年十一月九日，古斯塔夫十二歲的時候，「碎玻璃之夜」事件爆發了。夜裡，教堂的鐘聲喚醒了正在熟睡的一家人，鄰近的韋德姆村（Wehdem）燃起了熊熊烈火。擔任當地消防員的父親，扛起工具、跳上腳踏車騎向烈焰，其他消防員在後頭駕著一輛馬拉水泵車跟上。

在村內，他們發現起火點是猶太人的教堂與住家。消防員冒險從一戶燃燒的家中救出住戶的個人物品，正要前往下一個受災戶時，穿著納粹棕色上衣的傢伙出現了。那群作惡多端的人，在猶太青年於巴黎謀殺德國外交官事件爆發後，便在戈培爾的唆使下對猶太人進行報復。見到消防員時，人多勢眾的衝鋒隊不僅叫消防員滾一邊，甚至還將剛救出來的東西再丟回火場。

那晚，父親回到家後便哭了出來。

古斯塔夫無法理解德國的反猶情緒，他唯一認識的猶太人是一位農夫。這位好鄰居甚至在艱困時刻將一頭牛借給了他們家，且不求任何回報。對於古斯塔夫來說，猶太人不過是普通、辛勤工作的德國人而已，跟他的父母並無什麼差異。儘管當年的他才十二歲，但已經懂事到能分辨是非對錯，而眼前所發生的這一切，他很清楚是錯的。

——

時間已經不早了，觥籌交錯的宴席也即將落幕。

酒後吐真言的大家，手上馬克杯緩緩地從彼此的手中交接而過。到了傍晚時分，馬克杯繞桌一圈的時間已經是原本的兩倍之多。古斯塔夫懶洋洋地，在座位上等待馬克杯再次輪到他手上時候。

這時，收音機插播了一則戰況廣播，廳堂內所有的歡樂氣氛跟著當場消失。紅軍已經攻入了東普魯士，數百萬平民很快就會變成難民，被迫拋棄在此已七百年的德國歷史[14]。

在所有人當中，羅爾夫聽到這則消息後最為憂愁，他正擔心住在德國第七大城市德勒斯登的家人。跟許多來自德國東部的人一樣，他不知道自己的老家是否還完好。數週以前，近八百架英軍轟炸機[15]才在夜裡朝城中投下了大量的燒夷彈，在市中心引發了一場烈焰風暴。

德勒斯登的恐怖事蹟[16]很快就流傳了出去。倖存者回憶起在城內吹起的火焰龍捲風，那強大的吸力足以將已抓緊周遭物體的人硬拉進去火熱的風暴牆內。防空洞被徐行的火牆吞噬而成了融爐，道路因著炙熱，流著一條條滾燙的柏油之河。

羅爾夫唯一能做的就是絕望地等待進一步的消息，時至今日他的家人依然生死未卜。古斯塔夫同樣替羅爾夫擔憂，他不僅是自己的車長，還是朋友。但在此時此刻，他們真正該擔心的並不是遠在天邊的德勒斯登，而是眼前的要塞城市。

不論他喝得多醉，古斯塔夫都不會忘記他們這群「救火隊」會往何處去。他們已經是西線德軍所剩無幾的兵力之一了，現在所謂的「拖戰者」，有的不過是幾輛戰車，卻要跟有史以來規模最龐大且最先進的殺戮機器對決。艾森豪麾下有七十三個師[17]，一萬七千架航空器與四百萬名士兵，如此巨大的人力物力只為了一個目標——消滅像古斯塔夫這樣的德軍。

當他體認到這個事實時，不由自主的戰慄感也在心中蔓延。

看著在桌面上繞著圈的馬克杯，古斯塔夫想起了一句老德國獵人諺語：「眾狗獵兔命已定。」。

鐵路在不久後就會修復而另一輛列車將成為他們通往科隆的唯一交通工具。古斯塔夫了然於心，這次的行程將會是有去無回的了。

馬克杯到了自己的手上，他一傾飲之。

第十五章　臨陣當先

兩天之後，一九四五年三月五日
德國，科隆

進入科隆的路上，守軍已經設下了重重阻絕。

街道上，由潘興領頭的E連顫抖的怠速著。車長們紛紛降入砲塔內，兩個步兵連在鄰近民房的院子內尋找掩護。雖然時近中午，科隆住宅郊區的空氣卻極為寒冷。鏽色的枯葉在樹下被風吹起，漆黑渾厚的雲朵在地平線那端逐漸匯集[1]。這一切都是一場風暴正在醞釀的前兆。

X特遣隊的前導車內，克拉倫斯透過潛望鏡觀察狀況。道路前方通往涵洞的入口，已經被數輛白色電車阻擋，它們都被重重鋼纜給固定住。

「這可能有伏擊，」克拉倫斯告訴恩利。

陸橋另一端，有一棟棟長得像工廠的公寓，從那個位置和高度可以輕易監控阻絕設施，並在他們經過時發動伏擊。

恩利用無線電提醒全連有關這個風險。

戰車砲塔水平掃過前方，唯一撂倒的目標是一個手持鐵拳火箭彈的德軍，在他朝任何一輛美軍戰車射擊前，自己就先上了天堂。戰車兵先前曾被告知要特別注意這種武器。鐵拳融合了巴祖卡和榴彈發射器的特點，在城鎮戰中格外致命。

就在克拉倫斯掃視了戰車兩側的高堤，準備好面對隨時可能出現的敵人時，一道閃電從北方的天空打來。另一支平行的特遣隊[2]正好衝進了科隆機場的八八砲接戰區內。

「不要開火，」恩利語氣平緩地通知全排，步兵會處理掉這個威脅。在未發一彈的情況下，衝上前去的步兵鞏固了陸橋、消弭了威脅。

為了掃除路障，一輛裝有推土鏟的戰車被派往前方，但它還得等工兵到場才能開始作業。

恩利這時離開了車長席，前去參與車長間的行前會議。連長索爾茲伯里現在巴黎休假——贏得了當之無愧的休假——離開前，他請資深排長，比爾．史召曼少尉（Bill Stillman）[3]暫行代理連長一職。

坐在前導車內的克拉倫斯煩躁不安，他現在正身處在全連最危險的戰車上，不過並不只是他有這樣的感受。跳出了戰車的「老菸槍」來回踱步，焦慮地猛抽香菸，嘴如煙囪般猛噴著白煙。這位脾氣暴躁的車首機槍手的手槍套，如西部快槍手那樣掛低於腰間。當初在施托爾貝格殺時間的方式，他就是跟大夥玩起快槍對決的遊戲。

雙方是利用空槍決勝負，對決之前兩人都須退掉彈匣、清空槍膛。有一次老菸槍忘了這件事，扣下扳機後意外打中了對方的腹股溝。結果呢？禁假到退伍為止。相比在監牢，沒有比將老煙槍關在戰車更好的懲罰方式了。

鋼盔底下戴著小帽的克拉倫斯，從砲塔跳出來後走在車首上。克拉倫斯清楚這麼做很危險。如果真有狙擊手盯著他的話，他知道鋼盔其實也擋不了狙擊槍子彈。即便如此他還是不想呆坐在車內。

克拉倫斯向老菸槍比了一個抽菸的手勢後說：「我可以來一根嗎？」

老菸槍看傻了眼，克拉倫斯這個會用口糧包裡的香菸去換巧克力的男人，竟然想要抽菸？

「拜託，我真的需要點什麼，」克拉倫斯接著說。

咧嘴一笑的老菸槍，心中竊喜著能帶壞他的朋友，接著再爽快地幫克拉倫斯點菸。

克拉倫斯深吸了一口菸，一擁而入的尼古丁帶來了前所未見的舒緩感，這感受甚至爽到讓他差點跌下戰車，所幸他及時靠在砲管上。回到砲塔後，他繼續抽著剩下來的菸，好讓自己的神經不要這麼緊繃。

附近有個路牌上寫著「Köln」，也就是科隆的德文，標示著城區的邊緣。遠方，鼎鼎大名的大教堂尖塔因三天前皇家空軍的轟炸而在冒煙[4]。克拉倫斯凝視著大教堂的兩座尖塔，它們也如兇惡地全知之眼一般回瞪著他[5]。

克拉倫斯希望他的父母能見到自己現在的模樣。現在的他，早已不是當初那個在賓州利海頓賣糖果的男孩，而是即將與另外四個戰車兵弟兄，率領整個第三裝甲師殺入德國皇后城

從科隆西部郊區望向大教堂的景象

的男人。

一輛吉普車開到潘興後方停下，特遣隊指揮官杜安中校（LeanderDoan）走下了車。這位修長、身高六呎三的德州人很受到部隊愛戴，弟兄們是這麼讚揚他的：「他是一個老騎兵[6]……投入作戰時就跟德州牛仔一樣熱忱。在事情變得棘手時，他反而會像貓那樣露齒而笑，彷彿完全不會感到緊張。」

杜安的眼睛掃視前方涵洞入口前的障礙排除進度之前，對車上的克拉倫斯大喊：「那個兵！」

克拉倫斯低頭回應，從自己的冥想中拉回到現實。

「把你的鋼盔戴上！」杜恩厲聲斥責。

克拉倫斯將香菸彈掉，且出於本能地舉手敬禮。

杜恩熄掉了他的菸，也打斷了他片刻的寧靜。杜恩端正了部隊紀律，且心滿意足地坐上吉普車揚長而去後，克拉倫斯便遁入砲塔內。但克拉倫斯並不打算服從長官的命令。他只是想在上校看不見他沒戴鋼盔的地方躲起來而已。

——

在北邊與克拉倫斯平行的道路上，巴克、賈尼基和布姆少尉都坐在怠速的雪曼上，此外還有三到四個弟兄陪同他們。

他們這次是搭了F戰車連的便車參與攻擊行動。

步兵穿著綠色野戰夾克、手套，圍巾繞過他們的脖子或耳朵之上，但這麼穿卻有點過度保暖了。巴克很快就解開了圍巾和領口來散熱，但真正讓他悶熱難耐的並不是天氣，而是從引擎蓋板上排氣柵冒起的熱氣，以及令人作嘔的汽油味。

現在只有一個辦法可以離開這輛怠速、炙熱的戰車。巴克向布姆請示是否可以先到前方進行偵察。一向重視主動性的布姆，批准了巴克的請示。

隻身出發的巴克，完全沒想要跟別人交換他尖兵的位置，特別不想讓新到的弟兄做這種隨時可能把自己害死的任務。對於巴克來說，擔任尖兵雖然危險，但他至少可以掌握自己的命運。

過了轉角，他看到一輛停在另一個堵死的涵洞前的雪曼。看來為了要避免盟軍攻入他們的城市，德軍真的盡了最大的努力。

站在車長席上的雪曼車長跟已經開始到場的工兵們對話，巴克也加入了他們。他們正在等有推土鏟的戰車，這樣才能將障礙物推開後繼續前進。

這時大家的眼角餘光突然察覺到有動靜。在陸橋上，有人正移動到涵洞上方。巴克馬上將槍托抵緊肩窩，工兵們急忙拿起身邊的卡賓槍。然而，一個接一個，大家放下了自己的槍口。

看來只是一對在橋上散步的德國情侶。

即便巴克已放下了槍口，雙眼仍緊盯著他們，那對情侶看起來模樣十分怪異。身穿畫有紅十字的醫療圍裙，一男一女不疾不徐地在陸橋上研究下方的美軍。當他們終於看夠了之後，男的就從圍裙底下掏出一根鐵拳火箭彈，將發射管夾在腋下，瞄準了下方的雪曼戰車。見狀的美軍立即一轟而散，巴克鎖定了左邊的汽車車庫衝了過去。

在黑火藥點燃的呼咻聲中，如足球般大小的彈頭就像流星一樣飛向戰車，它落在車頭前方時卻沒有引爆，而是從地面上彈開，接著從戰車底下滑出車尾，最後撞到路緣時爆炸。

被震波拋起的巴克撞上了車庫。

縱然胸口因爆炸的威力和撞擊的衝擊而疼痛著，但巴克仍從掩蔽物後方爬起來看去雪曼的方向，接著將槍口瞄到陸橋上，只可惜剛剛那對德國男女早已消失無蹤。

巴克和其他人遭遇到了全新型態的德軍士兵了。

納粹控制很嚴密[7]，科隆城中有一百二十五個納粹支部，許多街區也都有各自的「鄰長」，這些人都會監督家家戶戶有沒有確實懸掛卍字旗，並了解他們參與「燉菜週日」的狀況。這個特殊的節日是德國人只能吃燉菜並要捐錢給窮人的日子。難道說剛剛那對男女是閒閒沒事幹的鄰長嗎？還是他們是受軍隊徵召執行巷弄游擊戰的戰士呢？大家都在猜想這個問題。

巴克氣壞了，剛剛的意外除了差點害死愛管閒事的自己外，也差點把一車的戰車兵給轟了。鐵拳的彈頭運作原理[8]，是在引爆後將銅製藥罩擠壓成高速高壓射流來貫穿裝甲，最後朝車內的人送上一團鐵水。

正當還在自責時，他注意到橋上的那對德國男女回來了。那兩人的臉探過橋邊，想一探究竟自己的傑作。也許是聽到了爆炸聲，以為已經摧毀了戰車，兩人毫無戒心站在橋邊，絲毫沒有打算隨時找掩蔽的感覺。

巴克立即舉槍瞄準，但在他扣下扳機前，雪曼戰車搶先一步開砲了。砲彈貫穿了橋邊，將無數的混凝土碎片與金屬破片送入那兩人的體內，威力遠遠強過零距離開槍的霰彈槍。

塵埃落定，牆邊只留下一個大洞。原本站著那對男女的位置，現在只剩下兩條長長的血跡。

布姆與全排抵達現場，他們開始確保此區域的安全，大難不死的巴克若無其事地向大家打招呼。對於剛剛巴克差點變成肉醬的故事，只有巴克和現場的人知道。如果排上其他人知道了，這件事情大概到戰後都還會有人掛在嘴邊。

其中一名步兵四處張望，似乎在找什麼東西。看到巴克後，一兵拜倫・米契爾（Byron Mitchell）便走了過來。就巴克看來，拜倫有著一雙像是來自北歐血統的藍眼睛。這雙眼睛散發著一種膽怯的眼神，與被虐待過的動物類似。拜倫在亞特蘭大的老家是一位麵包師傅，其自幼清寒的程度，令人猜測他應該是從小自食其力長大的。

拜倫手持的是白朗寧自動步槍，簡稱ＢＡＲ，是全步兵班中最猛的手持武器，他本人也有與之相稱的侵略性性格。拜倫輕聲問道：「他們去哪了？」很顯然他正在追殺剛剛那對德國男女。巴克說那兩人已經被炸成碎片了，換來的是拜倫失望的神情，且還徘徊了一會兒以確定巴克說的是實話。

事實上，連上的大家都知道拜倫的目標是什麼，作為全連最會掠奪戰利品的人，此時他最想要的，就是第一個殺入科隆然後開始搶寶。

每當遇上一具德國人的遺體，拜倫都會對遺體搜刮。手槍、手錶、珠寶、口袋……拜倫的搜索動作已經練成一套公式，且還能判斷該屍體已經死亡多久，就像業餘的驗屍官。基於他們當時的戰時飲食，德軍的皮膚在死後數分鐘內就會變成淡黃色。

有一次，拜倫碰到一個躺在地上但皮膚沒變黃的年輕黨衛軍士兵，他所做的就是坐在附近的土坡等，手抱著ＢＡＲ看了二十分鐘。當那位黨衛軍士兵開始爬行時，拜倫直接將ＢＡＲ的槍口對準了那人的兩眼之間。

但他並不是只會搶寶而已，有時拜倫也會提供寶貴的情報給布姆少尉。因此大家就算對於他的行為褒貶不一，但也都是睜一隻眼閉一隻眼的默許他幹這些事。

巴克終於與排上弟兄會合，他可以深切感受到自己的粗心大意，以及剛才距離踏進棺材有多近，那感覺幾乎就像是逃離犯罪現場的受害者那樣。

———

距離涵洞尚遠的潘興戰車仍在怠速，引擎的動力讓它顫聲不斷，迫不及待想要再動起來。

正盯著潛望鏡看的克拉倫斯，期望鏡中的畫面能開始變化。通往科隆的林蔭大道空無一人，只有空蕩蕩的石造花圃點綴在側。第三帝國確實就在他的眼前，但守軍卻不知藏在何處。

在他身後，整個E連將會跟著他通過才剛疏通的涵洞，接著是三十六輛載有B連和C連裝甲步兵的半履帶車。

時間已是下午四點，E連比原計畫晚了[9]四小時才開始攻入科隆，基本上這也算是德軍的戰術勝利。這時無線電不再靜默了，代裡連長的聲音伴隨著靜電聲傳到各車。

「各位先生，接下來獻上的是科隆，讓我們打爆這座城市吧！」代理連長說。

克拉倫斯的臉上露出了一抹微笑。

也該是時候了。

後方跟著特遣隊大半兵力的潘興開過空蕩蕩的大道，特遣隊的另一半在左側與E連平行的道路上。現在美軍兵分三路攻入城市，但只有E連是直衝大教堂，也就是市中心的方向。在風馳電掣的雪曼戰車上，覆蓋的黑色防水布就像皺起的床單。引擎蓋板上的彩色防空識別布好似飄揚的旗幟，這些加裝物品是避免他們遭到友軍軍機誤擊的必要措施。進攻科隆是「伐木工行動」（Operation Lumberjack）[10]中確保能鞏固整個萊茵河西岸的關鍵，為了達成任務目標，美軍協同了三個軍團的兵力實施本次的攻擊。

克拉倫斯感覺自己就像衝進城牆後潛入敵營的汪達爾人（Vandal），而這個想法也很切合此地的歷史。羅馬帝國曾在日耳曼邊境上廣設前哨站，包括科隆，汪達爾人衝破了這條防線。克拉倫斯的腎上腺素上升，試圖找到任何一個目標，即便看起來再無用的目標都可以，但一無所獲。

裝甲縱隊轟隆隆地開過了一處原是公園的土地，克拉倫斯透過潛望鏡觀察，發現那片土地早已失去公園的樣貌。大部分的樹木都被砍去作為柴火，有許多的通風口突出地面，顯示地底下有防空避難所，其餘的土地則被炸彈蹂躪，佈滿著積水的彈坑。

克拉倫斯趕到錯愕。

現在是一九四五年。

此時也正處在德國服役動員的第四階段：「最後的抗爭」（Endkampf）[11]。德國政府敦促所有人盲目地為希特勒而戰，即便已經幾無勝利的希望。這個時候，城內的納粹大區長官已經接到指示，要「誓死捍衛科隆城到最後一刻」[12]。

然而，這座德國第四大城卻宛如空城，好像所有人都人間蒸發，當然也就沒人反抗敵軍進城。

——

克拉倫斯後方的那輛七六砲型雪曼上，查克・米勒也想著同樣的事情。

在補給站開心度過了幾天的他，又因上級的命令再次被調回前線，這位堅韌的年輕人又回到了射手席上。上級之所以臨時再將查克調回，是因為有個射手在布拉茨海姆喝醉酒騎馬，結果落馬[13]把自己的膝蓋給跌斷了，而車組員又急需有經驗的射手，只好又把查克給調回來。儘管查克的腳踝也帶傷，但是時候要往前走了，縱然承受著失去兩個車長之痛，但他仍放不下其他仍在前線奮戰的弟兄，特別是自己沒有與他們並肩作戰之時。

——

突然間，克拉倫斯的眼角餘光捕捉到了微弱的閃光。

大約在左前方一英里遠的鐘樓，剛有東西閃了一下，有可能是破玻璃或時鐘白色的搪瓷反射出的光線，但克拉倫斯不想冒險。

敵人觀測員都習慣躲在破損建築的高處，眼前的鐘樓如果真有敵人，且手持望遠鏡，拿著與野戰砲兵連通聯的野戰電話呢？假如真是如此，那在後方那些開頂的半履帶車與車上的步兵就慘了。

「包伯，我最好打一下那個鐘，」克拉倫斯簡短提出了要求，但這樣也就夠了。

恩利下令駕駛手停車，潘興與整列縱隊應聲止步，現場每個人都屏息以待。

德里吉這次不再質疑克拉倫斯的要求，將彈種換成高爆彈後裝入砲膛，讓克拉倫斯將重達二十三磅的彈頭[14]送上鐘樓。砲彈正中吊鐘中央，鐘樓往兩側炸成磚瓦和掛鐘的碎片，在滾滾落下的過程中捲起了一片巨大的煙塵。

在其他人的歡呼聲中，原本還以為會聽到鐘響的克拉倫斯，露齒而笑的繼續盯住被打掉一截的高塔。在科隆之戰的序幕中，時間似乎凝結了。

E連繼續向前推進，但未來並不會一直如此順利。

這次縱隊的速度減慢了，在緩緩接近科隆住宅區的路上，車長們正參閱他們手中的地圖。到了大道的盡頭，道路分流成多個較小的街道，每條都通向大教堂。E連選擇走前兩條一開始碰到的街道，一個戰車排作前導[15]，後方跟上了一個坐在半履帶裝甲車上的步兵連，連上其餘戰車排擔任預備隊。在兩條街道之間，E連和步兵必須緊密協同，一個街區接一個街區掃蕩，逐步推進至火車站。到了那裡之後，在他們眼前的將會是終極大目標——科隆大教堂。

作為第二排的尖兵，潘興停在路中央怠速。克拉倫斯從射手席緊盯著有無任何風吹草動。宏偉的街屋建築豎立在街道兩旁。現在看起來跟原本莊嚴古樸的模樣有極大的反差。有著百年歷史的優美建築，現在已經成為斷垣殘壁或化為灑到街道上的瓦礫堆，形成潘興前方的重重障礙。

過去近五年來，英國皇家空軍已對此城發動空襲[16]多達兩百六十二次，其猛烈的程度甚至逼得納粹政府要撤離絕大部分的居民，除了在兵工廠任職的工人以外。就這樣，這座戰前人口多達四十四萬五千人的文化古城，現在僅剩下約四萬人。

街道兩側，以縱隊前進的步兵經過潘興，進行逐屋搜查。戰車在巷戰中雖然能一次監視一整條深遠的街道，但只有步兵才能確保整條街道的安全。

一名美軍觀測員寫道：「在步兵的腳下，發出瓦礫與碎玻璃的破碎聲[17]，整座大城市卻被不尋常的寂靜所籠罩。」

每個街區都有三十棟民宅，每棟民宅又有數層之高，這些空間全部都得由靠雙腳作戰的步兵掃蕩。他們的掃蕩必須非常確實，避免有德軍藏匿其中，給自己來一記回馬槍。想到這裡，克拉倫斯同情起了車外那些人。

在步兵認真執行任務，克拉倫斯也專注地來回掃視周遭建物，拇指輕輕放在動力握把上方紅色的同軸機槍擊發鍵上。科隆的城鎮環境毫無疑問帶來了全新的挑戰。他在簡報中被告知可能面對各式各樣的威脅，從可能自高樓層丟下的「莫洛托夫雞尾酒」*，到可能藏匿於一樓店內的機動式八八砲等，但這些卻都不是戰車兵最需要擔心的東西。他們在這裡真正需要擔心的，是可能從四面八方打來的鐵拳火箭彈。

一戶戶的民宅大門被步兵用大腳踹開，或是用斧頭與槌子破壞，接著槍聲不絕於耳地在街道間迴盪。黃昏悄悄降臨大地，歐戰中最大規模的逐屋作戰[18]也正式宣告開打。

——

走了又停，停了又走。戰車縱隊緩緩穿越科隆的街道。

怠速的雪曼車內，查克．米勒閉著氣。這倒不是因為緊張，而是整條街道都瀰漫著辛烷值八十汽油燃燒後的廢氣，其始作俑者就是在他前方的潘興戰車。此時的他不僅頭暈目眩，且還開始感到悶熱與噁心。雪上加霜的是，他的視野只有潛望鏡的寬度，耳朵所能聽到的只有引擎的怠速聲。

在城鎮戰中，部隊採步兵前導隊形，由步兵先肅清前方的街區，接著戰車在安全的街區跟著他們，其距離必須控制在能即時提供火力支援的範圍，接著逐區推進。這個過程不僅耗時，且令人極為煩躁，但這是城鎮戰中不可避免的一部分。

敵軍近在咫尺[19]。克拉倫斯可以看見一群德軍俘虜被步兵押回，但還未親見持槍反抗的人。

然而，克拉倫斯並不知道科隆的德國守軍分佈十分稀薄，城北由德軍第九裝甲師防守，現場這裡與南邊是由第三六三國民擲彈兵師防守。這兩個師歷經萊茵蘭激戰後，目前規模僅剩團級大小，遠不是字面上的師級單位了。

依照克拉倫斯的推斷，步兵現在應該已經在掃蕩下一個街區了，潘興和查克的戰車同時向前推進。查克將砲往左右搖，掩護潘興的兩側。在十字絲從各棟房子的門廊間飄過時，車長提醒查克要留意接下來的砲口指向。當通過十字路口，他看見左邊朝同樣方向開去的E連的其他戰車。

但當查克將主砲往右搖時，他注意到了潛望鏡中的右下角有灰色的東西一閃而過，在砲塔繼續往右旋轉後，映入眼簾的竟是穿著灰色德軍制服的人在潘興旁邊跑。查克不敢置信地看著眼前的景象，看來步兵並沒有確實掃蕩乾淨這個街區。

那個德軍士兵挾帶著某種黃色的物品，一溜煙躲進了潘興前方的門廊內，但也就在那一霎那，查克辨認出了那物品是塗成黃色的鐵拳彈頭。

該死的！

潘興此時正繼續開往伏兵的方向，那個門廊又正好是克拉倫斯的視覺死角。好死不死，車長恩利剛好一邊拿著麥克風發話，一邊注意著反方向。這簡直就是老天留給那個德軍最好的機會。

查克想要大聲警告前車，但來不及了，很快潘興就會變成一輛冒煙的廢鐵。他將動力握把向右轉到底，將砲管直直指向目標，左腳懸在腳踏扳機上，隨時往左踩踏打響主砲，或往右踩踏令

＊ 編註：即燃燒瓶。

同軸機槍作響。*

只要砲管一對準那個德國人，查克就會毫不遲疑地用同軸機槍掃射他，但前提是他要能來得及對準目標，否則死的就會是潘興。**快點！**查克期盼砲塔能再轉快一些。這時伏兵稍微站出門廊，從背後舉起鐵拳，將它指向瞄準了潘興。

就像用獵槍打飛靶，查克的主砲終於追上了他的目標。

接著，他踩下了扳機。

同軸機槍沒有反應，取而代之的是七十六公厘主砲噴出了一團火焰，照亮了四周並揚起一團煙塵。在十萬火急之中，查克的腳錯過了同軸機槍扳機，落在了主砲人力擊發的踏板上。

高爆彈的威力不僅讓伏兵人間蒸發，更敲掉了原本在他身後的一整面牆。

向後爆出的石頭和木材噴向查克的戰車，從建築上落下的瓦礫砸在了砲塔上。在那裡面，瀰漫著從外面滲入聞起來如油漆味的嗆鼻煙塵，弄得查克和其他人開始猛咳。

塵埃落定之後，查克將眼睛重新塞回潛望鏡前。前一刻還在鏡中見到的德軍，現在只剩下沾染在破碎門框上的粉紅血漬。

查克的歡呼聲，大到連引擎噪音都壓不住了。

車內其他人也拍手叫好，前車車長恩利在無線電上用感激的語氣向查克道謝，查克倍感光榮。

不過，查克瞬間就對剛才過度使用武力而感到一陣罪惡感。但他也清楚，此時此刻並不能任憑罪惡感擺布。畢竟，生存才是當下唯一重要的事情。

此事之後，E連再也無人稱他為：「寶寶」了。

在距離克拉倫斯兩條街外，巴克正沿著人行道快速移動，冒險進入不曾到過的街區。街道上的狙擊槍聲以及手榴彈爆炸聲，迴盪在他的周圍。

自從上一次空襲到現在，大街小巷橫躺著超過三百具無人處置的遺體。不論風向如何改變，巴克都可以聞到死屍的腐臭味。

為了要掃蕩民宅，第三排第二班分成了兩組，每組有五人。這次巴克是待在班的中間。本隊除了賈尼基外，還有來自德州艾爾帕索的一兵荷西·德拉·托瑞（Jose De La Torre），他在入伍前是好萊塢帕拉丁音樂廳（Hollywood Palladium Ballroom）的門衛，既伶俐又世故。一整天都穿著戰車兵連身服當長褲的他，即使身處在戰爭中，對穿著還是有一定程度的講究。

此外還有恬靜寡言、擅長操作與修理無線電的技術下士法蘭克·阿拉尼茲（Frank Alaniz），他在戰前常常要開從底特律到墨西哥的長途車。接著還有笑口常開，來自肯塔基州偏遠地區的一兵比爾·開利（Bill Carrier），這位身材矮小、圓臉的傢伙一直想要交德國女友。不過沒有人記得他戰前是做什麼工作的。

他們五人在整個早上都在逐屋掃蕩。

---

* 譯註：雪曼的腳踏扳機分成電擊發總成與人力擊發兩個區塊，在射手席左腳前的偏右盒子上，左扳機為同軸機槍、右扳機則是主砲，在盒子左邊有個人力擊發主砲的踏板，作為電擊發失效之用。作者此處講的是射手在人力擊發踏板與同軸機槍板機之間的選擇。

第三排第二班成員的合照，後排左至右：斯林．羅根（Slim Logan）、比爾．開利、荷西．德拉．托瑞、巴克．馬許、Z. T. 伯頓（Z. T. Burton）。前排：弗雷德．舍納（Fred Schoener）、法蘭克．阿拉尼茲

掃蕩過程中，他們發現了預期會見到的東西。根據一名士兵回憶：「衣櫃內塞滿了納粹傳單[20]、納粹書籍、納粹制服還有納粹儀仗匕首，」但同時也發現了意料之外的東西——大量的坑道。

仍待在科隆的居民為了躲避空襲，基本上都住在地下室，房屋的牆壁都打了可以相互連通的洞口[21]。為防止炸彈將房屋炸垮後困死自己，地下坑道的長度涵蓋了整個街區。德軍現在正利用這樣的優勢對美軍實施游擊戰，不斷在地下室間穿梭避免被美軍圍堵。

此時，四個德軍就像在打獵中驅趕的鵪鶉一樣從門廊衝出，瘋狂想要逃生。巴克喝令他們停止，賈尼基瞄準了他們頭頂上再對空鳴槍。對於賈尼基的舉動，巴克有些驚訝。這位老兵顯然不想從敵人的背後開槍。一溜煙地，那些人急往右轉躲進了最近的房子。

第三排第二班立刻展開追捕。

在德軍剛逃入的房子旁，班長命令另一個班在隔壁棟待命，等待其他人加入後掃蕩下一個地下室。

巴克與他的班尾隨德軍進入前門。在這種緊張得不得了的時候，德拉．托瑞和阿拉尼茲有時會用西班牙語快速對話。在高樓層淨空後，巴克和其他人便盯著通往地下室的樓梯，這裡是整間房子內唯一還可能藏匿德軍的地方。

理論上來說，每次衝進新的一間房屋掃蕩時，大家都會輪流當尖兵。但實際上不是巴克就是德拉．托瑞，這次輪到巴克要衝了。

因擔心誤傷平民而不能丟手榴彈的情況下，巴克以他唯一所知的德語朝地下室喊道：「出來！我們不會開槍！」

一開始當他們掃蕩完其中一棟房子後，有個德國平民還跑來糾正巴克的德語。儘管巴克只說錯了兩個字，但那段話已經變成「出來！我們不會拉屎！」得知真相之後大家都笑成了一團。

這次巴克發音正確了，卻沒有人走出來。

巴克將步槍放在一旁，從肩掛手槍套上掏出了一把德製P－38手槍後上膛。數天前，他撿起了這把手槍後發現手感還不錯。在搭半履帶車時趁機細心保養了這把手槍。

巴克壓低身子，小心翼翼地一步一步走下樓梯，但每一步都讓老舊的木板嘎吱作響。他的左手將手電筒拿得老遠，以免敵人瞄準光點開槍直接打死自己，大夥是跟在巴克的身後慢慢下樓。

終於走到樓梯間底端，巴克踹開房門讓門板甩上牆壁，力道之大甚至差點把門閂給扯掉，這麼做的原因是確保門後沒有站人。巴克與其他人衝入地下室，除了左邊有射入一道狹窄光束的氣窗外，這空間的其他地方都是一片漆黑。

在某些情況下，可以透過聞到燻魚和黑麵包味來得知德軍的存在，因為德軍很常吃這些東西，但這裡只有充滿霉味的空氣。環顧四周，所有的牆壁都沒有被鑿開，也沒見到他們逃生用的坑道，究竟那群德軍跑去哪了呢？

牆邊有一個正面打開用來裝馬鈴薯的木箱，它跟人一樣高且非常深，想必德軍是藏在裡面了。巴克大可像投籃一樣，朝木箱內丟手榴彈後置之不理，但如果裡面躲的不是軍人，而是平民呢？

巴克舉起拳頭，要其他人先不要靠近。他的拇指壓下手槍擊錘、蹲下來，接著瞄準，朝木箱的蓋子開槍。槍口的藍色火焰看起來就像火焰噴射器的火舌，它原本聽起來像鞭炮的槍聲，在密閉空間聽起來如同大砲一般巨響。

巴克被手槍嚇了一跳，躲在裡面的德國人也是。在聽到有人在木箱內恐慌的大喊：「朋友！朋友！」後，四個德國人跌跌撞撞、高舉雙手從木箱內爬了出來。

賈尼基上前逮捕俘虜，向巴克點了個頭表示讚許他的決定。

那四個德軍既疲憊又憔悴，看起來不像專業軍人。第三六三國民擲彈兵師當初為了填滿編制[22]，納編國民衝鋒隊的民兵，再編制成小型、臨時編組的戰鬥群實施游擊戰。這個小戰鬥群由一名中士、五個完訓的士兵以及兩名衝鋒隊員組成。有些衝鋒隊員甚至才入伍了三天而已，這算不上是一支訓練有素的戰鬥部隊。

班上的其他人將俘虜帶出地下室，巴克站在原地檢查他的手槍。槍口已經被燻黑了，看來他之前上了太多槍油，結果一開槍後，槍管內的油漬就被點燃，所以才會噴出藍色的槍口焰。

巴克搜查了食物箱[23]，發現德國人將手槍埋在一堆乾癟的馬鈴薯下面。在戰場上，誰先撿到戰利品就是誰的。德國手槍在士兵間交易其實很搶手。相較之下，戰車兵就比較沒有這麼多機會能搶戰利品。如果他們想要一把魯格手槍的話，那公定價就是五大盒香菸。

巴克將這把手槍塞進側背包內，慶幸自己沒丟手榴彈。巴克不恨德軍，那些人也跟他們一樣都是在前線賣命的普通士兵，只是站在不同的陣營。然而，這不會讓巴克開始用對空鳴槍來嚇住德軍，或者是在射殺年輕德軍後向上帝祈求寬恕。他很清楚，祈求寬恕也等同於不再犯相同的罪，而在科隆這裡，他不可能做出這樣的保證。

——

傍晚時分，街道上明亮的區域逐漸被陰影所籠罩，恩利和其他第二排的弟兄各自在戰車旁走動歇息。

大家伸展雙腳，讓自己轉移心情，畢竟在經歷了腎上腺素爆發的戰鬥之後，讓自己平靜下來並不是一件容易的事。在一天的攻勢之後，戰線終於暫停推進，不論是戰車兵或步兵都得休息。步兵固守在前線旁的房屋內過夜，戰車兵就在自己的戰車附近或戰車上休息。此時，還待在潘興內的克拉倫斯仍然保持警戒，即便科隆不如大家所預期的那般成為浴血戰場，但他仍然沒有放下戒心。

在奪取城市外圍的過程中，E連本身一員未損，矛尖師一共擄獲了一，〇二七名俘虜[24]。「德軍並未組織連級以上的部隊[25]實施防禦，」第三裝甲師的戰史記載寫道，「甚至連伙房營都有官兵被俘。」

矛尖師已經為其他人開了條進入科隆的大道，杜安中校為了讓大家都知道這點，特別下令從部隊最前線一路到涵洞入口，都釘著寫有：**「你正走在X特遣隊所開的大道上進入科隆[26]」**的牌子。

儘管他們取得了初步的成功，大家還是無法鬆懈下來。戰車兵從早上四點就已經上車[27]，接著花了約十二小時待在主砲已上彈的戰車內，或者是緊張兮兮地注意那些到處都可能出現、隨時會要了他們命的敵軍步兵。

在一路打來的路上，每個人都因為過度消耗集中力而變得極度倦怠。像恩利就不斷地往他的菸斗裝填菸草，查克・米勒看著他發笑，某些人則是在人行道上繞圈圈、打發時間。至於查克的新車長，席維斯「瑞德」維拉下士（Sylvester "Red" Villa）則是菸一根接著一根的抽。瑞德的鋼盔底下，沒有一毛，在戰前是一名來自中西部、聒噪的前警探，大家光是大老遠用耳朵就能分辨瑞德要往哪裡去。在諾曼第作戰時，瑞德在某一次的交戰中進退失據，接著額頭靠在車長塔內開始大聲誦讀聖經，聲音大到車內每個人都能聽見。因為此事，他被拔階降為二兵[28]車首機槍手，隨著作戰經驗的累積，他逐漸習慣了戰鬥——慢慢將功贖罪——爬回了車長的位置[29]。

這時，一名高瘦，看起來體態不太尋常的士兵走近了戰車兵們，他帶著鋼盔、穿著夾克，手臂上還別有代表戰地記者的白色C字臂章。原來這名「士兵」是《合眾國際社》（United Press）的記者安・史金格（Ann Stringer），是三名身在前線的女記者中的其中一人。她在不久後也將被稱為「萊茵女士」（Rhine Maidens）[30]。她將一頭棕色捲髮向後梳，露出一張有著雪亮雙眼的勻稱臉蛋。

「你們有人可以讓我訪問嗎？」她問道。

幾乎所有戰車兵都樂於接受訪問，查克希望母親可以讀到記者所寫的報導。

記者被簇擁而上的戰車兵團團圍住，戰車兵被史金格的笑容吸引住了，畢竟他們已經很久沒有見到美國來的紅唇美人了。訪問正式開始前，恩利告訴史金格，除了潘興戰車基於機密不便回答相關問題外，其他的話

席維斯「瑞德」維拉

題皆可自由訪問。

史金格拿出了筆記本，接著請教他們對於自己所操作的戰車的看法為何？能不能打？這問題可讓所有人發出厭惡的聲音，並開始抱怨起他們所受的委屈。

瑞德・維拉率先抱怨道：「納粹在法國打掉一大堆M4戰車，但我們卻還要開著這種老舊的戰車進城……這讓弟兄們都很憂鬱。」

接著查克・米勒插嘴道：「更讓大家難過的是，鄉親父老們都說我們擁有最好的裝備，但我們很清楚自己操作的戰車其實不怎麼樣。」

此外，史金格驚訝地發現E連的戰車側面沒有手繪的車名，不像在戰爭初期，矛尖師的戰車側面都會繪製一些很有創意的車名[31]，例如：「殲滅者號」（Eliminator）、「好心情號」（In the Mood）和「極度強悍二號」（Plenty Tough II）之類的。

一名駕駛手回答了這個問題，他說：「這麼做沒什麼好處，我們也沒時間去習慣這輛車叫什麼名字，所以還是開著沒命名的車比較方便。」

官兵們解釋說[32]E連損失了近半數的戰車——以及許多戰友——那是一週前發生在布拉茨海姆的事情了。

安・史金格

史金格對此深表遺憾與同情，她不久前也失去了親人。她與同為記者的丈夫威廉（William）一同在戰場上奔波，但威廉在八月前往巴黎的路上，卻在吉普車上不幸遭狙擊手槍殺身亡[33]。儘管司令部大力反對身為女性的史金格，竟然比其他女性，甚至是護士，都還要靠近前線，但來自高層的勸阻，卻令她更勇往直前[34]。

恩利不需要說些什麼。他是「超級戰車」的車長，對此是沒有什麼好抱怨的了。而且，他已經令史金格留下了深刻印象，後者精闢的觀察指出：「恩利略嫌疲勞，而且他人都還在顫抖。」

恩利並非是為了自己而發言，而是為那些在德軍砲擊之下再也不能開口的戰車兵弟兄發聲。E連開進這座要塞城市的十二輛雪曼中[35]，其中七輛是火力不足，三年來使用的是未提升性能的七五砲型[36]。這樣老舊的軍備很顯然已經無法保障戰車兵的生命，必須要有人把這件事情講出來。

其中一段話，足以讓史金格寫下整篇報導的亮點，「我們的戰車在敵火前就如熱鍋上的一滴水般稍縱即逝。我們需要的是可以戰鬥的戰車，而不只是能開著越野而已。」

史金格聽到後笑了，她知道這則報導一定會有爆炸性的成果。在聽到自己要的重點後，史金格倉促結束訪談，速度快到讓查克有點後悔接受訪問。大家都有點擔心報導見報後會有什麼反應，畢竟他們是為所有第三裝甲師的雪曼戰車兵發聲。

恩利心無罣礙，他清楚大家所說的都是實話。

——

距離三條街外，巴克從安全的門廊內窺探外頭的街道。

在他身後，全排從後門進屋，接著走上樓梯，此處將是他們今晚居住之地。他們的終極目標，高聳的科隆大教堂就在不到兩英里之外。

暮色壟罩富人區，巴克看著一棟在對街、位於轉角的奶油色房子。它是一棟石造結構，有著灰色屋頂和拱型雕花窗框，外觀十分莊嚴的街屋。它二樓的窗內散射出了一條條光線。

不知道窗內是不是有平民，如果有的話，他們必須要警告平民自己是處在A連主抵抗線的敵人端。換句話說，在那條線後的人都會被當成潛在威脅。布姆少尉決定派人去一探究竟。

這份工作自然又落到了尖兵的頭上了。

巴克對此心有不安，那些光線看起來彷彿是陷阱的誘餌。他們當天遇到的所有平民都是住在地下室，沒有人還大剌剌地住在地面之上。巴克想好了行動方案，想說如果對方開火，他要如何反應，班兵已經在他頭上的窗邊架好了機槍，準備以火力掩護他的行動。

「好了沒？」巴克對機槍兵喊道，他不僅沒辦法拒絕這個任務，繼續等待也不會讓心情更好受。

巴克衝出門廊，一路上做好了被狙擊槍打中的心理準備，他飛速橫越了街道，接著一腳躍過電車軌道後，撞上了那棟街屋的正門。

一陣慌亂之下，巴克猛敲大門，**這鳥事竟然是為了一群德國人！**沒有人應門。

他舉起步槍，用槍托猛敲門上鉸鏈，心想這應該會吸引屋內的人注意。

門飛也似地打開了。巴克收起了他的猛擊。就在他放低步槍時，眼前的景象令他十分震驚。那是一位美麗的年輕女子，她向後撥的金髮襯托著她美麗的臉龐，一雙藍眼在黑色眉毛下閃閃發光。這位年約十九歲的女子穿著與華麗背景完美配合的優雅連衣裙。

當她見到門外的巴克時，混合著喜悅、大笑和哭泣的表情不斷出現在她的臉上。她環抱巴克，親吻了他的臉頰與嘴唇。巴克受寵若驚，完全搞不清楚當前的狀況，但不管怎樣，巴克將步槍靠在門框上，享受著被同袍以羨慕的眼神注視的這一刻。

突然間，巴克察覺女子的身後有影子在動，難道這真的是陷阱？才剛伸手要拿起步槍，他卻又馬上停止了動作。原來後方的影子是女子的牙醫父親。滿頭白髮的他又高又瘦，剛剛全程目睹了巴克被擁吻的過程，他的後方是女子的兩位阿姨，小心翼翼地從陰影處慢慢出現。

女子手抓著巴克不放，將他拉進門廳之內。她父親用德國口音濃厚的英語向巴克解釋，屋內沒有藏匿德軍士兵，接著打開了一樓的門，讓巴克看清這裡只有黑暗且空無一人的牙醫診所。巴克向父親解釋他正身處在主抵抗線的敵人端，對方雖然很感激巴克冒著生命危險來告訴他，但似乎不打算要離開家中，畢竟他們還能去哪呢？

這時有人拍了拍巴克的肩膀，轉頭一看發現是賈尼基、拜倫和其他幾個班上的人都跟上來了。見到其他人後，那位父親邀請大家上樓作客，大夥兒欣然接受了邀約。

那個年輕女子拉住了巴克，用不甚靈光的英語向他自我介紹。她的名字叫做安妮瑪麗．伯格霍夫（Annemarie Berghoff），父親

安妮瑪麗．伯格霍夫

是威廉・伯格霍夫（Wilhelm Berghoff），巴克也同樣自我介紹。當她帶著巴克踏著大理石樓梯走上二樓時，嘴裡還念著：「巴克，我第一個見到的美國人！」

一行人跟著威廉・伯格霍夫走到二樓，他們所見到的景象，宛如讓他們置身於另一個世界。潔白的牆面掛著畫作，地板是用拋光的木頭所鋪設，高天花板原本漏水的地方雖被補了起來，但看來還是維持室內的乾爽。威廉邀請累壞的大夥坐在絨毛沙發上，巴克與安妮瑪麗則遠離其他人坐在一塊。

安妮瑪麗的阿姨這時從廚房拿來了玻璃壺，給大家倒上飲料享用。

巴克打量著那壺橘色的飲料，懷疑那東西到底能不能喝，畢竟那可是德國人給的東西。威廉舉杯祝戰爭早日結束，所有人跟著舉杯致意。生性謹慎的巴克啜飲了一口後，竟發現飲料有金屬味。巴克強忍著不過度反應的行為，但當他看見伯格霍夫一家也將飲料喝下肚後，終於發現自己的擔心是多餘的，畢竟他們應該不會想把自己給毒死吧。

房內瀰漫著輕鬆的氣氛，大兵們靠坐在舒服的沙發上，彷彿戰爭已經結束了。弟兄們對安妮瑪麗投以愛慕的眼神，巴克則悄悄越坐離安妮瑪麗越近。

容光煥發的安妮瑪麗，嘴裡仍然念念有詞地重複：「巴克，我第一個見到的美國人！」她的父親與阿姨正與賈尼基聊天，拜倫專注觀察周遭的環境，好像正要策劃一場搶劫。在班上弟兄們的眼中，拜倫是個可以好幾個小時都不說話的怪人，且總是在要合照時消失得無影無蹤。

對於巴克來說，他不懂為什麼安妮瑪麗這家人，**為何能過得如此開心**？

他所見過的其他德國人全都鬱鬱寡歡。那些人活在電力不足[37]、水源有限、通訊不穩定，沒商店也沒娛樂場所可去，只能靠配給糧食果腹的悲慘世界。為何唯獨安妮瑪麗一家人看起來若無其事呢？

這背後必有玄機。

在與其他人的對話中，巴克知道安妮瑪麗在她父親的牙科診所擔任助理，每週上班兩天，空檔之餘就去上簡易學校課程。當巴克想要問更多日常生活的細節時，安妮瑪麗卻總是談論被空襲的經驗，畢竟這是她過去四年多來最熟悉的事情[38]。

儘管安妮瑪麗表現得一副侃侃而談的模樣，但空襲還是對她造成了很大的影響。巴克聽她找到了未爆的反碉堡炸彈，也聽她如何敘述自己的同學家被轟炸，更聽到當她與父親一同試圖救出生還者時，發現了深埋於瓦礫堆內且萎縮的遺體，而剩餘的尺寸只有生前的一半。

然而，安妮瑪麗忽略不提的是她在市中心被空襲所傷的事情。那次，在衝進防空洞前，一發落在附近的白磷標記彈燒傷了她的腿，在腿上造成不可抹滅的疤痕。此外，巴克走進家門時也有發現她母親的照片，他原本想要詢問安妮瑪麗關於母親的下落，擔心冒犯了她，並沒有問出口。

過了大約二十分鐘後，布姆的傳令兵跑來敲門，命令巴克和其他人馬上回到街道的另一端。

聽到傳令兵的話後，安妮瑪麗馬上衝回房間拿著一張相片回來。那是一張她穿著紅色方格洋裝的肖像照，她在後面寫下了名字與地址，並指著「艾興多夫街二十八號」（Eichendorff Street 28）的那行字交給巴克。

巴克被安妮瑪麗的舉動感動了，這位女子顯然希望他能回來。巴克雖然在大學時期有過幾次約會，但都是玩票性質而已。這次他在如此艱困的時候遇到了如此殷切的安妮馬麗，真有種遇到真命天女的感覺。

安妮瑪麗在門口為巴克送行，緊抓著巴克不放，直到巴克承諾會回來找她後才肯鬆手。這個承諾不難許下，卻極難信守，然而巴克還是開口答應了。

夜裡，巴克隔著一條街，看著半弦月照映出安妮瑪麗家的輪廓，他心中也感覺到安妮瑪麗的雙眼，正透過漆黑的窗戶凝視著他。

然而，那棟房子的後方不僅是科隆內城，更可能是令巴克再也無法信守承諾的地方。倘若德軍真要殊死一搏，內城必然成為決戰之地。

這一切就在明天。

第十六章　勝利或西伯利亞

隔日，一九四五年三月六日

德國，科隆

在不安黎明的冷光晨曦下，一輛四號戰車跨越了通往科隆的霍亨索倫大橋（Hohenzollern Bridge）。

它破敗的結構，隨時都有倒塌的可能。

古斯塔夫傾著身子從無線電手頂門探出，滿腹擔憂往車下看去。橋面上的鋼板已經被打出了無數的彈孔。從那些彈孔，他甚至能看見底下幽暗、隱藏著強勁水流的萊茵河。

霍亨索倫大橋是最後可以跨越萊茵河通往科隆的橋樑。就在不久前，另一座較小，在更下游處的興登堡大橋（Hindenburg Bridge）已經坍塌，眼前這座橋遲早也會面對同樣的命運。霍亨索倫大橋的拱形結構與支撐衍樑，全都被無數的炸彈和破片蹂躪到結構強度的臨界點。那些別無選擇在橋上通行的人，只能希望橋樑不會在今天坍塌。

古斯塔夫的連就是那群別無選擇的人，為了安全讓戰車開過去，全連的戰車一次只能一輛過橋，過程十分緩慢。緊抓著頂蓋不放的古斯塔夫，力道大到他的指節都發白，畢竟重達二十八噸的戰車[1]可不是什麼輕巧之物，但它卻要行駛在這座已搖搖欲墜的橋上。

所幸，吵雜的引擎聲蓋過了這座垂死橋樑的呻吟聲。

古斯塔夫身邊，新的駕駛手將座椅調到最高，直挺挺地探出頂門，小心翼翼操縱著戰車。由於橋面有超過一半都是鐵軌，留給車輛通行的路面非常狹窄，稍有不慎就可能翻落橋面。

在他這輛戰車上，駕駛手和射手都是新補的生面孔，就在前一晚二連剛到此地做人員分派時，古斯塔夫才第一次見到他們兩人，但現在他自己的生命卻掌握在他們其中一人手上。

在車長塔上緊盯著新來駕駛的羅爾夫，在俄國指揮四號戰車時，就已經很習慣跟陌生人在同一輛戰車上作戰了。

這座橋面臨的不僅是即將自行瓦解的危機，旅工兵在橋面下埋設了插好導爆索的炸藥。假使這座橋沒有自己坍塌，等時間一到，它面對的將會是一陣猛烈的爆炸——無論如何這個結果都注定會發生。

古斯塔夫和其他人接到的命令是開入科隆內城，找尋可防守的位置做為防禦陣地，盡可能地拖延美軍的攻勢。一旦達到預期效果，他們就會從原路撤回，接著工兵在能撤出的兵力都跨越橋樑後，就會引爆橋上的炸彈，避免美軍直接追上來。

就像戰鬥部隊中的大小事物一樣，作戰計畫是否能貫徹有很大的要素是仰賴彼此信任。古斯塔夫相信他們旅的工兵不會提前引爆炸藥，也相信他們這趟不會有去無回。

在低掛天際的灰雲襯托下[2]，一對中世紀城堡塔樓守護著科隆市的入口，它們恢弘而莊嚴的氣勢，使古斯塔夫通過城門、開下橋樑時，對這些古蹟投以好奇的眼神。

這感覺就像開入另一個國度。

古斯塔夫的左側，是城內最具標誌性，有著無數歌德式雕花柱與兩座尖塔的大教堂。在他一路抬著頭才能見到那聳入雲端的尖塔的過程中，古斯塔夫明白了為何它能令如此多人感到敬畏，從而在心中升起那對神的信心。

科隆大教堂動工於西元一二〇〇年代，歷經超過六百三十年，由無數世代德國工匠的努力下才完工[3]，卻差點在第二次世界大戰中毀於一旦。自一九四三年六月開始被皇家空軍轟炸開始，教堂便停止舉辦彌撒至今。古斯塔夫見到這座教堂時，它的屋頂已經被十幾枚航空炸彈貫穿[4]，內部被炸得亂七八糟。它的結構不僅奇蹟似地支撐著，也讓防守者的心中繼續保持信念。

駕駛手拉著右邊的操縱桿，戰車旋即向右轉往火車站的方向。教堂與火車站相連，共用一座廣場。

但火車站扭曲成了古斯塔夫無法辨識的模樣，曾經華美的車站只剩下焦黑的拱型玻璃天花板支架。一度人滿為患的長方形大廳，如今堆滿了破瓦殘礫。然而火車站並不是唯一遭逢此命運的建築，在英國的轟炸行動中，這個區域是第一個被打擊的地方，所有在廣場周遭的建築也都被炸得只剩下骨架。遭爆炸波與破片貫通的窗框，現在看起來就像空無一物的眼窩。

這座已經傾頹的車站，將是德軍在萊茵河以西的防衛指揮所。不過古斯塔夫他們不是第一個到達火車站的，早在他看見車站前，連上兩輛豹式戰車早就已經跨過大橋，並停在站前等候他們集合了。當羅爾夫的戰車停靠到那兩輛豹式旁後，德軍抵抗美軍佔領科隆的最後希望也集結完畢。

他們，就只剩下三輛戰車了。

此地再無其他友軍，外地亦無援軍前來。

第二連除了他們三輛車之外，其他戰車都因機械故障在萊茵河的另一端拋錨。其他連的戰車不是被殲滅就是失蹤，在無線電已經全面斷訊的情況下，也無從再查證他們的下落。儘管德軍第九裝甲師在城北還有至少二十輛戰車[5]，但他們也已被美軍牢牢地拘束在萊茵河畔。

只有三輛戰車。

身處在科隆的心臟地帶，準備迎接這座要塞城市的最後一刻。

不過，連上雖然兵力嚴重不足，但至少指揮鏈還沒瓦解。

古斯塔夫敬愛的連長，威廉·巴特爾博思少尉（Wilhelm Bartelborth）[6]正坐在隔壁的豹式砲塔內。二十九歲的他有著一頭淡金色的頭髮、藍眼睛和酒窩顎。他跟古斯塔夫一樣是來自北德的老實人，戰前擔任的是教師的工作。

儘管古斯塔夫不認識他本人，但從旁人的口中可以得知他是一名驍勇善戰的戰士。

曾擔任本旅代理旅長數週的奧托·萊普拉中尉（Otto Leppla）[7]從車站的廢墟中現身。原本在辦公桌後負責規劃任務的他，現在只能靠地圖和野戰電話來作戰。

羅爾夫和另外兩位車長下車，前去聽取萊普拉的簡報。

古斯塔夫清楚科隆的命運已經不可逆，也許萊普拉有什麼應對之計？甚至讓他們能活著聽到撤退命令的時候？

羅爾夫回到車上後，卻絕口不提簡報的內容，只是命令駕駛手緊跟著前方那輛，旅長萊普拉正在砲塔上指著方向的戰車。

古斯塔夫對羅爾夫的性情可說是聊若指掌，他很確定事情有些不對勁。他轉頭往後看，發現

威廉·巴特爾博思

另外兩輛戰車往反方向開往車站，不像他們直直朝敵人開去。

「他們要去哪？」古斯塔夫問。

「他們要回去防守大橋，」羅爾夫喪氣的語氣回應他。

古斯塔夫完全不理解那兩輛戰車的行動，理論上來說豹式應該是整個部隊的前鋒，而不是操作老舊四號戰車的自己。根據戰術教範，在協同攻擊中，四號戰車應該掩護隊形側翼，「豹式在中央對敵陣地發動突擊[8]，如鑽頭一樣貫穿敵防線」。

在瞧見連長車的最後一眼，它開進了橋面鐵路下的涵洞裡，與大橋和車站融為一體。在當前已知的命令條件下，連長的意圖很明顯。

他打算在橋邊設下埋伏。

代理旅長萊普拉將四號戰車導向科隆的金融區，他掃視了一下十字路口後，繼續朝自己的目的地前進。

在這個被譽為「科隆的華爾街」[9]的地方，眾多曾經風光滿面的銀行，現在都蒙上一層厚重的灰塵。它們高聳的廊柱，被空襲炸彈的破片刨出了無數的白點，就算是那護住德國金流的華美天花板，如今也不復存在，只得讓每日的晨光照耀在凌亂的大廳之中。

探出頂門的古斯塔夫，四處搜尋著友軍的身影。

他以為會看到在掩體與指揮所間穿梭的德軍士兵，也以為會看到在敵人前進路線上設下埋伏的戰防砲，但現實卻與他的想像差異巨大。

他唯一能見到的，是仍守在房屋內，但三三兩兩朝窗外探頭，或是大剌剌地站在門廊內抽菸的散兵。他們很多都是臨戰徵召、缺乏軍事訓練的前警察或消防員[10]。帳面上，這座城市的六百名國民衝鋒隊中[11]，只有六十人真正投入戰鬥，且拿的還是過時的外國步槍和只有他們軍官才懂得使用的鐵拳火箭彈。

政府大力宣傳的武裝親衛隊在哪[12]？對於死忠追隨納粹黨，信奉英勇戰死可以進入英靈殿的信徒來說，這一場在德國主要城市爆發、氣勢恢弘的自殺式戰鬥，應該是他們想要蜂擁而至的戰場才對。

然而，科隆市內卻不見武裝親衛隊的蹤影。

自從德軍高層軍官在七月刺殺希特勒未果後，武裝親衛隊與國防軍間的矛盾便與日俱增。希特勒本人現在偏愛他的武裝親衛隊[13]更勝於陸軍，經常在戰爭後期的絕望局勢中保存親衛隊的實力，而讓陸軍充當棋子的後衛任務。

此外，這座城市的納粹黨官員在哪呢？

許多德國人將那些官員笑稱是「金雉雞」[14]，這些口說為祖國獻上生命的人一察覺苗頭不對，便馬上焚燒任何可能被指認出罪狀的文件[15]，換上便服混上渡輪，逃到萊茵河的另一端。至於他們底下的大區長官，在疾呼市民為科隆戰到最後一刻後，也跟著逃上了渡輪。

古斯塔夫和他的弟兄，現在只能自立自強了。

開了約半英里後，四號戰車抵達了格里安區（Gereons），此區的名字是為了紀念在科隆殉道的聖格里安（Saint Gereon）。就在他們剛抵達的那一刻，砲彈開始在周遭落下。

每一次的爆炸都將銳利的瓦礫拋向空中。混亂之中，萊普拉急忙指著右邊一棟五層建築，指示古斯塔夫的戰車應該部署在那之後，便伸手按壓著帽子，命令他的駕駛手將戰車開往火車站的方向。

古斯塔夫縮回車內，緊閉頂門蓋。這輛如鋼鐵棺材的戰車，只剩下觀察窗透進的光線與隔壁駕駛手儀表板透出的微光。此前，戰車未曾令人感到如此擁擠。羅爾夫導引駕駛手倒車進入剛剛萊普拉要求部署的那種建築之中，並命令車頭向右轉，這樣當主砲瞄準前方巨大的十字路口時，本身還能受到房子的保護。倘若美軍粗心大意沿路朝火車站衝去，等於陷入三輛戰車的射界之中。

部署好之後，現在他們只能等待了。

「有多少美軍要來？」一個車組員問羅爾夫。

羅爾夫說他不曉得。

「那我們的任務是什麼？」另一個問。

「抵抗他們，」羅爾夫回答。

聽見對話內容的古斯塔夫被嚇傻了，這聽起來就像自己被軍隊當成棄子。更糟糕的是，羅爾夫還沒有提出抗議。

他們開過科隆的街道，沿路上見到那些焦黑，被打得像蜂窩的建築群。羅爾夫肯定想起他在德勒斯登的老家，很可能也遭逢了類似的命運。面對盟軍轟炸機的無情轟炸，德勒斯登被焚燒的面積廣達十五平方英里[16]，規模更勝一九四三年被焚毀十平方英里的漢堡。*

---

* 原註：對於使用燃燒彈轟炸德勒斯登是否太過份[17]？皇家空軍轟炸機司令部司令亞瑟．哈里斯爵士（Sir Arthur Harris）非常堅持要針對城市進行轟炸。德國在閃擊戰中轟炸倫敦與像考文垂這樣的城市時，約有四萬名英國平民喪生。戰爭結束時，有五萬五千名轟炸機飛行員在作戰中犧牲。轟炸德勒斯登是出自戰略性考量，正如哈里斯在一九七七年曾對此解釋道：「轟炸機讓德軍的兵源短少了超過一百萬人……這些人原本能操作防空砲、製造彈藥和進行維修任務，特別是商人。」

在英國開始轟炸到美國接續轟炸期間，推估多達兩萬五千名德國人在德勒斯登喪生。為了在德國人民心中加深恐懼，增強其抗敵意志，戈培爾將死亡人數誇大成了二十五萬人[18]。

至今都還沒收到家書的羅爾夫，已暗自假設家人全數喪生、老家已被夷為平地的慘痛事實。自己的未來，很可能正如戈培爾所宣傳，戰敗者未來將被流放至西伯利亞的集中營。身為德國的宣傳部長，戈培爾甚至在戰爭的最後階段要德國士兵喊出：「勝利或西伯利亞」（Victory or Siberia!）[19]的口號。

對於那些已經一無所有的人來說，奮戰至死似乎是比較好的下場。

——

古斯塔夫眼前的十字路口仍然空無一人，時間的流動感越來越不明顯。身邊沒有手錶與時鐘的他，無從分辨時間到底過了多久。

古斯塔夫還在阿爾薩斯省時，在穀倉旁發現了一輛廢棄汽車，它的儀表板還有一面仍然完好的時鐘。古斯塔夫從來沒擁有過手錶，更別提時鐘了。他將螺絲轉開再把時鐘取下。當他的一位朋友放假回家要搭火車時，好心的古斯塔夫將時鐘借給了他以免錯過班次，但這也是他最後一次看見那面時鐘。

古斯塔夫撥弄著無線電的頻道旋鈕，但每個頻道只有令人不安的嘶嘶聲，接著他又檢查了機槍上的彈鏈，確保後續供彈不會出毛病。機槍雖然對美國戰車一點用都沒有，但一槍在手還是會讓他感覺好點。

那麼為什麼還要繼續戰鬥呢？除非推翻納粹領導層，否則沒有辦法結束戰爭，那是一種無法想像的場景。一名德軍士兵在戰後指出：「他們根本沒辦法談論投降這樣的話題[20]，到戰爭的最後一天，納粹份子還是潛伏在彼此之間，威脅著那些意圖投降的人。」

對古斯塔夫來說，現在的問題只是**要如何**輸掉這場戰爭而已。

目前紅軍距離柏林僅四十五英里[21]，準備對德國的心臟發動最後的突擊。他和其他弟兄這時還有一個天真的願望，如果他們抵抗得夠猛烈，也許西線盟軍會尋求和平協議，避免剩下的德國人生靈塗炭。

倘若這個願望破滅，唯一支撐他們繼續作戰下去的動力就只剩下責任感了。

對於自己的連、旅、陸軍和全德國人民——甚至是那些轉而反對自己的人——古斯塔夫對他們全都有著一份責任感。這份責任感之所以如此強烈，正是因為擔憂所有人在戰敗後如戈培爾所言，真的成為流放西伯利亞的奴隸。但在此時，他只能選擇拋開所有的疑慮，透過準星向外望出，檢查他的射界是否能涵蓋整個十字路口。

——

那天早上，距離古斯塔夫一英里外的巴克，正與全排弟兄躲在一排已經人去樓空的店面之內。

一名德軍狙擊手正對另外一排美軍開槍，槍聲甚至還打出了節奏。每一次槍響都讓巴克縮了一下身子，他身旁的賈尼基，卻表現得一副不怎麼在乎的樣子。根據賈尼基的經驗，這槍聲大概是從一百碼外傳來的，最多也就兩百碼。

在狙擊手出現以前，巴克還覺得今天早上應該是個不錯的開始。A連搭著戰車離開，安妮瑪麗和他父親在人行道上向他揮手道別。班上弟兄不斷模仿安妮瑪麗的語氣說話：「巴克！我第一個見到的美國人！」嘲笑被德國女孩投以愛意的巴克。

A連已經掃蕩過商業區，穩定朝格里安區推進，突然攪局的狙擊手讓大家都尋找掩護，拖延了掃蕩的進度。

布姆和傳令兵出現，全排聚集到他們身邊，布姆便向大家講述他的計畫。為了解救對街那個被狙擊手壓制的步兵排，本排的四十人要盡量找出狙擊手的位置，接著朝那個方向提供壓制火力，讓所有人都知道狙擊手藏在何處。

布姆提醒大家不要太過投入戰鬥而離開掩護太遠，畢竟他們打這種城鎮戰的經驗還很少，他可不希望大家吃子彈。布姆指派巴克和兩個其他班的班兵，前去佔領附近的一家花店，他自己則帶領賈尼基和其他弟兄，徹底搜查整個街區。狙擊手獵殺行動開始了。

巴克和另外兩人衝進花店，滑進正面櫥窗僅剩的一堵三呎高磚牆。它雖然提供不了太多保護，但那也是他們僅有的掩護了。

三人同時從牆後抬頭，沿著還有玻璃殘留的窗框左邊角落望去。映入眼簾的是對街的一片小型工業區以及雜草叢生的區域。這讓巴克想起小時候他和兄弟們獵捕松鼠的回憶，大家都在比誰的眼睛比較尖。

巴克想要搶在所有人之前先發現狙擊手的位置，他視線落在一棟離街道很遠，已經棄置的三層樓工廠，那工廠的各層樓各有十幾面深色的窗戶。

巴克左邊的一兵羅伯特．莫里斯（Robert Morries）手持卡賓槍，不斷左右掃視。這位十九歲的矮小士兵有著沉重的眼袋，小學三年級就為了家計而休學[22]，與母親和妹妹在密蘇里州桃園

（Peach Orchard）的農地裡務農。

「我看到他了，」莫里斯輕聲說。從莫里斯眼神的方向，巴克推測狙擊手躲在工廠的高樓層內。莫里斯舉起卡賓槍瞄準狙擊手、準備扣下扳機，德國人卻早了他一步。

子彈從卡賓槍的扳機護弓下擦過，鑽進槍托後再射入他的肩膀，強大的衝擊力將莫里斯擊倒在地之後，才傳來狙擊槍的槍聲。巴克和另一個人見狀後立即臥倒在地。另一人呼叫醫護兵，巴克詢問莫里斯能否自行移動。

「不太能，」莫里斯回。

趴在地上的兩人盡可能壓低身子，將受傷的弟兄拉回矮牆邊，讓他的頭靠在巴克的大腿上。莫里斯的深色雙眼看向巴克後再轉往天花板。

醫護兵到場救治時，他先用剪刀剪開了莫里斯的上衣，接著看見莫里斯肩膀上那個不斷湧出血液的不規則黑色傷口，看來剛剛那枚彈頭在命中槍托時已經先變形了，才會在肉體上開出不規則邊緣的彈孔。

「情況有多糟？」莫里斯問。醫護兵說傷口雖然看起來很糟，但它並沒有大失血。莫里斯聽到醫護兵的解釋後也鬆了一口氣。

醫護兵對傷口撒上磺胺粉並準備包紮繃帶時，原本已經被彈頭撕開的動脈壁現在已完全破裂，大量的鮮血突然如湧泉般噴出傷口。

醫護兵全力對噴血的傷口施壓止血，原本白色的繃帶立刻變成了深紅色，就在醫護兵要拿出另一捲繃帶時，莫里斯開始咳嗽。「將他扶起來！」醫護兵喊著，巴克將摩里斯扶起環抱在他的懷裡，他除了看著這位年輕士兵的血色迅速消失外，什麼也做不了。

醫護兵開始更換繃帶，重新敞開的傷口朝半空中噴出了更多的鮮血，巴克察覺到莫里斯正在失去意識。莫里斯眼看著巴克，嚥下了最後一口氣，永遠閉上了雙眼。年僅十九歲的莫里斯，再也沒機會回到農場見他的母親欣達（Cinda）[23]和姐妹卡拉．梅（Clara May）。

無力回天的醫護兵將血淋淋的繃帶拋到一旁，難過地離開了這位士兵。巴克則震驚地看著仍靠在他膝蓋上的莫里斯，臉上全無了生息。

見到莫里斯死去後，巴克身邊的二兵理查德．鮑恩（Richard Baughn）馬上想為他報仇。他與巴克兩人馬上爬回矮牆，兩人都有同樣的想法。

鮑恩的紅潤圓臉因咬牙切齒而緊繃，二十三歲的他比巴克稍微年長，是個來自奧克拉荷馬州的工廠工人[24]，在老家的一對妻女交由自己的父母照顧。

巴克握著步槍護木的手指，已經做好了應對槍口上揚的準備。

鮑恩將他的M1步槍架在矮牆上，巴克也馬上跟進，再一次證實他的名號：**矮子總認為自己是隱形的**。腎上腺素飆升，耳膜因心跳和血壓而震動。他張大了眼睛，搜索著每一扇可能躲了狙擊手的窗戶，留意是否有狙擊鏡反射的光源，但他什麼也沒看到。

這時，巴克的心裡突然一沉，他發現自己正鑄下大錯。倘若狙擊手躲在陰影下，那他怎麼可能從這個位置看到狙擊手和反光。反之他們兩人都暴露在光亮之處。**狙擊手**可以看見他們。

說時遲那時快，另一發子彈飛來讓鮑恩應聲倒地，巴克馬上趴回矮牆後方，躺著、緊張地吸著氣。才剛倒地的鮑恩這時爬起身來，手腳並用地往後門爬去，當他爬過莫里斯的血泊時，後方還拖出了一條鮮紅色的血痕。就在即將爬過門口時，鮑恩就體力不支倒下了。巴克呼喚著醫護兵，並衝到了鮑恩的身邊，再將鮮血正從嘴巴汩汩而出的他翻過身來。

「你哪裡中彈了？」

「我不知道。」

巴克解開了鮑恩的裝具，接著發現他的脖子左邊有彈頭穿入口，而另一邊則浮起巨大的黑色血腫塊。

醫護兵聽到巴克的求救衝了回來，看見傷者傷勢的他不住爆了粗口。檢查完傷口後，醫護兵只是看著巴克無奈地搖搖頭，大聲呼叫擔架員前來。從醫護兵的反應和神情，巴克似乎知道了等待鮑恩的會是什麼。

鮑恩躺在擔架上被扛走，他用手遮住了自己的雙眼。數天之後，鮑恩將因傷勢過重而不治身亡，他再也沒有機會回到奧克拉荷馬州，與最愛的妻子奧寶（Opal）[25]和女兒卡洛琳（Carolyn）團圓。

在盛怒之下，一股殺意湧上巴克的腦門。這次他下定決心，一定要殺掉那個卑鄙的狙擊手。但就在他想衝回原本的矮牆邊時，腦中有個聲音突然冒出來告訴他：**不要**。

巴克看著那條從莫里斯喪命之處一路延伸，宛如標示著出口處的血跡。狙擊手從剛剛命中鮑恩後，便未再開槍。想必是已經瞄準了店面矮牆，等待新的受害者出現在他兩次得手的位置。矮牆上會有第三個目標嗎？狙擊手可能這麼期待著。

巴克並不打算讓他如願。

轉身去找布姆和其他人的巴克，已經認知復仇不能單靠一己之力，而是要跟大家一起團隊作戰，處理掉眼前的狙擊手。

他將不再是「隱形」的了。

數小時後，午後某時

四輛戰車彷彿騎士之姿，走入大殿堂。

潘興戰車領頭、三輛雪曼戰車尾隨在後[26]，它們開入兩側都是破碎建築的內城街道上。前方黑暗的大道上，到處都是交錯且下垂的電車線。轟炸機投擲的心戰傳單，如落葉般在街道上飄灑而過，景象萬分死寂。隨著他們步步深入，眼前的景象越來越慘烈。

原本這是要交由一整個戰車連來執行的工作，並非只有四輛戰車。問題是，灰狼師攻勢受阻，仍滯留在城市的南半邊。E連只能沿途留下一輛戰車在每一個十字路口，以防護他們的右翼[27]。

砲塔嗡嗡作響，克拉倫斯盯著他的潛望鏡。在遠方的那一端，大教堂的雙塔宛如魔眼一般，盯著步步逼近的他們。

車外的恩利，俯趴在頂蓋邊緣，手拿著麥克風靠在嘴邊。他必須時常躲進砲塔內，避開低掛在半空中，三不五時就會括到砲塔上方、發出金屬摩擦聲的電車線。

兩側的那些四、五層樓建築，從輪廓還稍能窺探之前它美輪美奐的樣貌。如今仍在那有著精美雕刻的陽台注視著恩利的，恐怕就只剩下幽魂了。

潘興通過了一個釘在樹上，指示著橋樑方向的箭頭標誌。恩利看著地圖，提醒其他人距離目的地只剩下一英里了。大家都保持沉默，帶著恐懼估算還有多久抵達那裡。對他們而言，上級下達的命令不僅僅是要抵達橋樑，還要跨越它並在另一頭建立橋頭堡。

這是個自殺任務，敵人已在對岸設下工事，如果橋樑沒有在他們之下炸毀，德軍就會在戰車緩慢通過時將其炸掉。克拉倫斯希望戰車的速度還能再放慢些，不想一頭栽入在前面等著他們的死亡。

雙方認定科隆的淪陷是無法避免的事實後，街道上的槍聲逐漸休止。敵人停止穿越街道，爭相進入射擊位置。事實上，德軍正在逃跑。街道的牆上人們可以讀到手寫的文字標語。美軍士兵遠離戰車，躲在街道兩側。德軍步兵已不再是他們的主要關注點。在這種寬大的道路上，如今只剩下一個最大的顧慮——德國戰車。

下午一點，遠處傳來爆炸聲[28]，緊接而上的是一連串鋼鐵扭曲變形的呻吟聲。

恩利看見雙塔後方竄起一團灰色煙霧，他馬上知道是怎麼一回事——德軍已經炸毀了橋樑。爆炸後不久，潘興煞停下來。車內的克拉倫斯，對著德里吉相視而笑。全車都可以聽到如釋重負的嘆息和喜悅的湧現。

查克．米勒與其他排上的戰車同樣傳出歡呼聲，看來這場比誰先衝到橋頭的比賽已經結束了，死神暫時不會找他們的麻煩了。

恩利呼叫連部的同時，所有人抱著可以在這裡待命，直到連上其他兵力集合後再行動的希望。

事與願違。大橋雖然**已經**被炸毀，上級的命令仍是要求美軍部隊必須推進到德國的聖河旁。他們還是得踩下油門抵達萊茵河畔。

聽到命令後，所有人低聲抱怨、爆粗。看來這趟死亡之旅還沒結束。

駕駛手踩下油門，潘興的動輪與履帶再次向前轉動。恩利提醒大家提高警覺，在退路被斷的情況下，殘存的德軍士兵現在就只能作困獸之鬥。

潘興開到巨大的十字路口前的陰影處停了下來，計畫著接下來該怎麼做。要持續深入格里安區，就必須沿著這條路繼續走。

透過的六倍放大瞄準鏡，克拉倫斯的眼睛前後左右掃視。十字路口的四個角落原本高聳的房子，現在都已被打成碎片，感覺是被巨人衝撞過的樣子。透過殘壁，他可以想像當初坐滿打字辦公的員工，如今卻空無一人的辦公室。他的視線慢慢往一旁繼續移動，還看見了公寓內的壁紙，以及通往那早已坍塌的樓板的樓梯。

那些房子顯然已經變成廢墟，而街上其他的地方呢？

一輛灰色的汽車停在路邊，它的車頂在不久前才剛被砲彈，或者是轟炸機丟下的炸彈掀開。可能不久前還駕駛著該車的德軍士兵，現在就橫躺在車旁。他生前所穿的黑色靴子、灰色褲子雖然還在腳上，但上半身已經被炸彈炸得無影無蹤。

克拉倫斯被告知，所有動力載具現在都被德軍所徵用，自從德國汽油短缺後，平民也不得購買汽油。

對於戰車射手而言，現在的接戰規則變得十分簡單了：**射那些會動的就對了**。

在砲塔內的羅爾夫非常焦躁不安，他很想要弄清楚轉角後的狀況，但他右側的五層樓房子卻遮蔽住了視野。

美軍已經在十字路口對面集結了嗎？他們會一次一兩輛通過，還是一起衝過來呢？現在只有一個辦法能知道了。羅爾夫要求駕駛稍微往前開，好讓他可以一窺轉角後的狀況。抓著機槍的古斯塔夫覺得這主意爛透了。駕駛聽命入檔、稍微往前後又馬上停止。

砲塔上的羅爾夫咒罵了一聲後便馬上下令倒車，顯然是看到什麼恐怖的景象。古斯塔夫就連推開頂蓋一探究竟都來不及，戰車又退回到陰暗處。車內的所有人都在問羅爾夫到底看到了什麼。

羅爾夫跟大家說：「一輛美國戰車。」

「他有看到我們嗎？」

羅爾夫不敢肯定。

「是雪曼嗎？」

羅爾夫沒有回答這道問題，他完全認不出那到底是美軍的哪一種戰車。

——

克拉倫斯咒罵了一聲，嘆息沒能抓住稍縱即逝的機會。

剛剛那輛德國戰車從左邊冒出來時，他雖然看見並馬上將主砲往左搖，但就在砲塔全速轉動、十字絲即將對準戰車時，德軍戰車馬上退進掩蔽物後了。

那顯然是一輛德軍戰車，但克拉倫斯不知道是什麼型號。

拿著望遠鏡探查前方的恩利，也同樣沒辦法從他的位置看見剛剛消失的敵戰車。「你確定嗎？」他問克拉倫斯。

克拉倫斯回：「相信我，他就躲在那棟建築後。」

恩利要求其他雪曼繼續待命。

克拉倫斯將十字絲對準他最後看見那輛戰車的位置。

再探出一次試試看。

他的食指輕輕地包在了擊發鍵上。

——

古斯塔夫的眼睛貼在照門前，全身不斷在顫抖。

他們現在簡直是待宰的羔羊，美國戰車肯定已經發現他們了。對方不用冒險開過十字路口，只需要派拿著巴祖卡火箭筒的步兵就可以幹掉他們了。

古斯塔夫用他的MG34機槍對準十字路口，瞄向敵人接下來可能出現的方向。街道的那一端散落著一團瓦礫和鋼樑，看起來就是很適合巴祖卡小組藏匿的位置。

他的槍眼視野比拇指還小，準星被刮傷，視野很糟糕。他似乎發現有步槍槍口在瓦礫堆後方晃。儘管不確定，但他還是恐慌性地朝那方向打出了幾發綠色曳光彈，讓瓦礫堆噴起了一堆煙塵。

「是什麼東西？」羅爾夫問。

古斯塔夫跟他說疑似看到了美軍步兵的槍口。

「那你就打啊！」羅爾夫回。

古斯塔夫緊扣扳機左右掃射，將一連串子彈撒在瓦礫堆上，再讓磚瓦爆成無數的破片噴向疑似躲著美軍的位置。

煙霧與瓦礫碎片劃為一團煙霧，綠色曳光彈又從中鑽出。

——

克拉倫斯被眼前的景象給激怒了。

德軍的綠色曳光彈傾瀉在一團無害的瓦礫堆上，看來如果不是敵軍被嚇壞了，就是想要分散美軍的注意力。

面對隨時可能再次出現的德軍戰車，克拉倫斯全神貫注看著潛望鏡，不敢眨眼皮。他耳裡只剩引擎規律的怠速聲，在他的眼中，周遭的黑框逐漸擴大，壓縮了他的視野。

他的汗珠從頭盔的皮製護耳滲下，滑進了羊毛上衣和夾克之中。戰車內所有人不發一語、蠢動，唯有車內通話系統傳出的靜電聲。

砲膛內那枚穿甲彈，靜待克拉倫斯扣下擊發鍵的瞬間，撞針衝擊底火的位置。

——

往東遠處，一輛黑色歐寶P4轎車[29]朝十字路口疾駛而去，它的輪胎在已經被過度使用而崎嶇不平的道路上彈跳，並在後方捲起一陣陣的泥塵漩渦。

坐在副駕駛座上的是二十六歲的凱瑟琳娜·艾瑟（Katharina Esser）[30]。

深色的頭髮披在她的肩膀上，扁平的眉毛勾勒出溫順的棕色眼睛。她穿著一身紅色的短款外套、褲子還塞進靴子裡，一副要去遠行的樣子。

四姊妹中排行老三的她[31]，負責照顧家裡的老弱，而在科隆平民大規模開始撤離前，她除了照顧病父外，還會帶姪女與姪兒，推著他們的滑板車到公園散步。在科隆一間小雜貨店工作的她，希望有朝一日可以為人母親，並取得家政經濟學位。

在凱瑟琳娜身旁緊抓方向盤、猛踩油門的是四十歲的米契爾．德林（Michael Delling），是凱瑟琳工作的雜貨店老闆。

儘管科隆城內的平民都不能開車了，但因為德林的工作對整體軍工業有其重要性，因此政府特許他使用車輛，不過只有執行公務時才得使用。

然而今天開車並不是要載運貨物。

凱瑟琳娜和德林兩人決定，與其枯坐在防空洞裡等著被盟軍解放，面對命運未知的未來，不如賭一把衝向大橋，看能不能來得及逃回萊茵河右岸。

沒人知道他們是沒聽到橋樑坍塌的聲響，或者是想試看看橋樑的殘骸是不是還勉強能夠通過。大家唯一知道的是，根據目擊者的報告，凱瑟琳娜——應該是迫於恐懼——驅使他做出過橋的意圖[32]。

凱瑟琳娜的其他三個姊妹[33]都在戰爭中成為寡婦。最近期的一個，是她在十一天前失去了丈

凱瑟琳娜．艾瑟

夫佛里德爾（Friedel）的妹妹，凱瑟琳娜甚至比她妹妹還要早得知消息。

「親愛的爸媽[34]，」凱瑟琳娜寫給正在城外避難的父母親的信中提到：「我很感激收到您們的來信，但我接下來要告知的可能會很令人震驚，我上個聖誕節寫給佛里德爾的信已經被軍隊送回來，上面註記了這是陣亡將士的信件。」

此外，她原本也想前去慰問住在特蒙德（Dortmund）的妹妹，卻無奈沒辦法買到車票。信件的最後，凱瑟琳娜寫道：「現在的生活只剩下苦難，我不覺得未來會有什麼改變，大概不用太久，我們就會開始羨慕像佛里德爾這些已經逝去的人，他們已經遠離這一切的災厄。」

——

緊盯著十字路口的克拉倫斯，突然間注意到了一個正在高速移動的黑色影子從左邊疾駛而來。

「德國軍官車輛！」恩利見狀後喊道。

佈滿了髒污灰點、看起來就像上了迷彩塗裝的黑頭車，正以最高速衝向十字路口中央。克拉倫斯反射性地用拇指扣住擊發鍵，敲響了同軸機槍，打破了壟罩已久的寧靜。

火熱的橘色曳光彈追著汽車跑、撒在車尾後方接著彈飛到街道上，克拉倫斯依據彈著點拉出更大的前置量。但就在他完成調整前，汽車突然緊急左轉，衝向了德軍戰車。

它要逃跑了。

克拉倫斯馬上將砲往回搖，再次扣下擊發鍵，並在車尾留下如鞭笞般的火花。

當曳光彈還在空中穿梭時，車子開始失控了。

當橘色的光柱甩在戰車前方時，古斯塔夫反射性地縮了一下。

「準備好了！」羅爾夫喊道。

古斯塔夫緊咬牙關、緊抓著手中的機槍。如果接下來美軍戰車出現，他唯一的選擇也還是扣緊扳機射擊。

一個被大量橘色光柱追逐的黑影突然從右方衝出，緊張的古斯塔夫扣下扳機，機槍的槍口也朝黑頭車撒著綠色曳光彈。

綠色與橘色的曳光彈交織成火網，將黑頭車團團包圍。在擋風玻璃被炸飛、車尾窗被射碎後，那輛車失控地撞上了最近的道路邊緣。

機槍槍機在古斯塔夫放開扳機後也跟著開放後定，陣陣從槍管上冒起的熱氣模糊了他的視線。空氣不再扭曲變形時，他不可置信地看著眼前的畫面。

在停止的黑頭車旁，明顯死亡的駕駛癱倒在輪胎邊。

德林的汽車通過十字路口時，被曳光彈追著打

古斯塔夫惱火極了，**為何有人會把車開上戰場啊！**
不管是軍人或平民，都不應該在這裡開車啊！
車子的右車門打開，一個人掉出來躺在路邊。
古斯塔夫看到那人的頭髮竟是捲髮。
一個女人？

——

克拉倫斯也看到那輛車的車門打開了，但瓦礫堆讓他無法看清細節。他不知道是自己將那輛車打到停下來，還是駕駛自己停車。

他還有另一個更迫切的問題，剛剛噴出的綠色曳光彈代表德軍戰車還在原位，只是在他沒辦法看到的地方等待著。

克拉倫斯現在面臨生死關頭，他們的命令是持續推進到萊茵河畔，不可能一直耗到敵人自己出來為止。但如果他們前進，那就是讓德軍戰車開第一槍了。在別無選擇的情況下，他必須做些什麼好避免自己吃砲彈。

「摀耳朵，」克拉倫斯大喊，是通知其他人他等下就可能開火。他推估了一下敵戰車躲藏於房子後的位置，將十字絲瞄到那裡。

在震耳欲聾的砲聲中，一發穿甲彈應聲而出，直接貫穿了房子的牆壁，讓一些磚塊從建築上方掉落。

「沒命中，」恩利回報。

德里吉將另一枚砲彈裝入砲膛，讓克拉倫斯再開第二砲。

這次除了更多磚塊掉下來外，看起來也沒有命中。這棟房子歷經空襲之後已經搖搖欲墜，剛剛那兩砲讓它看起來即將坍塌。克拉倫斯仔細一看，發現每一次射擊，都讓房子的上層結構以固定的模式掉下磚塊。

磚塊，它們正掉向敵軍的戰車。

他發現了新的辦法了。

克拉倫斯開了第三砲後，對德里吉大喊：「繼續裝填！」

在砲塔頂部的恩利保持沉默，他知道克拉倫斯發現了可以解決眼前困難的辦法，但這個辦法到底是什麼呢？

克拉倫斯對著同個牆壁破口持續開砲，每一發都略往左邊開洞，砲塔籃內堆滿了正在冒煙的彈殼。

滾滾煙塵從房子一樓吹出，克拉倫斯仍不斷開砲，將眼前那棟房子的牆垣一點一點地切斷。在猛轟之中，大片磚塊從外牆倒塌，整體結構也開始瓦解，整片四層樓高的磚牆瞬時迸裂並向後傾倒。當克拉倫斯打出最後一砲，房子的上層結構也跟著爆成無數飛散的磚瓦。

看向那垂掛著電車線的街道，恩利簡直不敢相信自己的眼睛。那房子竟然被克拉倫斯活生生地切剩了一半。

——

在一片黑暗中，古斯塔夫雙手緊抱頭頂縮在座位上。

坍塌的房子猶如雪崩般壓垮在他們的頭頂上，戰車的車頂發出被大小磚塊撞擊的聲響。沙塵湧入了車內，不僅遮蔽了所有光線，也讓所有人蒙上一層灰、開始咳嗽了起來。

當大家開始反應過來，且意識到美軍戰車即將衝上來幹掉他們時，所有人都陷入了一陣恐慌。羅爾夫命令駕駛手馬上倒車，開出這個已經坍塌的房子。

射手測試砲塔能否正常運作，砲塔聞風不動，只有不斷發出研磨聲的方向機還能作動。看來磚塊卡進了砲塔與底盤間隙，將砲塔徹底鎖死。

古斯塔夫試圖推開頂門蓋，但一點動靜也沒有。他再使出吃奶之力、嘴巴咕噥著全力向外推，即便雙手已緊繃地顫抖，頂蓋仍牢牢卡死在原位。再一次，古斯塔夫被卡在他的無線電手席上。

他的呼吸更加急促，周遭感覺變得無比狹窄。這次他將肩膀抵在頂蓋上，用全身的力量向上頂，壓在上方的磚塊終於位移，讓頂蓋向外甩開。古斯塔夫吸了一口新鮮空氣，接著察看四周，因不確定美軍在哪，馬上就躲進車內再緊閉頂門。

從車長塔內起身的羅爾夫似乎在吼著車外的人，原來是一名平民好奇地靠近查看到到底是怎麼一回事。經過短暫交談並趕走平民之後，羅爾夫蹲進砲塔、關上頂門蓋。

「大橋被炸掉了，」羅爾夫說。

古斯塔夫難以置信地不斷追問他細節。羅爾夫說那位平民非常確定大橋已經被炸毀了，他們是引擎的聲響而沒有聽到爆炸與橋面垮掉的聲音。

大家聽見這個消息之後，一時之間不知該如何反應。

平時安靜溫順的古斯塔夫，頓時全身顫抖，心中燃起了一把熊熊的怒火。

他們竟然幹這種事！拋棄了我們！

車內有其中一人提議乾脆讓戰車繼續後退，退到跟街道垂直的角度上，等美軍自己撞進火線。

「然後呢？拿石頭丟它們嗎？」羅爾夫回。

這時射手提醒他，戰車的砲塔雖然卡住了，但主砲還是可以朝前射擊，他們可以像突擊砲那樣靠履帶轉動方向來瞄準，對方不一定知道他們轉移了陣地，搞不好可以給美軍戰車來個出其不意的打擊。

古斯塔夫不敢相信這些人還想再繼續打。就算他們的策略奏效，接下來他們就會被數量龐大的美軍給吞沒了。

這時，車內又有另外一個人同意了這個自殺計畫。

古斯塔夫的精神已在崩潰邊緣，他剛剛才誤殺了無辜百姓，且還是自己的國人。其他人竟然還想要冒著全車的生命危險，去賭賭看能不能拚掉一輛美國戰車？

「這根本就沒有意義！」古斯塔夫怒吼著。

有人聽見後立即臭罵古斯塔夫一頓，提醒他大家都有軍令在身。

古斯塔夫知道跟其他人爭論沒有用，他直接跟羅爾夫說：「我們還欠他們什麼？他們把我們留在這裡等死啊！」

下定決心要在這輛戰車上光榮戰死的羅爾夫，此時卻保持了沉默。

已經不重要了。古斯塔夫這位年輕的無線電手，全心全意地為他的家人、同袍和國人盡責，但一直以來他都忘了一個人，那就是自己。

對於自己，他也應該盡到責任。

羅爾夫雖沒有下達棄車，但古斯塔夫心意已決，他不想要再當第三帝國的爪牙了。他推開了頂門蓋，準備跳出頂門前，轉頭看了看羅爾夫這位整場戰爭中僅存的朋友。

「來吧羅爾夫！幹嘛要白白犧牲呢？」話一說完，古斯塔夫丟掉耳機，然後逃出了戰車。

古斯塔夫衝到戰車後方最近的一處街角後，停了下來。他不確定接下來要往哪裡走。對於一個被禁錮已久的人而言，自由是一件很新鮮的事情。

從車長塔內探出身子的羅爾夫，看見古斯塔夫的當下即雙手一撐，將自己撐出頂門外，接著從引擎蓋板後跳到街道上。古斯塔夫看著羅爾夫衝過來，心裡有點膽顫心驚，他不確定朋友是要衝過來懲罰他還是加入他。

「走吧！」羅爾夫說完，便抓起古斯塔夫的手臂走了。兩人沿著街道跑向其中那棟門口站著平民的房子。大家還揮手示意要他們進入門內避難。

兩人迅速衝向了避難所。

但在他們身後，四號戰車在瓦礫堆中做一個迴轉後，便自己開向了新的作戰陣地。

那輛戰車與車上的三個人，往後再也沒有人知道他們的下落。

——

看來克拉倫斯的計畫奏效了，他們正安全地通過十字路口。

潘興停在剛剛那輛被掃射的車後方約五十碼。

克拉倫斯瞄向遠方聖格里安聖殿教會（St. Gereon's Basilica）的方向，準備好對付任何可能從轉角冒出來的威脅。

左邊已坍塌的房子中，步兵正在搜看有沒有戰車被埋在瓦礫堆下。克拉倫斯非常慶幸能早一步發現敵人的戰車。如果不是這樣，想到他們直接開過這棟房子可能會發生的情況時，一股寒意便不由自主地從脊椎竄上。

他的眼神往下對到那輛已經被打得稀巴爛的汽車殘骸，它雖然是民用版的歐寶P４型，但也常為德國陸軍所用[35]。眼見所及，子彈已經打爆了後窗並在後車廂上穿出了許多彈孔。

克拉倫斯此時驚訝地發現，他以為車上的那些迷彩圖樣，其實只是沾染在黑色板金上的灰塵而已。

三個醫護兵走向車邊，發現駕駛座上的男子早已頭部中彈身亡，副駕駛座旁還有一個乘客躺在路邊。當醫護兵在照料那乘客時，路過的步兵都轉頭看著他，克拉倫斯也順著大家的眼光看，只是被車子擋住了而無法看見地上的是什麼人。

醫護兵將那人翻過來，克拉倫斯撇見了長長的捲髮，雖然只有一閃而過，他也不確定自己看到了什麼，他心裡突然冒出了這樣的疑惑。

我打中女人了嗎？

各種思緒揪著心頭。她傷勢很重嗎？她到底在幹嘛呢？接著克拉倫斯想起來了，在科隆能開車的只有納粹。

這對男女膽敢駕車穿越戰火，想必是在逃離什麼，也許他們是一對太晚逃跑的金雉雞？不知道那個男的是不是將軍，那個女的是不是他的秘書。

克拉倫斯試著撇開任何的罪惡感。

不論她是何許人，肯定是跟壞人一夥的吧！

——

在潘興後方，查克．米勒透過直管鏡看著前方的人流。

看起來傷者已經回天乏術了，那些臉上十分沮喪的醫護兵，站起來後又遠離，這讓查克終於能看見剛剛醫護兵試圖救治的那人。那是位蜷曲著身子，看起來已經死去的年輕女性。

根據之後在場的民眾口述[36]，他們看見那女人曾經想幫助中彈的駕駛，但她自己也被子彈射中。

一名醫護兵從車內拿出了長外套，從腳底覆蓋到她的肩膀上後才離開去幫助其他人。

女死者的臉轉向了查克，眼神既呆滯又無神。這不僅讓查克想起了他的其中一個妹妹，查克懷疑她是否真的死去了。

突然間，她的眼睛眨了一下

這不只嚇得查克從潛望鏡向後一退，罪惡感和恐懼感齊發。感覺就像那女人抓到他正看著自己死去的過程。

查克不會告訴克拉倫斯，他不會這麼做，那個科隆最幽暗的深處——一個沒有美國官兵想去的地方——還在前頭呢。

他心裡非常清楚，坐在潘興戰車內的那群人，也是他自己能安全回家的最大希望。

在這座要塞城市，沒有人知道在轉角會碰上什麼狀況。

第十七章　怪獸

稍晚，午後大約兩點
科隆

大家一直以來共同奮戰的目標，終於近在眼前。

在一條狹窄的街道上，兩輛雪曼謹慎地[1]朝太陽落下的方向緩緩推進。前導雪曼的車側掛滿了自救木，車長伏低在車長塔上，保持警覺地觀察周遭。街道的盡頭，他們已經可以看見大教堂的部分結構與它華麗的廣場，同時也能看見部分的火車站，但他們還沒有脫離險境。

事實上，現在開始反而是最危險的。

按照計畫，推進到萊茵河畔的前鋒應該是由潘興擔任，但這輛超級戰車在十字路口與敵人交火而延遲了進攻節奏，故現在輪到F連的雪曼戰車接下這個任務。

F連佔領了大教堂後[2]，B連那些正在集結的史都華輕戰車，就會朝向萊茵河畔做最終攻擊，這兩個連也將享有攻克科隆這座要塞城市的榮光。但在那之前，他們前方街道兩側的房子已大規模坍塌，從側面滑下的瓦礫堆讓道路寸步難行。他們必須想辦法繞過去。

指針已經凍結在六點半的街道時鐘下方，前導的雪曼停了下來[3]，第二輛雪曼往左轉，開到與它平行的位置。砲塔上的卡爾．凱爾納少尉（Karl Kellner）正在觀察是否有辦法可以繞過那些障礙物。

凱爾納是一個有虔誠信仰，髮際線往後退，戴著一副細框眼鏡的二十六歲男子[4]，看起來非常適合當神職人員。不過，在威斯康辛州希博伊根市（Sheboygan）的老家，他只是一個在傑瑞米樂食物市場工作，有著一位期盼他早日返鄉的未婚妻的普通人而已。

如果問到誰最有資格成為第一個抵達大教堂的人，那恐怕非凱爾納莫屬。他在諾曼第作戰時就獲頒銀星勳章，兩度因戰傷進了醫院，兩週前才獲准「戰地特許任官」[5]管道升為少尉。

看來前方的路是完全無法通行了，凱爾納只能呼叫裝有推土鏟的雪曼[6]來清道，看來這個率先衝到教堂的榮耀時光要再等等了。

在附近房子的門廊內，手抓攝影機的隨軍記者安迪．魯尼中士（Andy Rooney），身材矮小但非常結實，跟能看準時機出拳的拳擊手一樣，他也準備好記錄這個「重大新聞報導」[7]最高潮的時刻。魯尼——注定要在電視崛起的年代大放異彩——不是普通的新聞記者[8]。身為《星條旗報》的記者，他曾搭乘B－17轟炸機參與過戰鬥任務。他還曾在諾曼第時跟傳奇性的戰地記者恩尼．派爾（Ernie Pyle）睡在同一張帳棚下，一同報導了解放巴黎的關鍵一刻。

在他身後，其他記者已經在討論教堂周遭的高級旅館，並準備等下衝進怡東酒店

卡爾．凱爾納

（Hotel Excelsior）的酒窖[9]好好尋寶。魯尼的直覺告訴自己，那些人討論得太早了，這段攻佔科隆的故事還遠遠不到畫下句點的時候。

毫無預警的情況下，一發砲彈從火車站內打了出來。

左前方的德軍戰車開了砲，綠色閃電以極高的速度穿越房子的廢墟，接著重擊在凱爾納的雪曼戰車砲盾上[10]，朝車內射手腿部撒出了一堆破片。

在宛如低沉鐘響的撞擊聲休止前，第二發綠色閃電又打到了戰車上，彈著點幾呼跟前一發重疊。雪曼車內的彈藥瞬間殉燃，所有頂門蓋都被強大的爆炸波給炸開。

另一輛雪曼的駕駛雖然馬上入檔倒車，但一切已經太遲了，這時一發綠色閃電打向了他並從右履帶前方穿入、後方穿出[11]。儘管那輛雪曼僥倖逃離了德軍的火線，但右履帶斷了，只能不斷地向左後轉，一直到左邊的房子完全檔在它們與敵戰車之間，所有人才從車內跳出來。

殉燃之後，綿延細長的白煙從凱爾納的雪曼上飄起。此時凱爾納抓著卡賓槍，從頂門蓋上爬了出來，頭頂上已不見頭盔的他，費力將自己挪出砲塔，丟下了卡賓槍，接著跌落到了引擎蓋板上。他的左腳膝下已經被強大的外力截斷，傷口還冒著煙。接續從他身後跑出來的射手，臉部朝下爬離砲塔，盡可能避免暴露在敵人的射界之內。

凱爾納一路滾到引擎蓋板後的邊緣。因沒了一隻腳，他根本無從安全落地。一名醫護兵、剛剛逃出另一輛雪曼的戰車兵以及魯尼三人向前猛衝[12]——幾乎是同時——伸出援手。他們同時將凱爾納給抬到安全之處，然後將他安置在一堆的破瓦礫堆上。

根據一位旁觀者說，魯尼將凱爾納已經「分不清哪裡是肉身和骨頭」[13]的腳抬高。一位戰車兵脫去了自己的夾克，將袖子緊緊綑綁在大腿上想要止血。魯尼抱著他時，他的雙眼失焦地看向魯尼，逐漸失去了生息。凱爾納的出血量實在太大，現場根本沒有止血帶可以挽救他的命運。最後，凱爾納在弟兄的手中蒙主寵召。

「我不曾在人嚥下最後一口氣的時候在場[14]，」魯尼寫道，「當我知道時，卻不知是該哭泣或嘔吐。」

凱爾納的車首機槍手彷彿車禍倖存者，六神無主地到處徘徊，他不知道自己和射手是怎麼活下來的。一名記者記得他口中不斷念念有詞地說：「我不知道我怎麼出來的[15]……我不知道他是怎麼出來的，那個狗娘養的。」

不久後，凱爾納的父母和他的未婚妻西西莉亞（Cecelia）將收到陸軍部的電報，告知他們凱爾納殉職的不幸消息，但地點卻僅僅標註「德國的某處」[16]。

砲塔內，凱爾納的裝填手被炸成碎片。駕駛手一兵朱利安．派翠克（Julian Patrick）[17]是家中四個參戰兄弟中最年輕的一位，死時手握戰車駕駛桿，還是坐在敞開的頂蓋下方。他的頭盔被往後掀，鼻血痕已經凝固，其中一隻眼睛還半開著。

這時，有輛豹式戰車往廣場緩緩逼近，嚇得魯尼和其他人開始逃跑。殺手找上門來了。

——

豹式戰車經過了大教堂，在廣場的角落停了下來，面對著兩輛被棄置的雪曼戰車。它從鐵路涵洞開了出來[18]，脫離了陰影的掩護，重新讓光線照射在自己身上，像是隻在戰場上宣示自己王者地位的猛獸，它的主人：車長也同樣顯露在陽光之下。

最後的戰場。火車站就在大教堂的左側，在那後方是萊茵河

巴特爾博思高高站立在砲塔之上。

無橋需守、無橋可用的情況下，德軍士兵絕望地開始泳渡萊茵河，他們用門板和木板當成簡易浮板，嘗試游到河的另一畔。巴特爾博思和他的車組員做了不一樣的選擇。

在那輛豹式內，巴特爾博思從未命令他的人[19]要戰到彈盡援絕為止。

他也不需要。

因為他們已經選擇要奮戰至死。

——

三百碼外的那條街上，潘興還在科隆的華爾街怠速著。

停在設有古典希臘風格雕像的德國商業銀行（Commerzbank）入口旁。在距離只有兩個街區的路口盡頭，他們看見火車站標誌性的拱頂和已經被大火燒過的柱架。

潘興內，克拉倫斯和其他人聽著無線電對話的內容。他們最後聽到步兵被派去獵捕那輛在廣場移動的德軍戰車。

這時，有人用著比引擎聲還大的嗓門，在潘興外喊著：「嘿！包伯！」

恩利探出了頂門，看到他的朋友、手持一台小型電影攝影機的技術下士吉姆・貝茨（Jim Bates）。

二十八歲，有著厚厚的臉頰與深色頭髮、身材矮小但意志高昂的貝茨，隸屬第一六五通信攝影連的戰鬥攝影師。他是那種嘴上叼根雪茄，在國內煙霧繚繞的新聞室中可以過得很自在的人。貝茨好心告訴恩利，現在正有輛「怪物」戰車正防守著教堂，雖然恩利早就知道了。

「你在轉角就可以看到他了！」貝茨說。

恩利思考了一下，接著告訴克拉倫斯他準備下車實施徒步偵察。

「什麼？」

這太胡鬧了！克拉倫斯提醒恩利，潘興本

吉姆・貝茨

身的位置就是前線，再過去是沒有友軍部隊的。恩利堅持要下車去看，他想要親眼確認他們要面對的將會是那種情況。

他從潘興跳了下來，然後跟貝茨商量。「吉姆，看看我們能不能親眼[20]看見那輛戰車，」恩利說道，「不過我也不知道接下來會遇到什麼，搞不好回不來了。」

恩利與貝茨沿著街區，穿越到處都貼滿心戰海報[21]的無人區——這裡一張海報，描繪著一個德國工人正用鉚釘槍打在鋼鐵上，另一張，畫著如影隨形的盟軍間諜，提醒大家保密防諜的重要性。

攝影師貝茨渡過了無數驚險的時刻。他在D日（D-Day）時與八十二空降師一起跳傘，在阿登突出部之役坐進史都華戰車的車首機槍手席內，為的就是要拍到最好的畫面。他無畏無懼的工作態度，使得所拍攝的作品能優於其他人的原因。

當走到在街道底端左邊時，他們進入了德國勞工陣線大樓（German Labor Front Building）同時也是德國貿易工會的總部。只要再超過這裡，豹式戰車就可能會發現他們，兩人因此小心翼翼躲在大樓內。

從樓梯間夾層的窗戶，他們可以看到一輛沙黃色的豹式，正停在兩條街外的廣場轉角邊。它的主砲仍然指向凱爾納被擊毀的雪曼，彷彿對那些膽敢學凱爾納前來挑戰的人，設下了最嚴正的死亡警告。

從這裡，恩利看到了他的機會。

他跟貝茨說明了他的計畫：他的戰車會繼續沿著街道往前開，砲口先指向豹式的方向，接著從豹式的視野死角賞它側面一砲。

「你可要準備好要記錄下來啊，」[22]他告訴貝茨，「當你聽到底下有引擎聲傳來時，你就知道我在哪了。」

恩利走下樓梯返回自己的戰車，貝茨繼續往上爬，找尋可以拍下這個大膽行動的最佳角度。

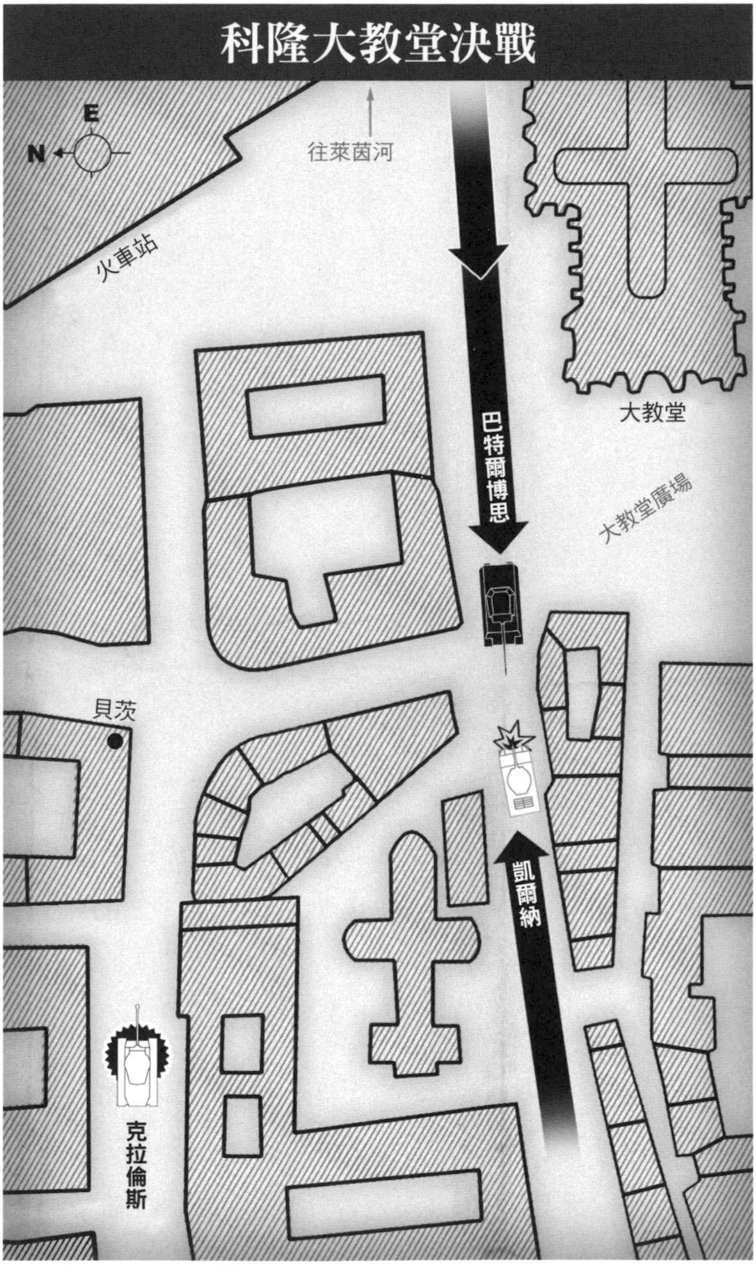

這件事情對兩人，包括對貝茨來說，都有個人因素。

在阿登時，他在史都華上遭遇到了德軍戰車，側面面向對方，且對方已經準備好射擊了，貝茨和其他車組員[23]趕忙在砲彈命中前立刻跳車逃生。貝茨的同僚就沒有這麼幸運了，到歐洲的六十五名陸軍攝影師中[24]，只有不到一半活著回家。

貝茨向窗外架好了鏡頭，準備好捕捉這歷史性的一刻。

從他第一次在諾曼第見識到德國戰車的壓倒性威力之後，已在他心中醞釀「長達九個月的不確定感」[25]，該是時候要來見真章的了。「美軍最後會擁有能與豹式正面對抗的戰車嗎？」這個問題的解答，等了也有夠久的了。

———

在豹式內，每一分鐘過得彷如一小時[26]。

水珠凝結在天花板。大家透過各自的潛望鏡觀察敵蹤，引擎的轟鳴聲淹沒了他們的思緒。

曾經是教師的巴特爾博思，自一九四一年以來就在戰車上戰鬥了，甚至還當過一陣子的教官。也許是出於經驗，又或者出於本身的直覺，他的第六感察覺到美軍可能從他意料之外的方向出現。

巴特爾博思命令射手將砲往右搖，指向了那條空無一人的街道口。

———

人在三樓的貝茨，透過窗戶看見豹式的砲塔轉向了自己[27]。他反射性地趴在地上，敵軍車長似乎發現了自己。等待了一段時間，房間沒有發生任何爆炸，貝茨再次起身窺探，卻發現了令人戰慄的事實：豹式砲口指向的位置，正好就是恩利的戰車會冒出來的地方。

貝茨哪兒也不能去。

豹式封鎖了他的逃生路線。他既不能從正門走出去，也沒有時間警告他的朋友。就算用盡全力大喊，實際上也幫不了什麼忙。

潘興很快地就要自投豹式的血盆大口了。

——

空蕩的街道上，迴盪著豹式排氣口發出的平順、有節奏的引擎聲。

巴克和排上其他人跟著布姆朝聲音來源前進，其中一人拿著巴祖卡火箭筒，另一人帶著火箭彈。很快他們來到了聲源的附近，聽起來距離僅隔著一棟房子了。

與其讓火箭筒手冒險從轉角對戰車開火，布姆命令反戰車小組進入屋內，看能不能探出窗戶發射火箭彈，給德軍戰車來個出其不意的痛擊。

一個班進入了廢棄房子，爬上滿是瓦礫的樓梯，每到一層樓，步兵就會望出窗外察看環境，但每次一的回報：「沒有發現豹式！」他們依然無法射擊。

布姆少尉要求他們繼續往上爬。

巴克跟隨著前方不斷踩踏的腳步，但他的心思還停留在花店那裡。此時，A連已經掃蕩了那棟三層樓的工廠，德軍狙擊手再沒有攻擊其他人的情況下逃脫了。賈尼基為了安撫巴克，甚至提醒他說：「這不是你的錯，只是你的頭剛好出現在他們的旁邊而已。」

但這並不是重點。

巴克氣的是自己判斷錯誤，他不應該在第二次還回到窗前，更何況是第三次。這次事件的教訓，就如同莫里斯沾染在他長褲上的血液，深刻而難以抹滅。

如果他想要在這場戰爭中存活下來，那他就必須像老兵一樣思考。

布姆搶在所有人之前來到了最高層，要再上去的話，就只有一個通往閣樓的小天窗，那裡也是這棟建築的最高處。他們必須要有人到上面，且那人還必須是身材矮小的。所有人的目光都不約而同地看著巴克。

面對大家期待的眼神，巴克憋住了嘆息聲，他知道自己逃不過擔任尖兵的命運。巴克從來沒發射過巴祖卡，他懷疑在狹小空間內發射這種筒尾噴火的武器是不是有病啊。

布姆單膝跪地，提醒巴克該上樓了。

「好啦，」巴克將他的步槍交給其他人保管，畢竟總得有勇士阻止那輛已經幹掉兩輛美國戰車的豹式繼續殺人，雖然他不是很希望能成為這個勇士。巴克踩在布姆的大腿上，布姆抓緊他的腰帶，一鼓作氣將他抬高出天窗。

巴克從其他人手裡接過已經裝好火箭彈的巴祖卡，接上了引線，再將巴祖卡放置到自己的腹部。他搖搖晃晃地向前移動，沿著天花板向下的傾斜走向俯瞰街道的窗戶，同時將巴祖卡滑到他身邊。

當他推開窗戶時，豹式吵雜的引擎聲瞬間充滿了整間閣樓。屋頂之上的巴克所在高度，令他可以水平目視大教堂。

巴克往下看向空蕩的街道時，罵了句髒話。

他們距離豹式還有一個街區的距離。

有新的聲音從下方傳來。是強勁的引擎聲混合著履帶拍打在地面上的聲音。這次是從右邊，也就是友軍的方向傳來。

巴克嚇傻了。他看見一輛美軍戰車正開向那輛待命中的豹式。難道沒有人告訴他們步兵還沒有把豹式幹掉嗎？我們需要更多的時間！

聲音越來越近，巴克不自覺地縮了一下，聽起來美國戰車兵正猛踩油門，直直衝向自己的墳墓。

——

恩利用無線電告知其他雪曼在後方等待，讓潘興獨自向前。

眼前的狀況讓潘興戰車獨自應付就足夠了。

計畫很簡單，他們開到路口的轉角，然後讓克拉倫斯發揮他的所長。

「我會瞄它的底盤打，」克拉倫斯向恩利說出了他的意圖，畢竟底盤的面積最大，是在戰場上最不容易錯過的目標。

「你想打哪裡都行，」恩利回說：「它現在毫無警覺地停在原地。」

恩利對接下來的交戰很有信心，就連七五砲型雪曼都能從側面摧毀豹式[28]。從人家的盲點把對方幹掉？

就算是缺乏運動家精神那又如何。

他們迅速逼近了路口。

位在砲塔左側的德里吉，手抱一枚二十四磅的T33穿甲彈[29]，擺好了要迅速裝填的姿勢。

克拉倫斯跟駕駛手說他要將砲口預先搖往右邊，並提醒他：「伍迪你直直開就對了。」

在大家都知道他要幹什麼之後，克拉倫斯稍微將十字絲往下瞄往敵戰車預期出現的高度，接著將那門長十五．五英尺的主砲往右搖[30]，但保持在砲口不會刮到兩側房子的角度。現在，全車的性命都掌握在他的手上，他不想冒任何的風險。雖然對方暴露出了側面且看不見他，但它仍然是一輛豹式戰車。

如果這時有一隻鳥飛過頭頂，那牠就能俯視兩輛裝甲猛獸盲目地尋找彼此。在那條街上，潘興的主砲已經指向右邊並準備探出轉角。對角線的轉角邊，靜止的豹式戰車也將主砲指向了潘興待會兒會出現的路口。

麥克維的右腳將油門補得更深，潘興也加快速度。

老菸槍屏息以待。

恩利手持著麥克風靠在嘴邊。

克拉倫斯的眼睛不放過在潛望鏡的任何一個角落，好取得最寬廣的視界。

別打歪了。這次不是他們，就是我們家要遭殃了。

潘興抵達路口，老菸槍率先看到被陽光照亮的敵戰車就在對面，且它的砲管還直直地指向自己。

老菸槍驚恐地大叫。

陷入恐慌的麥克維全力踩下油門，令潘興衝出了路口，暴露在空曠之中。

車上所有人倒吸了一口氣。

克拉倫斯從潛望鏡中見到豹式，他的心頭頓時一震。在瓦礫堆與糾結的電車線之間[31]，他看見了黑呼呼的砲口。

——

豹式內，巴特爾博思看見了一輛又黑又糊的車影[32]，從被陰影遮蔽的街道口衝出來。仔細一看，那是輛綠色的戰車，它的車型看起來低矮洗鍊，車首裝甲還是楔型的，這顯然不是雪曼戰車。

「別開火！」巴特爾博思對他的射手喊著[33]：「是自己人！」

——

克拉倫斯沒時間瞄準、等戰停好，一切都只能臨機應變。當看見十字絲落在豹式身影上的瞬間，他知道這已經是當下最好，也是唯一的機會。

克拉倫斯扣下擊發鍵，九十公厘砲的巨大砲口焰照亮了一切。

恩利全程在砲塔上目睹著整個過程。

一發橘色閃電宛如燃燒中的電線桿，直直貫入豹式的引擎室，噴濺著如雷擊般的火花。大量被砲口暴風吹起的沙塵開始擴散開來，豹式的引擎在那團煙塵裡竄出了火舌。

它的車長頂門蓋向旁邊滑開，接著一團白煙從砲塔內湧出。車長左右掙扎著要掙脫出來，並利用戰車作為掩護往一旁跳到地面上。同時間駕駛在爬出後翻滾到底盤的另一側再跳下車。

潘興內的克拉倫斯無法判定是否有命中豹式。由於九十公厘砲的暴風實在吹起了太多煙塵，他只隱約看到豹式的輪廓，既稜角分明又有威脅性，且砲口還是指著他。

「再一發T33！」克拉倫斯大喊。

德里吉立刻將手上那枚砲彈往砲膛內送，同時克拉倫斯沿著豹式的底盤往右瞄，並在砲塔環下緣處停了下來。在他的食指緊扣擊發鍵後，透過煙塵，他可以看見豹式的側面噴出了一大團火花，看起來就像被一根超大的鑿子給鑿中。

「命中彈！」恩利喊道。

豹式底盤側面的洞內開始射出光芒，火勢迅速從車尾蔓延到車首。

大火之中，一個慌張的德國戰車兵從砲塔頂門跑出來，接著從豹式側面翻過身去。另一個制服著火宛如「活生生的火把」[34]的士兵，從裝填手的後門逃生，倖存的他也確實是這麼形容自己。兩個人不約而同利用戰車作為掩護，逃離了現場。

潘興這裡，克拉倫斯再要求裝一發穿甲彈。也許有人會問，打這麼多發會太過頭嗎？會過度使用武力嗎？對於克拉倫斯來說，只要那輛豹式的砲口還指向他和他的家人，那些問題都無所謂了。倘若那輛戰車裡還有一個德國戰車兵可以用最後一口氣碰到扳機，對方就有機會殺掉他們所有人。克拉倫斯絕不允許這種事情的發生。

塵埃逐漸落定，他重新將十字絲往下瞄，接著對準了乘載輪和底盤間的位置。

他的食指再次扣下，在炫目的火光中，砲彈貫穿了豹式的中心部位，發出了金屬撕裂聲後，再從另一邊穿了出來。

這一次，克拉倫斯不用再懷疑對方死透了沒。

如火山爆發般的烈焰衝出砲塔，車首頂門蓋全部被炸開，原本坐著戰車兵的地方，現在全都噴出了火焰。宛如從巨大噴燈中噴出的火炬，高度達到了戰車的兩倍高。光用看的就讓克拉倫斯感到灼熱。

陣陣火光從豹式底盤側面的三個彈孔內噴出，射手的瞄具也間歇性地閃閃發光，看起來就像在對克拉倫斯眨眼的獨眼巨人。

在砲塔上，恩利看到覺得差不多時便下令駕駛手倒車。

潘興在引擎的嚎叫聲中慢慢退回了陰影處，砲塔內充斥著空彈殼飄散出的煙硝味。德里吉將頂門蓋打開，一一將空彈殼拋出車外。一枚、兩枚、三枚空彈殼掉到了街上。

潘興停了車，車組員豎耳聆聽。從轉角邊那輛豹式那裡，正傳來彈藥因高熱而殉爆的爆裂和劈啪作響的聲音。

從潛望鏡前退開的克拉倫斯，仍然身處在四十幾秒前的腎上腺素爆發狀態的震驚之中。**剛剛真的發生過那樣的事情嗎**？

德里吉、老菸槍和麥克維全都被剛才的激戰和克拉倫斯的臨場反應能力嚇得啞口無言。恩利從砲塔頂下來回到座位上，向前傾身且大喘了好幾口氣，感覺就像要吐出來。在剛剛的激戰中，恩利是車上所有人中唯一以肉身暴露在豹式砲口前的人，他所承受極大的恐懼感不言而喻。

恩利將一手放在克拉倫斯的肩膀上。

過了一陣子，克拉倫斯打破沉默，說：「剛剛真驚險。」

「真的驚險，」德里吉同意道。

克拉倫斯再次望出潛望鏡並搜索威脅。恩利站穩了腳步，手肘放在砲塔外重新觀察敵情。

往周遭建築的屋頂後方一看，從豹式殘骸冉冉上升的黑煙看起來就像維蘇威火山噴發的火山灰。

——

時間大約是下午三點，德國勞工陣線大樓內走出一人，接著他全速衝往潘興戰車。

貝茨奔跑著，對著恩利大喊：「我覺得我有拍到！」

「什麼？」恩利疑惑地問。

儘管九十公厘砲的震波晃動了他的鏡頭，但貝茨還是拍下了兩輛戰車的對決。他現在只需要最後一個畫面：潘興戰車兵的合影。

「不用一分鐘就可以了，」貝茨向恩利保證道。

恩利張望四周，看到其他三輛雪曼正緩緩從後方逼近，覺得夠安全後，他用麥克風發話，接著所有頂門蓋都打開，裡面的車組員一個

潘興戰車全體車組員

接一個鑽了出來。他們身後的背景是充滿彈孔的樑柱與被往內炸開的窗戶。為了讓克拉倫斯出來拍照，恩利爬出了頂門站在砲塔旁，克拉倫斯則站在了車長席上。

所有人就定位後，貝茨便開始錄影。

麥克維的視線掠過攝影機[35]，目光似乎放在千碼之外，老菸槍叼了一根菸，恩利看起來老神在在，貝茨要他稍微將頭盔往上抬一點，免得陰影蓋住了他的臉。德里吉擠出了一個緊繃的笑容，至於克拉倫斯則靦腆地微笑。

對貝茨而言，這群戰車兵給德國帶來了強而有力的訊息。在納粹蹂躪了波蘭和蘇聯後，那些人彷彿說道：「你們的城市和人民也會遭受同樣的待遇。」[36]

如貝茨所保證的，一分鐘不到的時間，他便完成了拍攝並蓋上鏡頭蓋。

那群戰車兵又可以繼續戰鬥了。

——

四輛戰車勇猛地繼續朝已經被炸斷的霍亨索倫大橋前進。

潘興與三輛雪曼的主砲平均分配了整個半圓的射界，準備掃除那些在火力口袋內膽敢反抗的敵軍。

在陰冷的午後，恩利命令全排停在火車站的分軌線前。

潘興車內，砲塔方向機穩定地發出噪音。克拉倫斯持續搜索那些可能危害他們的威脅。

但一無所獲。

火車站冷清又空曠。陰暗的萊茵河流過已經坍塌的大橋拱型結構。大教堂宛如這座死亡之城的墓碑。

下午三點十分，恩利將麥克風拿到嘴邊，公告他們已經開抵德國的神聖之河畔[37]。「再靠進一步的話我們都得游泳了。」

在他放掉發話鍵前，全車的人就已先歡聲雷動了。克拉倫斯和德里吉，麥克維和老菸槍，所有人都大聲歡呼並彼此握手，只有高站在砲塔上的恩利，腦中仍被剛才的生死一瞬間所糾結。

克拉倫斯從潛望鏡前退開，眼睛上還烙著緊貼瞄具膠墊的印痕。他點起了一根菸，深深地吸了一口。

科隆是他們的了。

當天傍晚

受損的地下室內，四面都是刷白的牆壁，閃爍的蠟燭照亮著床鋪和其他的家具。坐在桌邊的古斯塔夫與羅爾夫注意到了外頭的噪音。

除了他們以外，這裡還有一對老夫婦與兩位年輕女性，他們都很慶幸戰爭就快要結束了。平民將他們的麵包分給了那兩個戰車兵，好讓他們冷靜一下。這無法讓古斯塔夫放下戒心，他知道美軍早晚會搜查這個街區。

他待得越久越是煎熬，且更讓他擔心的是他穿在迷彩連身服下的裝甲兵制服，會害他像其他裝甲兵一樣成為眾矢之的。制服原本看起來很有威脅性的黑色，現在威脅到的是自己。上面的骷顱領章更大幅增加了他的死亡風險，他真的不知道俘虜他的人，會不會把他當成武裝親衛隊而當場槍決。

古斯塔夫原本也想過要把領章撕掉，當想到美軍可能會認為他在窩藏什麼，而讓狀況變得更加糟糕。此時，他只能希望俘虜自己的人分得出來裝甲兵和親衛隊的制服有什麼不同了。

古斯塔夫還記得他的家人怎麼對待他們的戰俘的。由於大多數男人上前線參戰的緣故，德國境內缺乏勞動力，在古斯塔夫的老家，每個農莊都有接收戰俘助農。某一天，一個年輕的俄國戰俘出現在他們家門前，他被剃光了頭，身上仍然穿著紅軍的制服，遮掩著他乾癟的軀體。

每當古斯塔夫離營放假時，他都會跟那位俄國人一起務農，而在一天的勞動後，他家會準備晚餐讓俄國人吃飽，最後再讓軍方接回戰俘營。

納粹政府對戰俘有嚴格的規定，戰俘無論如何不得與「收容」戰俘的農家同桌進食。但古斯塔夫的母親米娜（Mina），不理睬這項禁令。那個俄國年輕人跟他們其他人一樣辛勞務農。所以，他母親每一晚都準備了一張小桌在一旁，擺放了齊全的餐具，以應對官方的突擊檢查。每一晚，年輕的蘇聯戰俘跟他的家人同桌共進晚餐。*

街道上的叫喊聲將大家的目光引到了木製天花板上，其中一個老人爬上樓去查看。一會兒後，他走下來告訴大家，美軍正在逼近。為了不要危害到平民，古斯塔夫和羅爾夫決定走出地下室去面對他們的恐懼。

---

* 原註：第一批到古斯塔夫老家的是法軍戰俘，儘管納粹政府盡量讓戰俘與本國人保持距離，但某些人還是跟農家成了朋友，並在戰後再次去拜訪他們。之後才抵達的俄軍戰俘那就是另外一回事了，由於擔憂回國後會被共產黨處決，在戰後他們往往央求農家收留他們。

「小鬼，」當兩人走到樓梯頂時，羅爾夫叫住了古斯塔夫並祝他好運，不論未來如何。外頭，暮光已經降臨科隆。

一走出大門，古斯塔夫與羅爾夫舉起了雙手投降，對街的兩個美國大兵舉槍瞄準他們。當美軍逐漸靠近準備俘虜兩人時，羅爾夫便開始以英語跟他們溝通，頓時放鬆了美軍緊張的心情而舒緩了氣氛。美軍搜索了兩人的口袋，沒收了古斯塔夫的指北針。

古斯塔夫聽見鄰近平行的街道上，有一輛雪曼戰車發出行駛而過的轟鳴聲，令他不由自主地繃緊了神經。

美國大兵俘虜了兩人後，就移送給會說德語的情報官審訊。情報官詢問他們，德軍還有多少戰車在科隆。

「市中心有三輛，」羅爾夫將他所知的如實道出。

到戰爭的這個階段，已經沒有什麼隱瞞機密的必要了。科隆上下，德軍降兵如涓涓溪流般地從藏身處走出，手上揮舞著綁有白手帕的棍子。有些人出於其他原因，選擇在原地等待美軍俘虜。

教堂南側的大型防空洞內，三個陸軍攝影師與一個戰地記者，找到了從剛剛被克拉倫斯摧毀的那輛豹式逃出的戰車兵[38]。巴特爾博思的腳受了傷，他的射手臉部灼傷。第三個躺在附近的人身著焦黑的制服，看起來性命垂危，但他最後還是撐了過來，至於同車的其他人則不知去向。

古斯塔夫與羅爾夫被美國軍官審訊時，自然免不了要審查軍人證。當軍官檢閱完古斯塔夫的時候，他接著問了一句：「所以你是西線救火隊的人？」

古斯塔夫不知要如何回應，只好微笑並點了頭。在做出這個動作的當下，他的側臉吃上了一記鉤拳。美國軍官的手勁震得他步履蹣跚，他當下只能用手護著自己通紅的臉。這次，他的嘴唇緊閉，不敢再做出任何回應了。

美國軍官一聲令下，古斯塔夫和羅爾夫被士兵押送到附近的旅館廢墟中。除了他們之外，這裡關押著其他在當天被矛尖師俘虜的三百二十六名德軍戰俘[39]。為了便於管理，美軍要所有人都坐在旅館的走廊上，背對著手持手電筒的士兵。

夜裡，古斯塔夫的腦海還是不斷回想白天的畫面。車門晃開、一個女人的頭髮散開。在戰場上，她的出現毫無道理與邏輯，卻成了最困擾古斯塔夫的事情。

我有射中她嗎？還是美國戰車射手幹的呢？

也許，他再也不會知道了。

也許，他最好永遠也不要知道。

第十八章　征服者

隔天早上，一九四五年三月七日

科隆

破曉之時，克拉倫斯悄悄走近大教堂，雖然他之前就常從砲塔的位置看見了它鋸齒狀的外牆，但他還是想親自靠近一點看。

在新一天的晨光中，大教堂的尖塔看起格外雄偉。

克拉倫斯穿越了教堂前既陰暗又空蕩的廣場，接近那高聳的對開大門，按規定他並不能走進去。基於德軍和美軍不成文的協議，德軍既沒有在戰鬥中用大教堂做為觀測點，美軍在佔領了科隆後也有默契地不利用大教堂做為軍事用途。

基本上沒人守在門前，克拉倫斯還是走了進去。

彩色玻璃已經被移除、長椅也已消失，曾經是禱告的善男信女們坐著的地方，現在只剩下瓦礫堆。即便這座教堂已殘破不堪，陽光從上方射向遠處的祭壇時，一股無法形容的神聖感仍直入人心。

克拉倫斯脫去了他的小帽。

他接下來還有最後一件事情要做。

走出超過五百步之後，他站在北塔俯視整座頹廢的城市，在強風下的他手壓著小帽，感謝上帝在這段時間以來，讓他能安全走到這一步。

——

他們擊敗豹式的消息很快就傳遍了大街小巷，每個記者爭相想要訪問這群科隆的英雄們。當天早上稍後，天氣不錯，記者聚集在潘興停放於火車站廣場邊的邊街上，將克拉倫斯和其他的車組員給團團圍住。

陸軍通信團（Army Signal Corps）想要為恩利錄製一段《陸軍時光》（*The Army Hour*）[1]的廣播節目在美國放送，貝茨則在動身前往巴黎前[2]為大家拍攝靜態照片。所有人中，記者最想採訪的是擊倒豹式的英雄。

面對蜂擁而至的關注，克拉倫斯十分緊張。

其中一名記者撰寫《殺死怪獸》[3]的報導，所有人都瘋狂地想知道「你到底怎麼擊敗他的？」

克拉倫斯並不知道自己是怎麼辦到的。豹式在那個當下其實可以輕易奪走他們的性命，但不知出於什麼原因，對方射手並沒有扣下扳機，克拉倫斯因此可以說是贏得莫名其妙。但他怎麼可能對記者說出：「那時不是你死就是我活，而我只是先扣下扳機而已，」這樣的話呢？因此，克拉倫斯說出了一個讓記者滿意的答案。

訪談過程中，有個記者問這位來自利海頓的年輕上兵：「當這一切都結束後，你有什麼願望？」

克拉倫斯和弟兄時常會談到戰爭結束後，要過著什麼樣的生活。戰前，恩利是飛機工廠的技師[4]，但他現在只想要在明尼蘇達州擁有一座恬靜的農場。查克．米勒單純想買輛車，內心還是很純真的克拉倫斯，夢想也如同他的內心一樣樸實。

他告訴記者，回家後只想在工廠找份工作，也許某天升遷到經理的位置，這樣他的餘生才不用老是聽別人的指令。

但記者顯然不滿意這個答案，他們繼續逼問克拉倫斯是不是有其他的夢想。這反而讓克拉倫斯想起了一個令他開心但更單純的夢想，他說：「我只想要戰爭快點結束，這樣我才能回去格雷佛斯溜冰場繼續溜冰。」

這個答案惹得在場所有人哄堂大笑。

——

當天上午過後不久，克拉倫斯跟著老菸槍穿過教堂廣場。他得三步併兩步走才追趕上眼前那位身材矮小、幾乎是用跑的車首機槍手。

老菸槍和德里吉早就發現廣場對面的多姆酒店（Dom Hotel）應該有不少戰利品可以搜刮。德里吉去找幫手回來時，老菸槍早就在酒店旁等候了。

走向酒店的同時，他們也逐漸接近那輛被擊毀的豹式，令克拉倫斯反射性的放慢了腳步。縱使那輛戰車的火勢在當天早上就已經熄滅，但它看起來仍然像是塊燒紅的琥珀。它的頂部被燒得焦黑，其他部位被烘成橘色，全車原本沙黃色的塗裝，如今早已被地獄之火給替換成了死亡的顏色。

老菸槍不假思索地走過那輛戰車，克拉倫斯卻敬而遠之。根據貝茨對這輛「機動式棺材」[6]的敘述，車內只躺著無線電手的遺體，克拉倫斯在當時則認為全車組員應該已經喪命其中，但他又沒有勇氣爬上殘骸確認是否真是如此。

「這可能會是我們下場啊，」克拉倫斯對此感到不寒而慄。

——

曾經富麗堂皇的多姆酒店如今已成廢墟，它入口兩側的古典式廊柱仍然屹立，但炸彈已經炸垮了數個樓層，其拜占庭式的圓頂也被炸得歪七扭八。

克拉倫斯跟著老煙槍走到地下室，走得越深入，溫度也跟著下降，還能聽到底下傳來歡慶聲與玻璃碎裂的聲響。

克拉倫斯與老菸槍走進四周如城堡牆壁般的酒窖，映入眼簾的是一路從地板延伸至天花板，堆滿了酒瓶的架子。在場的E連戰車兵欣喜地將一瓶一瓶的美酒從架子上拿下、迅速收進木箱內，發出如雪橇鈴鐺聲般的玻璃撞擊聲。

克拉倫斯同車組員中，最能喝的就屬老菸槍了。看到眼前這麼多世界頂級的葡萄酒和烈酒後便笑得合不攏嘴，更棒的是他還能自由拿走這些寶物。轉眼間，老菸槍加入了搶酒的行列，打算

---

* 原註：巴特爾博思在戰後重返教職[5]，但他永遠忘不了在教堂旁的那場戰車決鬥。在一九九〇年他寫給熟人的信中提到：「即便在今日回想起來，我都覺得自己能活下來簡直是奇蹟。」他在一九九八年往生，享耆壽九十三歲。他一直認為當時見到的潘興，是美國人擄獲並重新塗裝的德國戰車。

搶在軍官來破壞興致前，盡多地奪走這些美酒。

克拉倫斯找到了一個木箱並加入了掃貨的行列，碎玻璃被他的靴子輾壓得嘎嘎作響。鞋底踩踏在灑滿酒窖與前廳地板的酒水，宛如行走於酒池之上。

從他一旁經過的德里吉，抱著滿箱的美酒離開了酒窖，但他等等會再回來裝更多。恩利同意讓大家把酒瓶裝到潘興車內，便於大家好好保管這些戰利品。

克拉倫斯不懂酒，他拿了伏特加和琴酒，這樣他就能跟葡萄柚汁調和起來變成灰狗調酒（Greyhound）。

有個虔誠信教的戰車兵感嘆他們這是偷竊的行為，不過他也只是一邊感嘆、一邊把酒瓶塞進手中的籃子內。有人覺得事情應該要看向光明的一面，那人也順勢回應道：「我們是在從德國人手中拯救這些東西啊！」

克拉倫斯將搜刮到的酒一瓶一瓶打開，接著逐一淺嚐了起來。

其他戰車兵急切搜刮酒窖內的威士忌，可惜收穫甚微。他們有個搶酒的習慣，那就是會先開瓶淺嚐一口，看看是不是自己喜歡的。但很多時候，喝到的是會讓他們吐口水再罵髒話的甜白蘭地酒，那些酒就會被大家砸碎到地上，變成一攤碎玻璃與酒水。基本上，大家都以砸碎德國人的財產為樂，他們只想把戰利品留給自己的戰友，而不是不認識的人。

羅斯將軍的幕僚在當天稍晚抵達這裡時，現場留下的只有被一掃而空的酒架、積在地板上深達兩英寸的白蘭地池塘，以及「幾箱無人問津的香艾酒」[7]。

酒店樓上，克拉倫斯打開了其中一間套房的門，接著將整箱的美酒放在一旁。當他正喝著琴酒混伏特加的調酒時，一股強烈的疲倦感突然朝他襲來。房內的床鋪已經掉滿了天花板的碎屑，他因此選擇躺在比較乾淨的沙發上，透過眼前那扇巨大但已碎裂的窗戶，欣賞著不遠處那座宛如全城燈塔的大教堂。

在超過兩百二十一日的戰鬥後，克拉倫斯已經不在乎接下來會發生什麼事了。上級叫他幹嘛就幹嘛、去哪就去哪。即便如此，他和很多其他E連的人依舊暗自相信他們所聽到的謠言。

戰爭很可能會在科隆畫下句點。

第一次世界大戰期間，當戰線推進到德國領土邊緣時，德國就主動投降以避免戰火延燒到深處。他們現在距離柏林只剩約三百英里，期望二戰的歐洲戰場就此結束應該也不是太離譜的假想。

「這個謠言信者恆信，不信者恆不信，」[8]師部的記載。

克拉倫斯閉上了眼睛。

唯有時間會給出解答。

——

當天太陽落下的傍晚時刻，巴克從火車站北邊一處五層樓高的防空避難所走了出來。一輛裝有邊車的寶馬牌機車從街道朝他疾駛而來，接著在他眼前停下。

騎著機車、手握抖動中機車龍頭的人正是賈尼基，憑藉他的機修技術，成功讓這輛前德軍機車起死回生，並把巴克從A連的住宿點叫來。賈尼基的頭盔上掛了一副風鏡，準備好要找人一起試車了。

「上車吧！」賈尼基對巴克喊道。

巴克覺得這主意爛透了，他既沒有帶槍，且軍隊規定不得乘坐擄獲的德軍載具。就在一天以前，一軍團已經提醒矛尖師的士官兵，所有擄獲的敵軍載具都必須「繳到最近的軍械集中點」[9]。

不過賈尼基覺得巴克想太多了，況且在見到巴克這段時間如此鬱悶沮喪，說起話來又似乎愧對莫里斯和鮑恩兩人的犧牲，他決定要提振一下這位年輕朋友的精神。賈尼基問他：「難道你不想要回到那位德國小姐的家嗎？」

賈尼基向巴克保證這趟會快去快回，沒有人會知道他們的小秘密。被說動的巴克終於決定跳上邊車的座位，上方還放了兩瓶偷來的酒。賈尼基拿起那兩瓶酒交給了巴克，露出調皮的笑容說：「敬你與德國小姐。」

「喔，天啊！」坐邊車上的巴克趕緊抓牢。

機車排氣管發出了嘶啞的連續拍打聲，迴盪在科隆空蕩的大街小巷間。當騎過路面電車軌道時，賈尼基換了一下排檔，變速箱順勢發出了聲音。少數仍在街上的德國平民站在人行道，都對騎著機車的他們投以困惑的眼光。

當擋風鏡上的眩光消失時，巴克可以看見賈尼基那對老是瞇起的眼睛，現在變得又大又亮，他厚實的下巴還掛著一抹微笑。對於巴克來說，他雖然已經認識包伯·賈尼基一段時間，但他很訝異終於能見到這位老兵的真實樣貌。

不過巴克知道為什麼賈尼基會突然這麼開心，他不只獲得晉升，還準備在兩週內成為半履帶車的駕駛手，那之後他的日子就會很好過了。接下來，他只要載著步兵班投入戰場，讓大家下車後，自己開到附近待命等到步兵班上車即可。更重要的是，對於賈尼基來說，成為半履帶車駕駛手也等於能讓他活著回家與妻子團圓。

每條街道在被轟炸過後看起無從辨認，賈尼基必須常常停在路邊，讓巴克下車去向德國平民問路。他拿著安妮瑪麗的照片，一路上詢問了許多德國人怎麼走到照片背後寫的地址，那些人都很熱心地用手比出方向，協助巴克抵達他的目的地。他們彼此交談的氛圍，彷彿戰爭從沒發生過一樣。

一名《洋基雜誌》（*Yank*）的記者將科隆的居民敘述成口掛「誰？我？」（Who? Me?）的德國人。

「當你跟他們聊起[10]誰給這個世界帶來苦難時，他們的反應通常會是：『誰？我？喔不是！不是我，那些是壞德國人，納粹份子，他們都跨過萊茵河逃走了。』」

這位記者的敘述可能誇大了實情，以致於人們不了解事情的全貌，特別是在科隆的狀況。在希特勒擔任德國總理前夕的一九三三年選舉期間[11]，全國上下有百分之四十四的德國選民投票支持納粹黨，然而在科隆的得票率只有百分之三十三．一，也就是說，全城上下約有三分之二的人在選票上並不支持納粹政府。在往後十幾年間，科隆居民飽受蓋世太保的恐怖監視。

事實上，納粹黨的秘密警察仍在科隆進行非法處決[12]——包括一個十五歲的當地居民、一個俄軍戰俘、一個波蘭奴工，還有其他七個人——就在美軍抵達該城前四天。

——

巴克和賈尼基終於抵達地址上寫的目的地，安妮瑪麗的父親威廉打開了大門。

威廉熱情地向他們打招呼，同時仍站在門後揣測兩人的意圖，顯然沒有忘記那位美國年輕人對他女兒萌生好感的這件事情。

為了化解眼前尷尬的氣氛，巴克微笑著舉起了他手上唯一的破冰王牌：兩瓶美酒。這還真的有用，威廉見狀後邀請他們進屋，並從巴克手中接過酒瓶。見到兩瓶酒被送出去的賈尼基不自覺地縮了一下，就當這是進人家門的入場費吧。

樓上，安妮瑪麗的家人和鄰居正在幫她其中一個阿姨慶生。安妮瑪麗見到巴克，便衝上前來欣喜若狂地擁抱著他。

威廉幫兩個美國大兵接過鋼盔，安妮瑪麗的阿姨請他們吃蛋糕和喝飲料。這是巴克這麼多年來，第一次有在家裡與朋友們同樂的感受。

慶生派對進行到一半，為了跟巴克獨處，安妮瑪麗拿起了一根蠟燭，帶著他下樓去參觀父親的牙醫診間。看見他們倆離開派對，賈尼基還對巴克使了個眼色，因為他知道來點小小的羅曼史應該能撫慰一下他朋友的心靈。

安妮瑪麗自豪地向巴克介紹他們的診所，她拉開了抽屜，拿起各種牙醫工具一一向他解說。在他們開立牙醫診所前，這裡原本是祖父的理髮廳[13]，那些富有的客人每天早上都會來這裡刮鬍子，他們會一邊抽著菸、一邊喝著調有干邑白蘭地的咖啡。

介紹的過程中，安妮瑪麗無意間透露她曾跟在母親安娜（Anna）身旁工作過，只在相本中見過安娜的巴克，在聽到安妮瑪麗提到母親後也接著問了一個不太有禮貌的問題，那就是安妮瑪麗的母親仍在世上嗎？

安妮瑪麗的情緒突然鬱悶了起來，但她還是決定將所知道的事情告訴巴克。

事情是從一九四二年九月的一則謠言開始的[14]。戰爭爆發初期，所有年輕男性都必須在國家勞役團（Reich Labor Service）服務六個月，參與建造西牆防禦工事的工程。然而，不只是男性受徵召，連年輕女性都被賦予了特殊任務。

安妮瑪麗的老師告訴全班的女學生，她們接下來會被交由國家勞役團管轄，並被賦予為元首增產報國的任務，這樣的任務不僅不需經由父母同意，所生出的小孩也會由納粹黨扶養。

在聽到要被迫增產報國後，嚇壞了的安妮瑪麗把這件事情告訴了母親。當國家勞役團的官員來診所裡看診時，她母親便藉機詢問他關於這件事情的真實性，義務性地要求年輕女孩增產報國是否只是謠言呢？

那位蓋世太保告知了明確的答案。

但也因為這個簡單的問題，納粹就派人逮捕了安妮瑪麗的母親，接著在監禁了三個月後以「發表可能損害國家及政府暨國家社會主義德意志勞工黨名聲之虛假言論」[15]為由進行審判。

「她的言論可能會讓人覺得[16]，政府機構會容忍這種不道德的行為，」檢察官如此堅稱。

假如她真的被定罪，下場無疑就是被送進集中營去。如同居住在科隆的猶太人居民[17]，他們都被送往隔離區和在東部的布痕瓦爾德（Buchenwald）與特雷津（Theresienstadt）集中營內，面對系統性屠殺的命運。*

---

* 原註：蓋世太保經常採用偏頗與極端的審判與懲罰手段[18]。在科隆，有位名叫寶拉（Paula）的中年婦女，不過就是從一九四二年被空襲後化為廢墟的公寓老家中，拿走幾件屬於自己的衣服、一個空行李箱和兩罐咖啡，卻被蓋世太保當成竊賊丟進科隆監獄，最後遭受了處決的命運。光是在科隆監獄，第三帝國送了超過三百人上斷頭台而謀殺了他們。

不過，法官在釐清案情並秉公審判後，認定她只是向國家勞役團的官員提問，而非公開散佈謠言，因此判她無罪並當庭釋放[19]。

然而，即便逃離被送往集中營的命運，安妮瑪麗的母親仍因為蓋世太保的恐怖審訊而精神失常。她們家別無選擇，只好將她送往了精神病院，從此之後再也沒見到過她了。

安妮瑪麗開始啜泣，巴克安慰著她。他終於明白為何安妮瑪麗見到他時會如此高興，在安妮瑪麗的眼中，他和其他美軍就是從那群摧毀母親的人手中，將她拯救出來的救星。想到這點後，巴克便覺得自己所目睹的犧牲似乎都開始有了價值。

也許那些犧牲的人也為了什麼理由而戰吧？

很快地，兩人結束了這個悲傷的話題回去參加派對。至少在這個當下，他們擁有了彼此。

——

突然間，屋外有人重重地敲著大門，讓所有人都安靜了下來。

安妮瑪麗的其中一個阿姨才剛走下樓去一探究竟，接著又馬上衝上樓告訴大家一個壞消息，門外站的是三名美軍憲兵，打算要進屋搜查。巴克爆了粗口，在軍民分離政策下，他們可能會以跟德國女人「同居」為由被補，並被罰款六十五美元[20]，比當時他每個月的薪餉還要超出五美元。

但天無絕人之路。

安妮瑪麗和父親帶著巴克還有賈尼基跑到房子後面，這裡一片漆黑，只要他們從這裡逃出去，憲兵是抓不到他們的。威廉和賈尼基降下火災逃生梯，巴克駐足了片刻，把握與安妮瑪麗相處的最後一刻，接著快速輕吻了她。

「你會回來吧？」她問。

巴克知道要在這場戰爭中的關鍵時刻再見到她，機會可說是微乎其微，但巴克也不想讓安妮瑪麗認為自己做出了拋棄她的決定。

「會的，總有一天，」他回答道。

聽到巴克的回答後，安妮瑪麗不禁潸然淚下。她明白兩人相聚的時間很短，而現在已是離別時刻。巴克抹去了她臉上的兩行眼淚，轉身爬下了火災逃生梯。

地面上，巴克、賈尼基和威廉找不到他們停放在巷弄內的機車。想必是先被憲兵發現了，接著才導致安妮瑪麗家被搜查。

與威廉道別後，巴克和賈尼基只能徒步沿著黑暗的街道，一路跑向大教堂的方向。巴克一邊跑著，一邊還不時回頭。

——

夜裡，這座城市比在白天看起來更恐怖。

「很抱歉我修好了那台機車，」賈尼基在途中突然開口說道。

「不會啦，我只希望我們早點到達就好了，」巴克回說。

正當兩人要通過一個十字路口時，黑暗中突然有美國人大喊：「站住！」

巴克和賈尼基立即停下腳步，看來他們碰到了一個美軍的檢查哨，且大概有一挺三〇機槍正在轉角指著他們，更糟的是，持槍的大概是手指特愛扣扳機的大兵，準備好隨時將他們打成蜂窩。

檢查哨內的衛兵詢問當天的口令為何，並靜待眼前兩位不速之客給出正確的回應。

「我們不知道你們的口令！」巴克喊道。但他獨特、高亢的南方口音立刻就讓對方認出這絕非德國人裝出來的。兩個手持手電筒的美國大兵靠了過來。到了距離夠近時，巴克可以見到他們的手臂上有綠色圓形底章和銀色的狼頭，那正是灰狼師的臂章。原本灰狼師是佔據科隆南邊，顯然現在他們已經往北推進了。聽了巴克的解釋後，兩個大兵覺得不可思議地笑了出來，接著讓兩人繼續他們的回程。

走了大約五小時後，巴克和賈尼基在午夜時溜進了防空避難所，接著向周遭的人敘述他們怎麼穿越至少五個檢查哨，一路回到避難所來。他們的班長走進來時，兩人的嘴也停止了說故事。

「抱歉啦兩位，我必須向上級回報說你們失蹤了，」班長對巴克和賈尼基說。失蹤報告目前就放在連部辦公桌上，靜靜等著一早被連長看見。

賈尼基聽見後幾近崩潰，巴克在見到他的反應時完全能明白，這份報告一上去，賈尼基恐怕是無緣升遷了。

老兵八字輕，看來有人要為自己的魯莽付出代價了。

幾天後

克拉倫斯在後巷漫步，悄悄朝自己的戰車走去。相較於令人毛骨悚然的夜間科隆，晨光下的它看起來無害，巷弄也顯得可愛。

只要沒有值勤，克拉倫斯就會像觀光客一樣在科隆散步。

有一次，他在火車站的置物櫃內找到了一把匕首。還有一次，他將一幅炭筆肖像畫夾在腋下走回來。一個會畫畫的大兵，以素描的方式畫下科隆，還將克拉倫斯畫入，還以那座知名的大教堂作為背景。畫像並不討喜[21]——克拉倫斯在當中看起來很孤獨——但他還是買下了這幅畫。

某次當他走到一處接近火車站的街角，精確的位置他已經不記得，但大概就是在那附近時，他馬上察覺到有麻煩，立即停下腳步，然而那時已經來不及脫身了。

一棟建築廢墟的樓梯間上，至少坐著五個年紀全在十二歲以下的德國小孩。他們看見美國大兵後，眼睛全部都亮了起來。

前門廊有一名年輕女性盯著他們，但她看起來實在太年輕了，不像是生過小孩的女人。克拉倫斯推估在那些小孩之中，有些人應該是孤兒。

孩子們很快蜂擁到克拉倫斯身邊。在科隆，小孩們只要看到美國大兵就會像這樣衝上去，緊跟著他們、拉著大兵的袖口要糖吃。儘管克拉倫斯知道他已經被包圍了，但他仍反射性地躲開那群小孩。根據軍民分離政策和衛生的風險，他不僅不該跟德國人談話，甚至連跟小孩接觸都不允許。

當時的科隆流行起了斑疹傷寒[22]。這種疾病正在各防空避難所、醫療診所甚至是整個城市北邊的近郊肆虐。美軍警告各士官兵「所有平民都是潛在斑疹傷寒和其他傳染性疾病的潛在帶原者。」[23]

但克拉倫斯顯然躲不開那群熱情的孩子。

他停下了腳步，伸手朝口袋內找找看有沒有可以打發他們的東西。孩子們看到克拉倫斯的動作後，全都開心地跳上跳下。看著眼前的這些孩子，他們在防空洞內躲得太久，以致皮膚極度蒼白，在一雙雙受創的眼神中，透露著那些他無法想像的心理創傷。見到這幕，克拉倫斯不由自主地有了惻隱之心。

一名記者寫道：「德國人民對空襲的恐懼極深[24]，你甚至能見到小孩顫抖著將他們的頭塞進母親的圍裙內，或者用極度恐慌的神情觀察著天空，」對克拉倫斯來說，他的童年也許並不順遂，但至少他不需要擔心生死的問題。

朝口袋一番搜索後，克拉倫斯除了香菸外一無所獲，他無法將這東西分享給小孩。他蹲下身來，用德語告訴他們這個壞消息：「小朋友，抱歉我沒有口香糖。」

孩子們臉色一沉，不相信他說的是真的，他們總認為每個美國大兵肯定都會帶著口香糖。小孩們更變本加厲地纏著克拉倫斯，要他趕緊交出口袋裡的口香糖。

克拉倫斯指著旁邊那個年輕女性，要小孩回去找自己的媽媽，並希望她跟小孩解釋一下狀況，但在他能讓大家冷靜下來之前，突如其來的引擎聲吸引了大家的注意，原來是一輛慢慢轉過街角的吉普車。

克拉倫斯憋住了他的髒話。吉普車停妥後，兩名憲兵走了下來，孩子們也驚恐地衝向那個女人的身邊。

憲兵下士一邊靠近克拉倫斯一邊拿出了他的筆記本，他看了克拉倫斯手臂上那黃、紅、藍組成的三角形第三裝甲師臂章，接著開始詢問克拉倫斯關於剛剛狀況的原委。

克拉倫斯急忙解釋他並沒有打算跟那些孩子糾纏，但那位憲兵並不採信，因為他看見克拉倫斯一邊揮手跟那個德國母親說話，一邊還被五個小孩扯著袖口。對於憲兵來說，他並不打算真的問清楚，反正只要能交差了事就行了。他記下了克拉倫斯的姓名和兵籍號碼後，便宣布克拉倫斯違反了軍民分離政策。

兩位憲兵覺得自己今天有做到事之後，便心滿意足地上車離開。

剛才那些跑走的孩子，全都躲在那位年輕女性後頭全程目睹這一切。克拉倫斯只是對他們輕輕揮了手，接著繼續朝自己原本要去的地方走去。不過，要不是剛剛憲兵的介入，他的下場可能會更慘，克拉倫斯雖然可能會面臨罰款，但那金額對他來說還能接受。對這他這位前糖果銷售員來說，這其實只是一次尷尬的經驗而已，而且他也學到了教訓。

下次當他再走這邊時，他一定會記得要多帶幾根口香糖。

不久後，在美國

堪薩斯市郊區，一輛郵務車開過一排二層樓高的房子後，一位乾瘦、灰髮的女士將郵件撿了起來[25]。

海蒂・佩洛・米勒（Hattie Pearl Miller）女士有著一對平靜的雙眼、戴著一副細金屬眼鏡。獨自扶養查克和其他六個兄弟姊妹所付出的辛勞，令她比同齡的五十七歲女士看起來還要蒼老。即便如此，她在家中辛勤工作時仍穿著色彩繽紛的花色洋裝。

身為虔誠的衛理公會教徒，海蒂時常禱告，將為國奮戰的兒子身著軍戎裝的照片放在壁爐之上。在那兒，除了擺有身穿橄欖色軍服的查克相片外，還有一張相片是查克的哥哥威廉。相片中的他身穿著陸軍航空軍（Army Air Forces）的熱帶型制服。

在她收到的一疊平信中，其中一封吸引了海蒂的注意。拿起那信一看，上面回郵地址寫著她住在華盛頓特區的妹妹貝絲（Beth）的住址，並夾著一張寫有「這是我們的查克嗎？」的簡短字跡的《華盛頓郵報》（*Washington Post*）剪報。

海蒂．米勒

快速瀏覽記者史金格在剪報中的文字後，海蒂突然擔憂了起來。記者寫道：「我軍基層表示，納粹的戰車更優越，」[26]在這斗大標題之下，是一張悶燒中的雪曼戰車照片。查克原本期待母親看見他的名字出現在安．史金格的報導時會感到開心，但事實上卻嚇壞了她老人家。

「可別跟第三裝甲師的戰車兵說，美國戰車有多優越，」史金格如此寫道，並描述了在布拉茨海姆那次宛如屠殺的戰鬥。「光是在一場戰鬥中，這個連就損失了一半的戰車。」

當讀到恩利、維拉和他兒子對於雪曼戰車的失望時，海蒂可能是邊哭邊讀把剪報看完，雖然她從來沒跟查克說她是哭著看完的。然而，她並不是唯一看見新聞而大失所望的人，甚至連艾森豪將軍閱讀了這篇報導後，都直接詢問羅斯將軍這是否屬實。羅斯將軍表示這千真萬確，願意為自己的麾下背書[27]。但在此時，這則新聞早已傳遍本土，並讓每戶有子弟擔任戰車兵的家庭給看見了。他們都跟艾森豪與海蒂一樣，被那些驚悚的標語所震驚。

「戰車兵表示，美國戰車非常脆弱。」[28]

「在損失了半數的M4戰車後，基層坦言美軍戰車在戰鬥中表現差勁。」[29]

「在前線的戰士們堅稱，美國戰車不優。」[30]

但在海蒂手上的剪報裡還有一則報導，上面的訊息多少能抗衡在閱讀史金格報導後所帶來的負面情緒，同時做到安撫大眾的效果。那就是陸軍正式對外公開了他們全新的「超級戰車」。助理陸軍部長甚至將其稱為是「戰爭中最強的武器之一……」[31]，是我軍生產過最強大的戰車。

潘興戰車。

這樣的新聞排列組合有點詭異，它同時貶低了現役舊型戰車，又歡慶新型戰車的出現。不論潘興是哪一種戰車，它多少都給那些兒子正在當戰車兵的家庭一絲希望。

海蒂放下了剪報[32]。透過報導，她知道自己的兒子正在科隆。她拿起地圖集查閱科隆的位置，接著發現這座城市就在萊茵河畔。從那裡到柏林還有好一段距離。雖然海蒂不是什麼軍事策略家，但她也看得出來查克接下來只會朝一個方向走，而那個方向將直入德國的心臟。

海蒂為查克和戰場上的孩子們禱告，並做好迎接她不願聽見的壞消息的心理準備，畢竟情況真如史金格說的——一半的戰車會在戰場上被摧毀——那麼最糟糕的狀況很可能尚未發生。

第十九章 突破

大約一週後
德國，菲舍尼奇（Fischenich），科隆以南五英里

空氣中瀰漫著萊茵河的味道，現在終於感覺比較像春天了。

在一個被樹木包圍的小草皮空地上，E連的弟兄懶洋洋地坐在戰車上休息。雖然現在是一大清早，大家卻毫不在乎地盡情放鬆。其他美國大兵在涼爽的萊茵河裡游泳[1]、釣魚和划船，一些E連的弟兄在河邊辦派對。基本上每個人都在喝酒，有些人用水壺杯裝酒，有些直接拿起酒瓶灌，一邊漫步一邊聊天的戰車兵，幫自己的弟兄倒更多的酒。

克拉倫斯、德里吉和其他人一邊漫不經心地保養裝備，一邊圍繞著潘興戰車喝酒，唯有恩利滴酒不沾，他應該也是這附近唯一還保持清醒的人。所有人從一箱箱綁在戰車引擎蓋板上的木箱裡拿起酒瓶——從科隆奪來的戰利品——沒有人知道這場派對會維持多久。恩利決定讓排上弟兄能玩多久是多久。

跟很多人想像不同的是，科隆並沒有成為這趟征途的終點。美軍已經從雷馬根（Remagen）跨越了萊茵河，並在不久之後要讓矛尖師重新投入戰場。根據第三裝甲師史政單位的記載：「儘管絕大部分的戰車兵和步兵都已厭倦戰鬥[2]，若本師沒有與其他單位一樣投入戰鬥，他們卻會有

被疏離的感覺。這些人是第一軍團抵達諾曼第後的急先鋒，他們是第一個衝破西牆，也是第一個攻下與佔領德軍城鎮的部隊，正是他們令第三師聲名遠播。」

有一組B連來的戰車兵，駕駛哈雷．斯文森（Harley Swenson）和他的射手菲爾．德斯特（Phil Dest）穿過E連的集合地，找尋克拉倫斯的身影，想對他說些話。在科隆的時候，他們開的是其中一輛準備要衝向萊茵河畔的史都華，如果不是克拉倫斯先行除掉那輛豹式的話，他們基本上必死無疑。他們非常感激克拉倫斯拯救了他們的生命。

克拉倫斯並不習慣被大家關注和讚美，他並不覺得自己如大家所想那樣真的擊敗豹式。在腦海中，他想過無數回，始終無法理解為何那輛豹式最後沒有開火。克拉倫斯聽了對方的道謝後，開玩笑地說：「我才沒有救了你們，我只不過是自救，你們剛好跟我同行而已。」

史都華的車組員笑著舉杯致意，克拉倫斯勉為其難地回敬。儘管克拉倫斯知道他在那場對決中活下來是基於運氣，但他還不打算公布這個真相，免得壞了大家慶祝的興致。

——

當天早上稍晚，一輛吉普車停在潘興旁。

「史墨爾？」駕駛兵在車上對著潘興上的人問。

見克拉倫斯緩步向前，駕駛兵告訴他，連長索爾茲伯里想要見他。

「喔，糟糕，」聽駕駛兵的話後，克拉倫斯發現事情嚴重了。他不知要如何在連長面前保持清醒。

恩利遞給他一杯水，讓他漱口去去酒氣。

克拉倫斯努力想出為何連長要召見他，應該跟史金格的採訪無關才對——畢竟他沒有發言。可能是其他的事情。

「不要多嘴知道嗎？」恩利給他一個臨行前的忠告。

坐進吉普車副駕駛座的克拉倫斯，用不是很正經的姿勢向恩利敬禮。

接下來準沒好事。

——

連長的侍從帶著克拉倫斯走進了E連連長設在一處德國農舍一樓的辦公室。

辦公桌後，連長一邊喝著飲料一邊草草翻閱著文書。剛從巴黎回來的他，不僅頂著一頭整齊的捲髮，連軍服也都是經過精心熨燙。

克拉倫斯敬了禮、保持立正，但他的腳底板卻十分的不安，宛如踏在萊茵河上飄蕩的小扁舟。

連長索爾茲伯里抬起頭。他那指揮官般堅毅的雙眼直直盯著克拉倫斯，「我以前都不知道你是這麼優秀的射手，直到我看見你一發命中那些煙囪之後，」連長談起當初他們在潘興戰車射擊展示的回憶，「真的讓我很驕傲。」

克拉倫斯深吐了一口氣，放下了心中的大石。

「然後你又在科隆幹掉了豹式，令本連引以為傲，」索爾茲伯里最後加上這句。連長告知克拉倫斯，代理連長斯蒂爾曼中尉推薦克拉倫斯頒授銅星勳章。

克拉倫斯既震驚又倍感光榮。

接著，連長拿起辦公桌上的報告，揮舞著說：「然後你幹出了這件事。」

克拉倫斯腦中高速運轉，**我是哪裡出錯了嗎**？

連長讀著憲兵的報告，裡面詳載克拉倫斯跟德國女人和她的小孩廝混的過程。聽了連長的話後，他簡直無法相信自己的耳朵。在他帶著整個E連殺進布拉茨海姆的大門，到一路貫穿如世界末日般景象的科隆後，他的連長竟然要拿這種小罪來搞他？

儘管克拉倫斯試圖解釋，但連長顯然認為他在找藉口。

「我可以罰你錢，或者把你丟去伙房。」

也就是所謂的炊事勤務（Kitchen Police, KP）。

克拉倫斯頓時血壓飆高。被丟到部隊的後方是一種懲處，用意是要調離作戰職務和侮辱。

克拉倫斯再也忍不住地說：「長官，幫伙對我來說像是要去放假。」

被克拉倫斯突如其來的頂撞後一時感到不敢置信，並提醒克拉倫斯，他的車組員用的可是營上最好的戰車，他們應該要「慶幸」可以開到潘興。

聽到這席話，克拉倫斯心想既然恩利、德里吉、老菸槍和麥克維人都不在場，那也只有他能代表大家向連長發聲，他決定要好好把握這個機會。

克拉倫斯接著說：「沒錯，這也就是為什麼我們總是第一個衝過那些該死的山丘的原因。每當我們通過一個轉角，我們都不知道這是不是我們在人間的最後時刻。」

連長壓抑住了想臭罵部下的衝動，他不想要跟連上最優秀的射手搞壞關係，特別是他們才剛跨越萊茵河沒有幾天而已。老實說，克拉倫斯也沒有真的以下犯上。

克拉倫斯用和緩的語氣接著說：「長官，也許某一天，我們會死在某個壕溝裡。」

聽見克拉倫斯這麼說後，連長的姿態也放軟了下來，他詢問克拉倫斯是否願意調到遠離前線的車組，畢竟他已經在前線奮戰了如此之久、貢獻如此之大，他也值得喘息一下，連長的提議可以說是大幅增加了他活過戰爭的機會。

「我要跟弟兄們留在前線，」克拉倫斯婉拒了連長的提議，他絕對不可能離開他的「家人」，就算這個選擇有可能會賠上自己的生命。相反的，克拉倫斯說要是前線可以多幾輛潘興就更好，這樣就可以讓不同的人輪流打頭陣。

連長同意他的說法。德軍已經從科隆撤退以進一步縮小需要防禦的範圍，讓有限的兵力更加集中，未來只會需要越來越多的潘興戰車。

「我只能跟你說，未來會有一場硬仗，」連長說完，便將憲兵的報告丟進垃圾桶，並叫克拉倫斯清醒振作起來。

克拉倫斯舉手敬禮，但沒辦法用腳跟原地轉向。他現在是醉到無法做這個動作。

看起來克拉倫斯已經與銅星勳章無緣了，但這跟他完成的事情相較起來根本不足掛齒。他終於在連長面前為所有人發聲，就算什麼事都沒改變，連長至少也清楚聽到了大家的心聲。

克拉倫斯確保這一點已經做到了。

大約一週後，一九四五年三月二十六日

春雨在這天早上落在裝甲縱隊上時[3]，他們正加速駛進霧林之中。

老樣子，由潘興領軍。

時間已接近中午，X特遣隊的裝甲步兵們搭著潘興和其他戰車的便車，一路沿著阿爾滕基興（Altenkirchen）附近的泥路[4]，朝德國的心臟地帶奔馳而去。他們已經跨越萊茵河以東超過十四英里的距離。

建立橋頭堡後的突破行動，現正展開。

三天前，矛尖師首先跨越萊茵河，然後是第一軍團，後續跟上的還有三軍團及九軍團。現在，英國陸軍元帥蒙哥馬利率領的英軍也跟上了腳步跨越這條德國聖河。每個人都想要搶在紅軍之前，先敲敲希特勒的房門來打個招呼。

根據第三裝甲師的歷史記載：「這就是大推進的起點[5]，所有人都知道勝券在握，」跨越萊茵河之後，部隊上下的士氣高漲，甚至出現了全新的口號：「不到柏林誓不休（Berlin or Bust）！」

潘興砲塔上，恩利與德里吉持續留意周遭的狀況，駕駛手麥克維讓頂門蓋保持開啟，頭探出頂門開著車。

所有人都因為綿綿細雨而全身溼答答。他們別無選擇，事實上，就連戰車內都在下著小雨。雨水沿著戰車潛望鏡的縫隙滲入車內，順著從天花板滴下，最後在車地板與泥塵混合成爛泥巴。

他們通過的這座森林被濃霧和一股神祕的氣息籠罩，地表因升起的岩石層和深鑿弄得高低落差極大，融化中的冰雪匯集成了一條條冰冷的黑色溪流，貫穿在整座森林之間。在森林之中，大家看見了一處設置在空地上被棄置的德國國家勞役團營地。

有些戰車兵不解，為何德國人不在此處建造西牆呢？要是在這裡建造的話，他們肯定會被德國守軍給擋下[6]。

當他們行駛到較寬的道路，兩側的白色路標逐漸分開，克拉倫斯警告所有人提高警覺，他們正逼近一處十字路口。當潘興放慢車速後，整個縱隊也跟著慢了下來。克拉倫斯在左右檢查確認安全後，潘興才繼續前進通過十字路口。就在一天前，他們粗心大意在未經左右檢查的情況下通過一處十字路口，路口的右邊林子內停著一輛德軍自走砲，它的砲管包覆著偽裝網和落葉，在樹陰下準備獵殺粗心大意的美國戰車。

幸運的是，恩利及時發現了威脅，並命令克拉倫斯將砲搖過去消滅目標。一砲下去，貫穿了自走砲的側面，化解了危機。

仔細一看，他們發現那輛車的正面有傾斜裝甲，因此它不是自走砲，而是一輛驅逐戰車，但不論是獵豹式（Jagdpanther）或四號驅逐戰車，它們的主砲對潘興來說都有相當程度的威脅性。克拉倫斯之所以能這麼輕鬆除掉正在埋伏的對方，要不是驅逐戰車內的車組員分神，不然就是那輛車已經被拋棄，不過這不重要了。

擔任前導車的風險極大，克拉倫斯和他的弟兄差點就因此殞命，「遲早一天有人會挨上第一擊的砲彈，」他告訴恩利，「然後我們就不會在這裡了。」

恩利認同他的看法，但他們還能怎麼辦？前導車永遠都是敵人的頭號目標。

克拉倫斯只能接受這個令人難以忍受的事實，因為這……**只是時間問題而已**。

到了中午，縱隊恢復了原有的前進速度[7]。

潘興的後方，步兵們乘坐在雪曼戰車的引擎蓋板上，賈尼基和他的班兵將雙腿懸在車側。儘管大部分的時候裝甲步兵都是坐在半履帶車內，像現在這種戰場條件下，坐在戰車外能讓他們更迅速跳下車，並針對威脅做出反應。

賈尼基看起來狼狽極了，他和大夥頭頂著鋼盔、底下戴著帽兜。雨水沿著盔緣滴下，讓他們視野受限。除了爛透的天氣外，真正令他的心情盪到谷底的原因，是由於他駕著敵人機車又不假離營，上級為此取消了他的晉升資格，當然也沒辦法成為半履帶車駕駛手，他又回來繼續靠雙腳打仗了。不過，賈尼基從來就沒有怪罪過巴克，因為騎著那輛機車出遊是他自己出的餿主意。

巴克沒有受到什麼懲罰，首先他也沒有什麼位階或晉升可以被降，且排長布姆還將他送到法國維維耶（Viviers）的休閒中心。在那裡，巴克可以享受整整三天的熱食、乾淨的床鋪和看他想看的電影。

賈尼基和班上其他人都很羨慕，大家知道這是巴克應得的。作為全排的尖兵，巴克在一路推進到科隆的路上，甚至到科隆城內都讓大家避開了很多危險。大家在未來還會繼續仰賴他——如果他收假後能跟上原單位的話。

——

前方的道路開始向右彎，避開了林中高起的岩層。恩利舉起了望遠鏡，潘興繼續沿著彎道開始右轉。

大約在前方一百碼，一個圓木路障橫躺在路上阻擋他們前進，在空無一人的森林間，這副景象格外令人感到不安。

恩利停下了車隊，開始評估狀況。目前全排的四輛戰車中只有三輛彎過了轉角，其餘部隊都還沒彎進來。

克拉倫斯瞄準著圓木路障，評估了一下，發現他應該可以開砲將它摧毀。克拉倫斯要求德里吉將穿甲彈換成破障用的高爆彈。

奇怪的是德里吉並沒有回應。

克拉倫斯轉頭看向裝填手那側，看看他到底在幹什麼。

此時的德里吉，肩膀之上正探出頂門之外[8]，正在仔細研究眼前的路障。就在他、恩利和其他在戰車上的步兵盯著眼前的路障時，敵人也在暗中盯著他們看。

在高起的岩壁上，八輛德軍防空砲車首尾相連地停著，這些砲組頂著綿綿細雨，站在每輛防砲車尾的三十八式防砲（Flak 38）旁[9]。

砲手將砲口瞄向下方的美軍縱隊。原本拿來瞄準飛機的圓形航速環，這次並不是拿來瞄準飛機的機翼。防砲所使用的二十公厘高爆彈也打不穿戰車的裝甲，但這些都沒有關係。

砲塔上的戰車兵清晰可見，步兵雙腿懸掛在戰車的邊緣、坐在車上。

德軍砲手踩下了擊發踏板，防砲就像是打著節奏的大鼓。

潘興站車內，一連串砲彈打在砲塔上發出嚇人的聲響，克拉倫斯反射性地縮著身子，恩利匆忙蹲回砲塔內再將頂蓋甩上，但德里吉的動作卻晚了一步。裝填手跌到了砲塔籃底[10]、噴著腥紅色的血霧。他摀著臉尖叫，噴濺的血液染紅了白色的車內，他的尖叫聲跟劈啪作響的砲彈撞擊聲交織在一起。

克拉倫斯站起身來想要幫他的朋友，但被恩利攔住了，「繼續操砲！」

恩利將車內通訊線拔掉，移動到裝填手那側幫助德里吉。

——

暴露在敵人火線之下，賈尼基和其他步兵被打得措手不及。

高爾夫球般大小的砲彈如暴雨般灑向他們，戰車車側被一連串的爆炸掃蕩，步兵雖然馬上趴在引擎蓋板上，但並不能躲開高爆彈炸出的破片群。

呼嘯的鋼鐵破片在德拉．托瑞的靴底打出了一個冒煙的洞，另一個弟兄的屁股吃了發破片，賈尼基的左腿直接吃了發砲彈。在命中的瞬間，他的左腿炸出一團火花和血霧。他低頭一看，小腿之所以還掛在膝蓋上，靠的就是藕斷絲連的皮肉而已。

大部分人會放棄並躺平，等著死亡的到來。但賈尼基是個戰士，他抱著受傷的腿[11]，和其他人一起滾過引擎蓋板，接著從戰車的另一邊跳車。

他不打算今天就放棄，更不打算今天就死去。

——

對於第三輛戰車的駕駛手來說，他眼睜睜的看著前方戰車甲板上的步兵被防砲火力掃落，他的壓力頓時來到了極點。

精神崩潰的他緊踩油門，令雪曼戰車像匹脫韁野馬脫離了編隊。

引擎蓋板上，第三排第二班的搜括高手——拜倫．米契爾和他的班緊抓著戰車不放。戰車先是左繞過前一輛雪曼，再右繞過最前面的潘興，最後偏離道路後撞上一棵樹，將所有搭便車的步兵往前甩了出去。其中有一個倒楣鬼非但沒被甩出去，膝蓋反而卡在樹幹和戰車之間。

戰車倒車後，膝蓋完全粉碎的他從樹幹與戰車間掉落到地上。

—

潘興戰車內，恩利緊抱著德里吉，急著想要拯救他的生命。德里吉痛得四處拍打和抓握，恩利嘗試為他打上一劑嗎啡止痛。

破片在德里吉的臉上撕開了一個大洞[12]，在洞內湧出的鮮血間，其他人還能看見他的牙齒。德里吉的慘叫聲讓所有人聽了都心驚膽顫，同樣身在砲塔室的克拉倫斯更是格外難受。他的朋友正在流血，但裝填手席容納不下第三人，就算可以，他其實什麼忙也幫不上。

即便恩利將裝填手頂門蓋上，打在戰車裝甲外的砲彈仍發出恐怖的巨響，聽起來就像有人拿著榔頭瘋狂猛敲。克拉倫斯心想必須採取行動，此時他唯一知道能幫到大家的事情。

他將主砲轉向敵火射來的方向，並將砲口搖高，他的潛望鏡視野從路邊一路沿著岩壁升高，最後到接近底部時止住了。

克拉倫斯咒罵著。主砲的仰角不夠，連敵人的影子都看不到。

他的耳機中充斥著急促的通話聲。後方的指揮官不斷接受來自前方的警告，前方的指揮官則急著想要將部隊撤到後方重整，彼此的聲音互相重疊和干擾。所有人急著在無線電上求援和指揮，沒有人朝敵人還擊，死亡正一步步逼近弟兄們。縱隊中，共有五名戰車兵[13]與十名步兵已經負傷[14]，大部分都是腳傷，都被後撤到安全的位置了。

連長下令全連且戰且退。那些在縱隊前的戰車要一邊井然有序地撤退，一邊作為步兵的移動城牆。

克拉倫斯告訴恩利，他們已經收到上級的命令可以後撤，不久後就可以把德里吉送到野戰醫院，但忙於照顧德里吉的恩利已騰不出手來指揮戰車。

「你來指揮，帶我們離開這裡吧！」恩利對他喊道。

克拉倫斯跳上車長席，接上了車長用的通訊線，接著轉身看著向後的前望景。原本緊跟在後的雪曼現在已經後撤，他們有空間可以倒車了。

戰車上沒有後照鏡，因此戰車在倒車時完全只能依靠車長的命令行事。透過車內通話系統，克拉倫斯用緩和的語氣對駕駛手麥克維下令，要他穩穩地倒車。

——

拜倫其他四個班兵臥倒在路邊的泥地裡，頭頂上飛掠過無數的火焰高爾夫球，劃破空氣並掃倒樹林。

後撤的戰車將他們的火力支援小組被困在距離縱隊很遠的地方。

其他人都已經在撤退了。戰車一邊慢慢倒車、一邊盲目朝岩壁上開火。A連的其他人拉著賈尼基的掛帶遠離戰場。

結果，現在只剩下拜倫他們五人被丟在原地，且德軍也知道這點。很快的，德軍停止射擊，這也代表了一件事，有德軍要從岩壁下來收拾掉拜倫他們了。看來這個班只有一個選擇，那就是投降，但投降也不是隨便就能做到的事情。

拜倫脫掉了他的夾克、打開袖口後露出了掛滿德國手錶的手腕，他一一把那些手錶解開，將它們往上滑進袖子內藏好。

來自肯塔基州偏遠地區的開利，卻在如此危急的時刻做出了令人發笑的行為。他那張戽斗臉露出不安的神情，慌張地解開他的手槍槍套。開利的槍套很特別，上頭釘有一個武裝親衛隊的肩章，那是他從一個親衛隊戰俘身上拔下來的戰利品。

假如有武裝親衛隊看到他戴著這東西，那下場大概是格殺勿論。因此開利在解下槍套後，竟然把槍套丟給那個膝蓋已經碎掉的傢伙，結果那個人又把槍套丟回去給他，接著開利再把槍套傳給另一個人，同樣的槍套又被那人給丟了回來，看起來完全不知道該如何處理這手中的燙手山芋。

在沒人願意當替死鬼的情況下，開利只好試著將領章扯下來，但那釘得實在是太緊了。他扯開槍套，開始用牙齒咬住釘子試著拔出來，同樣也沒成功。最後，他只好將槍套藏在樹葉下，希望沒人會發現這東西。

此時，幾個德軍在山壁上友軍的火力掩護下，小心翼翼從路邊端著步槍朝他們逼近。其中一個美國大兵開始揮起白色的物品，看起來像是手帕或內衣，接著讓德軍俘虜他們。但戰場上總是免不了錯誤的發生。美軍縱隊雖然已經撤退到森林內，但不代表他們看不見道路的狀況。突然間，機槍槍聲大作，橘紅色的曳光彈從道路左邊掃向他們前方，打得那群德國人抱頭鼠竄。拜倫和其他人也跟著德軍一起在溝渠內採取掩護。

拿著白旗的人稍微探出溝渠，奮力搖著旗子，遠方的射手肯定是看到了，機槍火力也停止射擊。沒人記得是操作機槍的步兵，或是喜歡扣扳機的戰車射手幹的，但不論如何，等到槍聲停止時，幾個德軍已橫屍在道路上。

就連愛開玩笑的開利，此時也擠不出一絲笑容了。

——

德軍押著剛成為俘虜的美國大兵，將他們押送到森林空地上、一棟設在農舍內的指揮所。那個膝蓋粉碎的人，一手勾在弟兄的肩膀上蹣跚而行。德軍一路上用步槍戳著，督促他們加緊腳步。

德軍氣急敗壞地將大兵們趕到農舍旁，接著將鏟子丟到腳邊，命令他們開始挖土。那些德軍不斷地咒罵著他們，認為就是因為這些大兵故意揮白旗，害得他們的同袍降低戒心，最後慘死在美軍機槍槍口下，因此要這群美軍為此付出代價。

拜倫和其他人看得出來他們要挖的不是散兵坑，因為這裡緊挨著房子也沒有射界可言，而在此讓他們挖土唯一的可能，就是自己的墳墓。

——

德軍監督著大家挖墳的進度，很快地，地上就被挖出了一個深與寬足以掩埋那五個美國大兵的大坑。

每個在他們身邊的德軍都想要扣下扳機。這時，槍響不斷從森林內傳來，德軍開始從森林慢慢撤退，並繞過農舍繼續往後跑去。看來德軍的埋伏已經拖不住美軍了。

突然間，一輛在農舍旁隆隆作響、塗有迷彩的德軍戰車吸引了所有人的目光。砲塔之上，車長俯瞰著挖墳的戰俘，接著用麥克風下令駕駛手停車。

車長爬下來，走向美軍和俘虜他們的德軍，所有人也停止了動作。車長的臉看起來非常憤怒，他一把揪住了命令美軍掘墳的士兵的領口，將那人拉到一旁開始臭罵。就算那群美國人沒上過德語課，大概也聽得懂他在罵什麼。

「是啊！但**他們**有射殺你們的人嗎？」

車長教訓完那群德軍士兵之後，他們便命令美軍戰俘們放下鏟子，接著德軍衛兵用比較溫和的態度，將戰俘送進農舍。在拜倫進入農舍前，他瞧見那位車長用非常失望的眼神、手抱胸膛看著那群德國衛兵。

德國戰車再次發出怒吼，接著漸行漸遠，衛兵在關上農舍的大門後，搭上卡車離開了這裡，留下那五個被關在屋內的美軍戰俘。

很快的，大家聽到有其他車輛逼近了農舍，停靠在一旁怠速，它的引擎聲聽起來很熟悉。即便如此，還是沒有人敢探出大門一探究竟。

接著，一隻大腳踹開了大門，踹門的人端著武器、手臂上還有第三裝甲師的臂章。農舍內所有人都鬆了一口氣。

他們保住了一命，可將這段奇遇傳頌出去。

第二十章　美式閃擊戰

三天後，一九四五年三月二十九日
往東推進約五十五英里

矛尖師在路上大排長龍的車輛，一路從眼前延伸至遠方眼見所及之處。戰車一輛接著一輛、半履帶車一台接著一台，超過一百五十輛載具皆一致地前往德國的馬堡（Marburg）北部[1]。根據一名美國大兵的筆記：「看起來在歐洲的總攻擊就要開始了。」[2]

位在車隊中間附近的潘興，自早上六點出發以來，它的車組員頭便探出頂門，讓一大清早的新鮮涼風吹拂過他們的臉龐。

戰車駛過因先前降雨而變得濕滑的混凝土路面，雨雲仍在天空中滯留著[3]，只留下一小道縫隙可使人一窺藍天。戰車兵帶著風鏡、頂著風，駕著車輛通過被翠綠森林圍繞的寬闊峽谷，打獵用的狩獵樹架和傾頹的城堡飛快地從他們身邊通過。眼前的景象[4]，讓一些來自威斯康辛州和明尼蘇達州的弟兄想起了家鄉的景色。

駕駛手麥克維駕著潘興，緊跟在車隊前方的雪曼，身旁的老菸槍像個觀光客到處看風景。此時，車隊的前導部隊已經由E連所屬的X特遣隊[5]，換成了以上校指揮官傑克．韋伯恩（Jack Welborn）為名的韋伯恩特遣隊（Task Force Welborn）。

砲塔上的恩利，探出車長頂門之外，克拉倫斯說服新補充的裝填手跟他換位置，好讓他探出裝填手頂門上。克拉倫斯的脖子上綁著白色領巾，是他從一頂掛在樹上的降落傘撕下來製成的。站在砲塔上、在戰車引擎聲譜出的交響樂中，克拉倫斯享受著戰車的速度。想到只有在沒有敵人攻擊時才能達到這個速度，他情不自禁地笑了出來。但除了這件事情之外，還有另一件事情令他心情愉悅。

他們正在成就壯舉。

當天早上，矛尖師在跨越萊茵河後已經向東推進超過六十英里，正不停地深入敵境，直到收到命令或達成任務目標才會停下腳步。高層認為結束歐戰的必要舉措就是攻入「德國的心臟」[6]。但這個心臟究竟在哪？是柏林還是魯爾？

早於蘇聯紅軍攻下柏林具有巨大的政治意義，但攻下魯爾則代表實質的戰略勝利。魯爾又有「德國的底特律」之稱，為德國提供百分之八十的煤炭[7]和百分之六十六的鋼鐵。倘若能包圍此區，德軍的戰力很快就會隨之耗竭。

基於戰略考量，看來選擇已經很明顯了。

高層命令一下達，矛尖師立刻急轉九十度朝北邊攻去[8]，準備再次創下傳奇性的攻勢。

這一次，他們並非孤軍奮戰。

第三裝甲師往北推進，第二裝甲師——地獄之輪師[9]，從德國北部的平原穿過並轉向南邊推進。如果情況順利的話，陸軍的兩支重裝甲師會在帕德博恩（Paderborn）會師，「在魯爾區外形成一圈銅牆鐵壁[10]，將它團團包圍。」一旦成功，這無疑是向柏林送出強烈的戰術與戰略性訊號——**一切都結束了**。

不過，在他們達成這個創舉前，還是得做到一件事：抵達那裡。實際路程雖依各條路線而異，但帕德博恩鎮距離第三裝甲師至少有一百英里以上[11]，路途遙遠。為了要達成目標，第三裝甲師必須在敵人領土內，實施歐洲戰場距離最長、節奏最快的攻擊行動，打一場「美式閃擊戰」。倘若真的成功了，他們將成為師部所說的「重重打在德國心臟上的重拳。」[12]

師長羅斯將軍將矛尖師向四條平行道路推進[13]，目標都指向帕德博恩。當全師推進發起後，羅斯在無線電上對各特遣隊指揮官宣佈賞金[14]：「古德林、希姆萊、凱塞林或迪特里希，凡捕捉到上述要員不論死活，都可以得到一箱威士忌。如果逮到希特勒還可以加送一瓶。」

羅斯在未加密頻道上的發言，不要說美軍，連德國人都能聽到，還可能會一路傳到柏林那裡去，這也是他想要的。

他想要讓希特勒本人，聽聽矛尖師的聲音。

坐在射手席上一個多小時後，克拉倫斯的屁股麻了，他乾脆坐在砲塔籃地板上改變一下坐姿。在外頭，看來看去都是綿綿不絕的雪曼，沒有什麼新鮮的。

砲塔另一側，站的是新來接替德里吉的裝填手，身材矮小、頂著一頭黑髮的他名字略顯稚氣，名叫馬修（Mathews），但克拉倫斯蠻喜歡他的。他安靜、能力又好，但就是沒德里吉那麼勇敢而已。

「強尼小鬼」活下來了[15]，這是車組員將他放入壕溝內後，醫護兵在那裡救治了他之後所知道的最新消息。克拉倫斯希望可以早日再見到他的老裝填手。

為了打發抵達帕德博恩前的無聊時間，克拉倫斯重讀了手上的信件。信件上跳躍的文字就像戰車上不斷顫動的地板，在讀到其中一封來自他母親的信時，他的臉龐自然地出現了笑容。

在朋友與家人的慫恿之下，他的父母去看了場電影，母親穿著最漂亮的洋裝，父親穿著西裝而非平常的工作夾克和靴子。他們不是為了電影，而是為了看電影放映前播放的新聞片段。

片段裡，他們看見了克拉倫斯的身影，此生從未感到如此驕傲過。

貝茨拍攝的潘興決戰豹式片段在全美各地戲院都能看到，透過他的鏡頭，觀眾們以前所未有的角度和距離看見子弟兵們奮戰的過程。影片結尾，他錄下了擺好姿勢的潘興車組員，克拉倫斯就站在所有人中間，靜靜地凝視著鏡頭。

歸功於貝茨在科隆拍攝的影片，他在不久後獲頒銅星勳章[16]，車長恩利也因摧毀了豹式而獲頒了一枚[17]。此外，克拉倫斯的朋友喬．卡塞塔因在交火中，將意外被曳光彈點燃的雜物袋丟出砲塔而同樣獲頒了一枚。至於克拉倫斯，他很清楚自己無緣銅星勳章，但他其實不在意。

他很訝異父母為了看他而跑去電影院，這是他們這輩子第一次進去電影院。

巴克．馬許終於從法國休假回來了，他坐在E連車隊後段的半履帶車的副駕駛座上，操作著擺在地板上用來煮雞蛋的小爐子。

上次在森林埋伏戰後的一天，巴克終於回到了部隊。看向車後，原本應該坐在成員艙位置上的四個熟人都不見了。失去了左腿的賈尼基，正被送往英格蘭，德拉．托瑞和另外兩個人在野戰醫院休養中。拜倫與開利向願意聽故事的弟兄們，講述他們因一位好心的德軍車長才得以保住小命的奇遇。

「我們很幸運能遇到他這種好人，」一向寡言的拜倫，難得講出這麼多話來。

聽過弟兄們受苦受難的故事後，巴克心情也難受了起來。往好處想，至少賈尼基可以回國跟他的妻子團圓了。

煮蛋的熱水因為顛頗的路途濺了出來，巴克和其他人趕緊將雙腳收起、只靠步槍槍托抵地。可憐的駕駛手為了踩油門，只能將右腳留在原地。

當腳被滾燙的熱水噴到時，他叫了出來。

「你們都跟那些蛋一樣王八，我的腳都燙傷了！」他喊著。

「拜託，」巴克回，「還不是因為你撞入了路坑啊！」

全班竊笑不止。身為半履帶車的駕駛手，這腳上的燙傷大概會是他在戰爭裡受過最嚴重的傷了吧。

到了下午，隨著車隊持續深入原野，大家的危機意識也隨之升高。

透過潛望鏡，克拉倫斯仔細觀察是否有威脅的蹤影，草木皆兵。E連月前雖然還沒遭到敵火，只是時間早晚而已。

友軍零星的開火聲不時從車隊前方傳來，克拉倫斯不久後也可以看見停在路邊、陷入大火的車輛殘骸[18]。幾名投降的德軍朝他們的反方向走去，找尋願意俘虜他們的人。由於德軍壓根沒料到美軍裝甲部隊在跨越萊茵河後會如此深入，大部分的德軍士兵在見到浩浩蕩蕩的車隊後便自行投降了。

突然間無線電叫了起來，有個車長察覺到E連右邊的松木林內有動靜。

車隊慢下來後，前方的半履帶車煞車燈隨之亮起，接著A連的戰車砲塔也有志一同地指向潛在威脅的方向。

克拉倫斯也跟著他們瞄準了林線。道路的右邊，綿長的林線佔據了整片視野，它的樹蔭連成了一片。在這一片樹蔭中，隱藏著若隱若現與道路平行的黑影，不斷竄動著。

恩利報上了他的測距結果，克拉倫斯將拇指輕放在機槍擊發鍵上。在瞄準鏡中，十字絲隨著戰車的晃動而上下起伏，感覺就像機器有了生命會自己呼吸。

突然間一團黑影從林線內衝了出來，看起來就是直直衝著車隊而來的，他仔細一看，原來只是一群野生且活蹦亂跳的鹿。

他的拇指移開了擊發鍵。

其他射手看來不打算放過這群鹿，毫不遲疑地踩下了擊發踏板。

曳光彈掃向遠在一英里外那群手無寸鐵的野鹿，令牠們一頭頭跌坐或側翻到了地上。鹿群受驚後開始狂奔，有些逃回林線，有些繼續衝向道路。

距離克拉倫斯前方幾輛車外，已經受夠了幾個月來都啃難吃口糧的查克・米勒，為了想要加點菜，追瞄著一對前後腳快速交錯的野鹿，牠們的速度最後甚至快到連砲塔都追不上。

查克將腳移動到了機槍扳機上，但一輛滿載步兵的半履帶車卻突然進入了他的射界。

該死！

兩頭鹿穿越了車陣、繼續朝另一邊衝去，表現得好像牠們知道如何躲開死神的招呼。但當步兵從半履帶車內站起來，拿著步槍朝牠們招呼時，高速的子彈讓牠們沒機會意識到等著牠們的最終死亡結果。野鹿雙雙跌撞在野地上，查克也欣喜地叫喊著。

這群不速之客出現後，車隊也突然停了下來，軍官們在無線電網上大呼小叫，他們認為鹿群的出現，有可能是因為樹林中有敵人才驚動了牠們。

看來大家有時間可以收集剛剛即興打獵的成果。查克從射手席上爬了起來，他的禿頭車長瑞德・維拉繞出路來，好讓他從頂門爬出去。查克召集其他人幫忙一起將被掃死的鹿抬回車上。當他們衝到鹿屍體那時，還跟同樣也來擄走戰利品的步兵大吵一架。

車隊開始恢復移動，一頭死鹿已經綁在雪曼的引擎蓋板上。相隔了這麼長一段時間，E連的弟兄終於可以吃上一頓像樣的了。

——

隨著車隊越來越深入敵境，人和車也不時需要停下來休整才能繼續推進。

當車隊停止時，大夥兒就會衝到路邊上廁所。憲兵釘上了寫有「德國佬可能潛伏在道路邊緣外的地方」[19]的告示牌，提醒後續跟上的人不要到太遠的地方逗留。他們不確定道路以外的地方是否安全。

補給卡車也從縱隊後方趕來，給每輛戰車分上一些五加侖油桶。

克拉倫斯站在引擎蓋板上，從他朋友手中舉起重達四十磅的汽油桶。戰車是一種極度耗油的載具，一加侖的汽油只能讓潘興跑上半英里[20]，就算是雪曼也只夠跑大約一英里而已[21]，實際油耗量還要依各車型而定。

儘管耗油，但美國戰車是相當可靠的，在長時間的機動下來，整個縱隊只有極少數的戰車因為故障而脫隊。潘興的服役時間還太短，因此還不清楚它的故障頻率為何。就雪曼來說，平均行駛超過兩千英里後只需要小保養而已[22]。

休息結束，克拉倫斯回到砲塔內，他發現恩利正重複看著他的「兵變信」。在信中，他的女友說自己有了新對象，且那個對象不像恩利還需要離鄉背井。不論心碎的恩利重看信件內容幾遍，信上的內容都不會重寫、事實也不會改變。

克拉倫斯悄悄回到了自己的位子，假裝沒注意到這件事。他並非冷漠，而是從來沒遇過這樣的事，也不知道要從何關心起遭逢兵變的恩利。

———

克拉倫斯部隊的友軍單位，負責打頭陣的第三十三裝甲團，在車隊前方的韋伯恩特遣隊中。正當其中一組戰車兵休息時，一輛吉普車停在了他們的雪曼旁。

菜鳥射手約翰·歐文（John Irwin），看著吉普車副駕駛座上那陌生的臉孔。

「他留著平頭，頭髮花白，臉龐嚴肅而英俊，身材高大，」[23]歐文回想起來。「他抬頭看著我們，用食指點著額頭敬禮，說道：『我脫帽向你們致敬，繼續加油！』」歐文還是不認得眼前的那人是誰，直到他的朋友訕笑他有眼不識羅斯將軍。

羅斯將軍如此開心是有原因的，因為綜觀整個軍事史，他的矛尖師在單日行進的距離[24]，遠超過其他軍隊在同樣時間內所能達成的。

——

夜幕降臨，車隊中的頭燈就像無數的群星，直入冷冽的黑夜。

在宛如搖籃曲的引擎聲中，查克．米勒在射手席上打起了瞌睡，駕駛手則跟隨著前方雪曼車尾的「防空燈」前進。

夜裡，有時比白天更容易注意到戰爭的暴力行為。空氣中瀰漫著森林燃燒的味道，早在他們真的能見到被蹂躪的景象前，就預告了悲劇的到來，根據一名記者的報導：「如果有德軍士兵蠢到膽敢在房屋內抵抗美軍，這麼做的結果，就是讓大家在看見許多被戰車砲點燃而陷入火海的村莊，在夜裡點綴著原野和峽谷。」[25]

在指揮車隊那頭，一輛吉普車的頭燈掃過了一輛停在路邊的德軍參謀車。車上兩具德國軍官遺體的頭部都被五〇機槍給掃掉[26]，但它們的身子仍直挺挺地坐在後座。

查克的雪曼砲塔上，瑞德．維拉發現後方有車輛的頭燈正在逼近，發出的噗噗引擎聲也越來越大。當車燈與噪音近到一定距離時，他終於看見三輛機車從黑影中騎了出來。這三輛機車在與雪曼保持等速一陣子後，接著又加速超越了它。

機車開過戰車前的防空燈時，維拉看到差點從砲塔上摔下來，那些機車騎士身穿灰色橡膠風衣與德軍鋼盔。

維拉叫醒了查克，接著大喊：「十一點鐘方向！」

查克馬上將砲往左搖，他的潛望鏡只有一片漆黑，什麼也沒看見。

「同軸，放，打你現在瞄的位置！」維拉繼續說。

當查克踩住同軸機槍扳機後，他的視野突然被同軸機槍的槍口焰所佔據，接著火紅的曳光彈劃穿了黑夜，短暫地照亮了路邊、前方戰車和車尾對著他們的機車騎士。

查克瞄得有點太高了，但剛剛的射擊已經發揮效果。

一串掃向機車騎士的機槍彈，直接讓他失控打滑摔在地上。騎士雖然沒有被命中，但很顯然是被擦過頭頂的子彈給嚇到摔車了。查克鬆開了扳機，戰車也開過了倒在地上的機車騎士。

不久之後，車隊終於停了下來，並在晚上九點五十分組成圓圈防護隊形[27]。此時查克卻睡不著。

接下來的一個小時，高漲的腎上腺素仍令他不停顫抖。

太陽從鄰近的谷地裡升起，車隊繼續沿著高起、蜿蜒的道路前進。

潘興的承載輪順著地形上下起伏，在它前方的道路上，四處散落著從前排戰車的履帶和承載輪脫落的膠塊。

他們離帕德博恩已經不遠了，但通往它的道路左邊是一道石牆，右邊就緊挨著直下寬闊峽谷的陡坡，戰車的寬度正好就塞在它們之間。恩利拿著麥克風小心翼翼地引導現在接替麥克維開車的老菸槍。在這裡，完全沒有容許一絲偏差的餘地。

由於機動的時間太長，全連上下的駕駛手都已疲憊不堪，只好讓車首機槍手跟他們交換位置，正好也當作培訓副駕駛的機會。此外，射手因為坐了太久而屁股瘀青，「只好跪在砲塔籃底減輕一點壓力。」[28]

相較於他們正寫下的偉大歷史來說，這些代價都是微不足道的。根據第三裝甲師的官方記載：「前一日的機動，是運動戰史上最偉大的單日進攻成就。」[29]

其中一支特遣隊推進了一〇二英里[30]，另一支推進了一〇〇英里[31]，E連領頭的戰車推進了九十英里[32]。整體而言，矛尖師在單日內推進的距離，令德軍、俄軍和英軍在單日內深入敵境的距離相形見絀[33]，甚至連巴頓將軍那史詩般攻入法國的成就都無法與之相提並論。

只是這次被攻入的不是法國，而是第三帝國。

——

又到了要重新補給的時候。

車隊井然有序地停靠在路邊，讓出一條油料補給車可以通過的通道，接著戰車紛紛關閉了引擎，戰車兵也從漆黑的車內爬向了光明。

當克拉倫斯從砲塔內出來時，他愣住了，並不是因為眼前美不勝收的景色，而是在這幅美景中一件奇怪的東西。他的眼睛瞥見一個看起來不太自然的銳利線條，位置就在與村莊交會的那條路上。

克拉倫斯揉了揉眼睛再仔細一看，發現那些東西竟然是車輛，且看起來尺寸跟戰車差不多大。看來東邊的特遣隊應該是繞越了他們，彼此沒有接觸到。為了確認，他馬上跳進砲塔內將主砲往右搖，用六倍瞄準鏡仔細觀測那疑似戰車的物體。

還真的是戰車！且有些縱隊還從森林中開出來，接著停了下來，感覺似乎正在看地圖找路。再仔細一看，它們看起來像輕戰車，也許是史都華或新配發到本師的M24霞飛（Chaffees）輕戰車？[34]

克拉倫斯請恩利幫他重複識別目標。

恩利舉起了望遠鏡，但它們的距離遠到恩利無法辨別敵我。

「我很確定他們是美軍，」克拉倫斯說道。

恩利用無線電呼叫連長，回報他們看到的狀況，射手依目擊推斷有可能是友軍部隊。

但沒人料到的是，連長竟然用超乎尋常的速度給出了答覆：「那裡沒有我軍部隊，開火打他們。」

克拉倫斯聽到後嚇了一下，說：「我不能打掉我軍的戰車啊！」

恩利當下也很猶豫，但畢竟他們是在敵人的領土。

「你可以看到他們的敵我識別標誌嗎？」他問克拉倫斯。

瞄準鏡中，那些戰車的引擎蓋板上空空如也，克拉倫斯還是很確定那並非敵人戰車。恩利在聽見他最信任的射手這麼說後，也猶豫了一下，接著請連長再考慮清楚。

「該死的！我跟你說那不是我們的戰車！給我打！」連長怒罵。

平常的時候，恩利會抵抗這種命令，因為他是一個凡事以道德為出發點著想的好人，即便身處戰爭的瘋狂之中，他也會站在理性的那一邊。

但在那天，在所有人心中宛如慈父的他，卻不再是平常時的恩利。受盡歷久征戰的折磨與被愛人背叛的摧殘，恩利身心俱疲、萬念俱灰，就是在那個當下，包伯．恩利下達了一個他不會下達的命令：「好吧，你聽到了，開火吧。」

恩利無力地坐到了座椅上，他不想看見這道命令的後果。

克拉倫斯轉頭，直視著他的雙眼——**你認真的嗎**？

「你想要他們判我們軍法嗎？」恩利問。

克拉倫斯回頭盯著瞄準鏡、抿著嘴，手轉動著方向握柄，微微往左修正瞄準點，接著扣下了主砲擊發鍵，將九十公厘砲發出轟然巨響。

他邊看著曳光彈飛向目標，嘴巴一邊念念有詞地計算著時間：一秒鐘、兩秒……

砲彈命中了遠方戰車縱隊前導車前方的道路，濺起了一坨土。這發偏彈原本應不偏不倚地落到那輛戰車上，但克拉倫斯卻別有用意。

瞬間，那輛戰車的頂門蓋敞開，戰車兵全衝了出來，接著瘋狂地朝砲彈飛來的方向揮舞著敵我識別標誌。

他們是美軍喔，**這就好辦**！

那些看起來應該是史都華或霞飛的輕戰車，大概是其他特遣隊的偵察部隊。

「我們差點就把他們害死了！」克拉倫斯轉身罵恩利。

被罵了之後，恩利探出砲塔拿起他的望遠鏡一看，眼前的景象令他吃驚地說不出話來。恢復鎮定後，他拿起麥克風對連長回報說：「嗯，連長，看起來那些是我軍的戰車耶！」

這次，連長沉默不語。

——

幾個小時後，他們的情況不再如前一天般一帆風順。在距離帕德博恩南邊約八英里，縱隊停了下來[35]，遠方傳來了如鞭砲和鼓聲交錯的聲響。在一處山脊上，德國武裝親衛隊正將手中的槍彈與鐵拳撒向山腳下的美軍[36]，韋伯恩特遣隊首當其衝。

從潛望鏡裡，克拉倫斯見到前方激戰所掃出的曳光彈。在一片棕色、死寂的林子後方升起了交戰的煙霧，前方的軍官沿著車隊往回走，似乎在找尋特定的戰車或人員。

克拉倫斯慶幸自己的戰車是卡在一堆車輛中間。在他的前方，蜿蜒的鄉道穿越死氣沉沉的草原和長著零星樹木的山丘，看起來既寒冷也散發著不祥之兆。

此時，車隊上下早傳遍了一個恐怖的真相，帕德博恩不只是一個地名而已，它也是整個魯爾包圍網中的漏洞，他們的任務就是要堵上這裡。此外，這裡還是第三帝國的裝甲部隊之家[37]，也被美國大兵們稱之為「納粹版的諾克斯堡」。

全德國的裝甲兵都曾在這裡訓練一段時間[38]，不論是陸軍的菁英戰車部隊訓練基地和武裝親衛隊的裝甲學校，全都設於帕德博恩。此外，這裡的維威爾斯堡（Wewelsburg）也是親衛隊的精神總部，他們絕對會在此奮死抵抗入侵者。

親衛隊將由親衛隊、陸軍、空軍和希特勒青年團，甚至還有裝甲學校的教官，混編成一支名為威斯伐倫親衛裝甲旅（SS Panzerbrigade Westfalen）[39]。親衛隊動用了一切手邊的資源，決心要在這裡捍衛他們的精神總部。

矛尖師已經深入敵境，深入的程度遠超以往。克拉倫斯怕的就是這個，他們闖進了虎穴……屬於德國戰車的虎穴。

第二十一章　喪父之痛

當天晚上，一九四五年三月三十日
帕德博恩南邊七英里處

在伯德肯森林（Böddeken Forest）深處[1]，克拉倫斯跟他的弟兄顫慄地圍繞在潘興戰車旁，其他E連的戰車兵弟兄也在各自的戰車附近徘徊。

時間大約剛過晚上七點，帕德博恩的上空被染成了亮紅色，所有在森林中的人，都無法忽視這幅掛在樹頂上的恐怖景象。

德軍戰車砲的吼聲，鑽過了樹幹間的縫隙傳來。

在他們北方約一英里處，情勢一片混亂。克拉倫斯和大夥什麼事情也做不了。上級禁止E連前往支援[2]，直到高階長官徹底瞭解狀況之前，沒有人可以進入那個風暴圈裡頭。

為了能在最短的時間衝到目的地，韋伯恩特遣隊總是打前鋒。整個車隊必須以縱隊行進，因此他們只能在前方獨自承受敵人抵抗。E連和X特遣隊只能待在森林內保持防禦隊形[3]。

就算沒有直接目視戰場，克拉倫斯一行人也感受到韋伯恩特遣隊遇到了大麻煩。然而，他們卻什麼也不能做。

美國的子弟兵，正一個個失去了生命。

北邊一英里處

一整列的美軍戰車和半履帶車陷入了火海，且塞住了狹窄的鄉道。德軍砲火從四面八方打來，打爛了射界內所有的美軍載具，至今還沒有要停手的跡象。韋伯恩特遣隊落入了德軍的圈套之中。

羅斯將軍與他的隨員跳車逃生，衝進路邊溝渠找掩護。整支特遣隊，只有少數人還能夠拿起輕武器還擊。

車隊前方——前進的動力沒有了，十輛德軍戰車在斜坡上呈半圓隊形朝美軍車隊集中火力射擊[4]。車隊後方——哪裡也沒有了退路，還有五輛被月光勾勒出輪廓的德軍戰車佔據了山丘頂部。林線也是殺傷區。林線內不斷冒出槍口焰光，顯然親衛隊士兵早埋伏在其中[5]，任何想逃進森林的美軍士兵不過是他們槍口下的獵物而已。

在無處可逃的情況下，大家只能龜縮在掩蔽物後，禱告奇蹟出現。

溝渠的土牆邊，羅斯將軍手持一把湯普森衝鋒槍[6]，隨從們則拿起手槍或卡賓槍。

當他們從道路邊朝原野上躍進時，敵戰車砲彈就從他們的頭上呼嘯而過。

威斯伐倫親衛裝甲旅已經成功讓整個車隊癱瘓。特遣隊裡，只有指揮官韋伯恩上校和部分的雪曼[7]，幸運地在前導車和後衛車被轟掉前逃出了包圍圈。德軍無疑握有戰術性的優勢。接下來的戰鬥，美軍完全被他們玩弄在股掌之間[8]。

根據一名德軍戰車兵的回憶，那次的伏擊戰就像「在高台上打獵。」[9]德軍戰車從山坡上開下來，沿路朝美軍車輛開火[10]。另一個德軍戰車兵回憶到處都是燃燒的車輛殘骸，宛如幽靈火炬[11]。

美國戰車兵狼狽地從燃燒的殘骸逃生，一班班的步兵從各自的半履帶車旁滾出，尖叫著、燃燒著、流著血，僥倖沒著火的人，衝到平原上的乾草堆後躲了起來。

車輛的油箱著火，殉爆後的彈藥如煙火般四處噴散。一片慘絕人寰之間，其中一輛半履帶車上方還站著一名美國步兵，憤怒的緊握五〇機槍[12]，朝德軍作困獸之鬥，直到歸於寂靜。

當美軍被打得潰不成軍時，有幾名戰車兵試圖要逃跑，但他們的運氣不太好，逃跑的路上正好撞上了師長。槍林彈雨之中，羅斯將軍衝出壕溝、抓著那些人，再將人推回到他們的戰車那裡去。

將軍迫切希望扭轉他們的命運[13]。今晚本應是他職業生涯的勝利，也是他的裝甲師破紀錄的巔峰之夜。在他的雨衣下，是穿著馬褲和擦得閃亮的軍靴。他放棄了從後方指揮的安全，選擇與他的先頭特特遣隊一起前行，甚至還帶了一名速記員來記錄他的師到達帕德博恩的時刻。

對他來說，現在的目標已經不再是奪取榮耀，而是為生存而戰。師長和隨從所乘坐的三輛吉普車、兩輛機車和一輛灰狗偵察車就近在咫尺，而其中兩輛吉普車裝有無線電。假如羅斯將軍能夠使用其中一台無線電，那他就能向師部要求增援。

羅斯一聲令下，兩名英勇的駕駛兵冒著敵火衝上了吉普車的駕駛座，接著再開進溝渠之中。他的計畫成功了，車上的兩台無線電都還能用！羅斯先用一台無線電要求砲兵對他的「座標」射擊[14]，接著用另一台接通了師部。

「史密斯，」羅斯說[15]：「派人增援縱隊，我們被敵人截斷了。」

敵人的砲彈就像長了眼睛，井然有序地找上了現場所有的目標。羅斯的一輛吉普被炸飛[16]，接著縱隊後方的樹幹也被炸倒[17]，橫躺在路上，徹底阻斷了車隊撤退的可能。

在縱隊前方燃燒的車輛照耀下，羅斯和他的手下可以看見呈楔型隊形、塗著棕褐色底漆和綠點迷彩的德軍戰車[18]，看起來就像切開戰場的冰山，一步步逼近，準備收拾掉他們。

「我們現在被卡在地獄的正中央，」[19]羅斯對他身旁的一個上校說。

為了一網打盡還倖存的美軍，德軍戰車開始朝夜空中發射照明彈。在照明彈的嘶嘶聲和引擎的怒吼中，退縮的美軍甚至還能聽到德國人的叫喊聲[20]。德軍戰車撞開了縱隊前方的美軍車輛殘骸，繼續朝空中發射照明彈。最後，所有還沒被摧毀的車輛、還沒死透的弟兄們，全部都毀於德軍戰車的怒火之中。

麻煩不只在前方，縱隊後方的德軍戰車也咆哮著逼近羅斯一行人，其中某些參謀建議應該往森林撤退，但師長認為要務應該是與成功逃到漢伯恩城堡（Hamborn Castle）的韋伯恩上校會合[21]。漢伯恩城堡是一座座落在森林山丘頂的十九世紀城堡，距離羅斯目前的位置大約兩英里。

儘管非常危險，但要溜過去是有可能的。

羅斯和他的隨從跑向他們的車輛[22]。他們決定試試逃去城堡。兩個上校擠上了前導吉普車，羅斯則跳上第二輛，其他人衝上灰狗偵察車。機車因為噪音太大，羅斯堅持不得使用它們突圍。

羅斯忠心的駕駛兵衝到車頭前方，拔掉識別將軍車的紅色車牌，接著再跳上駕駛座發動引擎。三輛車加足了馬力，接著轉向右邊開出道路，在原野上沿著燃燒的縱隊奔馳著。曳光彈四射、美軍的車輛殘骸被撞開，而在肉眼看不見、耳朵聽不見的無線電波中，「大六（Big Six），聽到請回答！」[23]這樣的句子不停地想要聯繫上羅斯將軍。

隔天早上，大約八點[24]

E連終於獲准帶領救援隊前往[25]。晨光之下，整個X特遣隊在潘興戰車與E連的帶領下離開了伯德肯森林。

駛離森林後，克拉倫斯從潛望鏡可以見到原野上飄著如塵霧般的灰煙。他東張西望，希望還來得及拯救那些弟兄。

顯然他們已經太遲了。

當靠近大屠殺現場，潘興上所有人無不瞠目結舌。

多達三十七輛美軍車輛[26]，宛如破損的玩具沿著道路散落。戰車、半履帶車、吉普車和卡車，全部不是已經燒得焦黑，就是還在悶燒。

這場伏擊戰的消息傳出後不久，全軍上下都將它稱為「韋伯恩大屠殺」（Welborn Massacre）足見其慘烈程度。

克拉倫斯渾身顫抖，他從來沒有見過這麼多美軍車輛被毀，也絕對沒有料到在美軍即將獲勝的階段，他們還會承受如此巨大的打擊。

他的臉緊貼在潛望鏡前，左右搖砲觀察戰場，試圖還原戰場的狀況。他沿著山丘上掃視，懷疑先前屠殺美國人的德軍可能還在上頭監視著他們。

「你看到了嗎？」新來的裝填手，正語氣顫抖地說著，「你看到了嗎？」

「閉嘴！」克拉倫斯打斷了他，「我在找瞄準我們的大砲！」

恩利要大家都冷靜，在這個時刻，最不需要的就是所有人都變得情緒化，進而開始針鋒相對。

潘興推進到了十字路口。

在確認視線內沒有敵人的蹤跡後，克拉倫斯開始找尋生還者。

在他的左邊，被毀滅的美軍縱隊綿延了上百碼。那些死氣沉沉的雪曼戰車，砲管胡亂地指向各個方向。

佈滿彈孔的半履帶車[27]傾入溝渠、卡車上的破帆布隨風飄揚。一排由九輛雪曼、二十一輛半履帶車[28]、一輛史都華[29]、兩輛吉普車與兩輛卡車[30]組成的車隊殘骸，全都是大屠殺的受害者。

還有一輛雪曼躲在道路右邊的穀倉後，但那也只是延緩它的死亡而已。從它的背後，德軍戰車行刑式地在它身上開了個洞[31]。這輛原本隸屬第三十二團的戰車，如今只剩下一具沒了砲塔的焦黑底盤。

一具躺在戰車殘骸附近的戰車兵遺體，已經沒了手腳，殘存的軀幹皮膚也被車輛的大火烤得通紅，不成人形。看著屍體，克拉倫斯想起了「烤火腿」[32]。這種死法，絕非任何一人應該得到的結局。

巨大的反胃感令他不得不從潛望鏡前退開，直到他恢復鎮靜之後才又回到潛望鏡前，繼續朝更深遠的地方搜索。

死亡縱隊最前方，一條走向漢伯恩城堡的道路上停著一輛被拋棄的潘興戰車[33]，它的懸吊系統已被砲彈打壞。潘興戰車在歐洲戰場上極其罕見，看到它在戰場上被擊毀，更令人感到驚訝。也許它的速度不夠快，以致於追不上其他逃過這場大屠殺的雪曼戰車，又或者德軍特別對著它集火。不論如何，永遠不會有人知道真相了。

看著承受毀滅性打擊的韋伯恩特遣隊前鋒，克拉倫斯感到一陣寒意，胃也跟著絞痛了起來。他可以想見在未來的進攻行動中，這很可能就是前鋒部隊的下場。

——

從反方向走來，兩個連的步兵正緩步掃過原野[34]。在B連的協同下，巴克和A連的弟兄走過滿是砲彈破片的草皮，飄散在空中的刺鼻橡膠燒焦味，逼得巴克摀起了口鼻。

屠殺現場只能以怵目驚心四字形容，敵人戰車為了要節省彈藥，直接用巨大的動能和履帶將路障給撞開或碾碎[35]。一輛吉普車的車頂整個被德軍戰車掀翻[36]，還有一輛半履帶車頭尾都被戰車履帶給碾碎。

這些車輛原本滿載著F連的弟兄，現在它們成了一團悶燒的廢鐵，許多弟兄沒來得及逃出。在其中一輛半履帶車的人員艙內[37]，幾個人就死在自己的座位上，被熊熊大火吞噬。

一小群身穿橄欖綠制服，昨晚成功逃進森林的步兵和戰車兵出現在林線。在寒冷的林子內躲了一晚後，很多人對於昨天的大屠殺還餘悸猶存。

事實上，在韋伯恩特遣隊遭到埋伏，且前後都被堵死，大部分的人選擇被德軍戰車殲滅之前跳車逃生，大幅降低了實際死亡人數。

最後，大家發現了那輛被棄置在路邊，羅斯將軍護衛所騎的機車，但沒人知道將軍他們到哪裡了。

———

大約也在當天早上的那個時候，一支偵察隊被派往漢伯恩城堡調查將軍的下落。

兩個第三十三團團部的下士[38]沿著鄉道繼續走，超出了特遣隊昨天推進的前緣。在那，他們見到了一輛撞上樹幹，已經稀巴爛的吉普車。

地上隨處可見德軍戰車的履帶痕。

———

前一晚，羅斯將軍和他的隨從駕著車，繞過了燃燒中的縱隊，最後開回到道路上，奇蹟似地脫離了埋伏。

就在他們以為脫離險境時，前方出現了一輛戰車，直奔他們而來。手握方向盤的上校突然感到一陣心安，因為那輛戰車既寬、砲管又長，看起來就像韋伯恩特遣隊最前方的潘興戰車。

「這是傑克的新戰車，」[39]當上校開著吉普車繞過那個龐然大物時，他一邊要車上其他人放心。另一個坐在副駕駛座上的上校轉頭一看，他注意到那輛戰車的車尾有兩根直立的排氣管，那很顯然是德式設計。「哇靠！是虎式戰車！」[40]他大叫著，「快逃！」

吉普車馬上偏離道路再開進原野。

載著羅斯將軍的第二輛吉普車，直直朝那輛戰車衝去。就在駕駛手試圖從左方繞過那輛戰車，且快要閃過它時，德國戰車突然用近七十噸的車身擋住了他們的去路，再狠狠將他們壓在樹幹上。

緊跟在後方的灰狗偵察車雖然及時繞過了他們，但它逃得不夠快，很快就被其他仍在路上的德國戰車給攔停。

在動彈不得的吉普車上，羅斯和他的駕駛兵在別無選擇的情況下只能高舉雙手投降。砲塔頂上，出現一個僅現出輪廓的德軍車長，高高站在那，手持MP40衝鋒槍瞄準了他們。

對方用快速、一連串而沙啞的喉音對著他們下令，雖然羅斯將軍會說跟德語類似的意第緒語（Yiddish），但他聽不懂那位車長在喊什麼。

「聽不懂，」羅斯將軍用意第緒語重複回應[41]，「聽不懂。」

羅斯的駕駛認為[42]德軍車長可能是想要他們繳械，羅斯也認同他的看法。畢竟用一把手槍換一條命聽起來是很划算的交易。駕駛兵先解開了他的肩掛式槍套，並放在了德軍戰車上，接著羅斯也照辦，但他用的是腰掛式槍套，因此他的手挪到腰身附近，解開了腰帶讓槍套自然落下。

就在羅斯再次將手舉起到雙眼的高度時，德軍手中的衝鋒槍突然作響，槍口焰短暫照亮了黑夜。目擊者記得聽到衝鋒槍打了超過三次點放[43]，也見到將軍的鋼盔噴飛到半空中。

當德軍車長開始重新裝填，羅斯的駕駛抓緊時機衝進了黑暗之中。

——

偵察隊的那兩位下士終於找到了將軍，他已成了躺在吉普車前，一具冰冷、從臉到腰佈滿了十四個彈孔[44]的屍體。

他的手槍還插在槍套上，連同腰帶落在他身邊，而被多發子彈貫穿的鋼盔，靜靜掉在屍體附近。

為何德軍車長選擇殺了羅斯呢？

伏擊戰後，開槍的德軍車長，一位年輕的下士向其他車長透露了事情的經過。他以為對方要開槍，並表示差點被「一名非常高大的美國人」射殺，只是他動作比較快，先反殺了對方。

是天色昏暗所造成的誤會？又或者是他出現了被害妄想症？沒有人知道真相，也永遠不會有人知道了。在大屠殺幾天後的一次偵察任務中，這位膽大妄為的德國人[45]在與美軍的槍戰中被殺了。*

＊原註：戰功卓越的德軍車長迪特・雅恩中尉（Dieter Jähn）敘述了當晚的混亂狀況。在砲塔上，他聽到有不明的車輛逼近，接著他看見一輛美軍吉普車從黑暗中出現，後方還跟著一輛戰車。雅恩的射手朝那輛戰車射擊，但砲彈竟從它的裝甲彈開，接著有人從那輛車上喊著德語，罵道：「你這混蛋！」原來開著吉普車的是另一個名叫科特曼（Koltermann）的車長，他後方的戰車也是自己人。雅恩告誡他朋友，在戰場上開著敵人的車輛回到友軍陣線是頗愚蠢的想法，但科特曼顯然很享受開吉普車的感覺，且他的車上還載著從灰狗偵察車上俘虜、羅斯的作戰官史威特中校（Sweat）。不過，史威特還反過來要求德國戰車兵投降。聽到這話，科特曼僅表示他只是個服從命令的軍人，決定是否要停戰，完全取決於那些在柏林、華盛頓、莫斯科和倫敦的高官。

在確認羅斯將軍死亡後，其中一個下士拿著從吉普車上找到的毛毯，作為羅斯將軍的裹屍布[46]。兩人合力將他們已經殞落的師長，半抬半拖地帶往漢伯恩城堡。

見到拖著遺體的兩名下士，得知遺體身分的弟兄無一不潸然淚下，縱使他們已經歷過如此多悲劇和傷痛。「大家弔念這位殞落的師長，如同戰車兵在弔念殞命的弟兄一樣悲傷，」[47]隊史如此記載著。一名通信兵道出大家如此感傷的原因：「我們覺得他就是我們的一份子。」[48]

在那日的伏擊戰後，韋伯恩特遣隊失去了十三名弟兄[49]，另外還有十六人負傷。但唯有兩位下士手中的第十四人，令全師上下皆感如喪至親之痛。

當晚——

夜裡，巴克帶著另外四個弟兄走到了停在高地、正監視著帕德博恩的一整列美軍戰車之後。其他步兵搭起了簡易營帳準備過夜，巴克覺得在這寒冷的夜晚應該有更好的選擇。他相中了隊伍最左邊，底盤寬度應該可以容納所有人睡在車底的那輛戰車。

他用槍托輕敲戰車，吸引車上的人注意。砲塔上的恩利，在聽到聲音後便傾身往下查看。

「介意我睡這裡嗎？」巴克問。

恩利沒什麼意見，如果他要開車的話，他會先叫醒大家。

得到車長同意後，巴克和弟兄們爬進了戰車的底盤。

那四位弟兄全都是新報到的菜鳥，替換巴克那輛半履帶車上負傷的四人。作為班上的老兵，帶領他們自然成了巴克的責任。

排長布姆讓巴克晉升為副班長，負責領導一支由菜鳥組成的班。至於其他老兵，像拜倫與開利這些人則由下士排附指揮。

在戰車底下，大夥合作將帳篷布當地墊，接著鋪上一張張毛毯，最後才肩並肩躺上去。在戰車底下睡覺有種壓迫感，感覺像在洞穴裡露營。好處是引擎已經先將地面烘熱，在寒夜裡睡起來格外舒服。

鄰近的村莊，技工正在保養戰車，以讓它們準備應對接下來的戰鬥。榔頭沉重的敲擊聲與板手清脆的掉落聲不斷從穀倉內傳來，接著還有一兩輛戰車從附近開過，並在戰線上就定位。

菜鳥們很快地就睡著了，巴克卻輾轉難眠。明天拂曉，他們就要進攻「納粹版諾克斯堡」，且他現在再也不能獨善其身，還得照顧一群新人。看著他們這些三兵，巴克想起了他剛到連上的模樣，這不禁令他開始擔憂了起來。

這些菜鳥當中，其中一個叫克萊德·里德（Clyde Reed），他們家包含他在內有十三個兄弟姊妹，是個從小就被保護得很好的小孩。他見到巴克後第一句話就是：「我不想殺任何人。」

第二個叫迪克·施耐德（Dick Schneider），他對雞肉有奇妙的厭惡感。有次在出征前吃晚餐時，餐車送來熱騰騰的雞肉大餐，他竟然拿這個跟人家交換K口糧來吃。

第三個是史坦·理查茲（Stan Richards），瘦高又安靜，每次都用很輕鬆的方式拿著他的M1步槍。

最後一人是路德·瓊斯（Luther Jones），這一年已經三十一歲，是所有人裡面最老的，他總是跟經過的人炫耀他遠在西維吉尼亞州老家的孩子們的照片。

巴克知道他手下弟兄一點都不想打仗，這讓他苦惱在明天破曉後，究竟要怎麼安全地帶著他們度過難關？當子彈呼嘯通過身旁，他們之中又有誰是可以信任的？

——

在巴克之上，潘興內的戰車兵要輪流在裝填手頂門站哨。在輪到克拉倫斯前，他得先睡個好覺。

克拉倫斯將椅背放下，並將木板放在椅背與恩利的座椅之間。

在將毛毯折成枕頭後，他將砲塔天花板的燈關掉。

他的臉正對著車長頂門，戰車底下傳來了有人移動而發出窸窸窣窣的聲音。

全連都在討論德軍在射殺羅斯將軍後，卻沒有將他的屍體運走一事。很顯然，對方並不清楚他殺的人成了在歐洲戰區陣亡的最高階美軍，也不知道他射殺的是一位父親。

《紐約太陽報》（*New York Sun*）的記者記得在對帕德博恩發動史詩級的攻擊行動前，羅斯曾經接受記者訪問時說道：

「戰爭就快要結束了，」[50]接著其中一位記者問道：「戰爭結束後，你接下來有什麼計畫呢？」將軍回：「我有個兒子，今年四歲，我們彼此不太熟悉，但我們以後會慢慢變熟的，只是需要很多時間。」

然而，他的兒子麥克（Mike），現在卻成為了孤兒。整個矛尖師，也失去了如父親般的師長。

除了這籠罩了全師上下的哀傷外，羅斯的死也印證了克拉倫斯最深層的恐懼——**死亡只是時間問題而已**。

沒有人能逃過自己的大限。

對於時常遊走在前線的羅斯將軍來說，他似乎總能躲過自己的大限。對於克拉倫斯與其他不斷與敵搏鬥的弟兄來說，他的存在宛如一盞在黑暗中的明燈，讓大家保持著一絲能活過戰爭的信念。

不論情勢有多嚴峻，如果羅斯能站起來，那任何一個大兵都可以。但當他無力地成了一具平躺在漢伯恩城堡廳堂內桌上的屍體時，所有人的信念也隨之瓦解。

而令他喪命的，是他臨陣當先的作風。

當保羅・菲爾克拉夫在蒙斯衝上去拯救傷兵，他因此死了。

查理・羅斯的兒子出世不過一週半後，他在赫德雷因此而死。

比爾・海伊在大薩特中雷後沒有撤退，他也因此而死。

但臨陣當先害死的不只這些人。

那位包包裡還裝著棋盤的「大學男孩」，羅伯特・鮑爾在布拉茨海姆時也因此而死。

而近到已經能看清科隆大教堂的前雜貨店員，卡爾・凱爾納也是因此而死。

臨陣當先這作風，把他們全都害死了。

明天破曉，克拉倫斯也會臨陣當先，再次成為全隊的先鋒。雖然現在戰車油彈已補滿，士官兵的士氣卻不如以往。毫無疑問，這場矛尖師參與的最後主要戰鬥，潘興戰車將成為整個特遣隊與威斯伐倫親衛裝甲旅撞擊的最前鋒。敵人絕對會特別關照這輛開在所有人之前、有著最強大主砲的戰車。

蜷在潘興戰車寒冷的裝甲牆壁旁，那晚就像行刑前夜一樣難熬。克拉倫斯回想了自己二十一年的人生，一邊思索著未來，一邊倒數著拂曉的到來。克拉倫斯與即將上絞刑台的人有著最關鍵的不同。

那就是軍隊並沒有緊鎖他的牢籠。

敞開的頂門就在那兒，他隨時可以選擇起身、爬出頂門，接著消失一整天。只要這麼做，他就能安享天年。或者他可以選擇繼續待在這裡，隨命運漂泊到自己的終點。

漫漫長夜之中，克拉倫斯不斷思考著在美軍戰車兵間流傳的謎語：

怎麼會有人要來幹這種鬼差事？

第二十二章　家人

隔天一早，一九四五年四月一日
德國，帕德博恩

在俯視帕德博恩的高地上，E連一列向東延伸的戰車，與另外兩支特遣隊的戰車一同迎向早晨。

低空烏雲密布[1]，陽光透過雲間的空隙，形成一條條細小的光柱，點綴在遠方的山丘與樹林間。

時間大約是早上七點十五分，恩利已經前去聽取簡報。位於隊伍左邊的那輛潘興戰車上，克拉倫斯正在車長席上緊張地抽著菸。

克拉倫斯綁緊了他的白色圍巾，準備好迎接不可避免的戰鬥。潘興與其他戰車後方的步兵則正收拾著行囊和武器。此時，現場還沒有任何一輛戰車開動引擎，他深吸了一口菸，再多的尼古丁也無法壓抑焦慮感，他注定得攻向那個地方。

潘星的主砲，直直指向了帕德博恩。

兩英里外一片黑暗的大地上，那座古老的德國城鎮看起來就像燈塔一樣顯眼。五天前，英國皇家空軍[2]對此進行轟炸，在某些區域仍在悶燒的城鎮裡，許多白色的半木造民房被夷為平地，查理大帝曾經身處的哥德式教堂也變得殘破不堪。

克拉倫斯擔心的不是被毀的城鎮，而是更迫切的危機。

E連部署在攻擊帕德博恩鐵路機廠的陣地上，他們的目標就是奪取機廠，並固守至援軍抵達為止。以戰術的角度來說，鐵路機廠是每個戰車兵的噩夢，敵人裝甲部隊可以利用廢棄的列車作為掩體，深遠狹長、由眾多列車和月台區隔出的鐵道間空間，則成了它們的射擊走廊。

光是要抵達機廠就會是一場硬仗，E連得先通過長達兩英里，在地毯式轟炸後炸得像月球表面的地表。接著再穿越兩側原先整齊排列著小屋，但如今已堆滿瓦礫和斷垣殘壁相伴的街道。

此外，克拉倫斯也發現了一個不祥預兆。這次家家戶戶的窗外都沒有懸掛象徵投降的床單，不像他之前到過的其他城鎮。

克拉倫斯菸一根接著一根地抽，他可以感覺到威斯伐倫親衛裝甲旅就在那裡等著他們，自己卻完全看不見對方的蹤跡。克拉倫斯的腦海中不斷重複思考著這問題：**為什麼？明知道戰爭要結束了，為什麼他們還不放棄**？

這時，從右邊傳來的轟隆聲吸引了克拉倫斯的注意，難道F連終於來了嗎？

在攻擊發起線上，E連與另一個特遣隊之間有個空隙[3]，原本應在此就定位的X特遣隊F連雪曼戰車與兩個裝甲步兵連，尚未抵達發起線。

四輛M36傑克森式（Jackson）驅逐戰車，代替F連出現在更高的高地上[4]。這些M36——配備九十公厘戰車砲——準備為E連的攻擊行動提供火力支援。它們不僅是可觀的火力，更是令E連可與敵人戰車正面衝突的保障。

被稱為納粹版諾克斯堡的瑟內拉格基地（Sennelager）就坐落在帕德博恩鎮的另一端，但矛尖師不需要朝那進攻，敵人會出來迎戰。該基地的德國裝甲兵學校部署有二十五輛戰車[5]，這在當時德國整個西線只有約兩百輛各式戰甲車[6]可用的情況下，是規模相當強大的戰力。

「上車出發！」

A連弟兄開始朝他們的戰車移動[7]。要搭便車的裝甲步兵魚貫爬上戰車，還沒上車的，將機槍傳給站在戰車上的人，再將步槍遞到他們的手中。

「介意我們上車嗎？」

克拉倫斯看了看站在潘興後方，將他認成車長的巴克和另外四個菜鳥。他不介意對方的請求與誤認，在甩掉了菸頭後便招手示意他們上車。

「往前挪一點，不然你的屁股會烤焦，」巴克教導他的阿兵哥如何正確地搭戰車。看見那四個菜鳥在散熱器排柵上挪來挪去時，克拉倫斯忍不住笑了出來。

見到聽完簡報回來的恩利後，克拉倫斯傾身探出砲塔，觀察爬上車的車長那叼在嘴邊的菸斗。但當他見到菸斗不斷在恩利的牙齒間顫抖時，他就知道情況比他想的還要更糟。

克拉倫斯決定先不讓其他人知道的情況下，問問恩利現在是什麼狀況。「F連呢？」克拉倫斯問道，畢竟在攻擊發起線上，原本應該由他們佔據的位置現在還是空無一人[8]。

恩利搖了搖頭，表示大半特遣隊都還在趕來的路上，還未就位。已就位的部隊還是得按計畫發起攻擊。

克拉倫斯爆了粗口，F連原本的任務是要佔領前往鐵路機廠必經的帕德博恩機場，搞定駐在那裡的守軍。F連的缺席，使得E連現在得冒險經過這些地方。

這時，本營那名高大、身材標準、白髮，肩膀上掛著紫色法衣的隨軍牧師靠近了潘興戰車。

「需要祈福嗎？」他開口詢問。

恩利覺得他們現在太需要上帝的賜福了，他朝砲塔內一喊，把所有人給叫了出來。

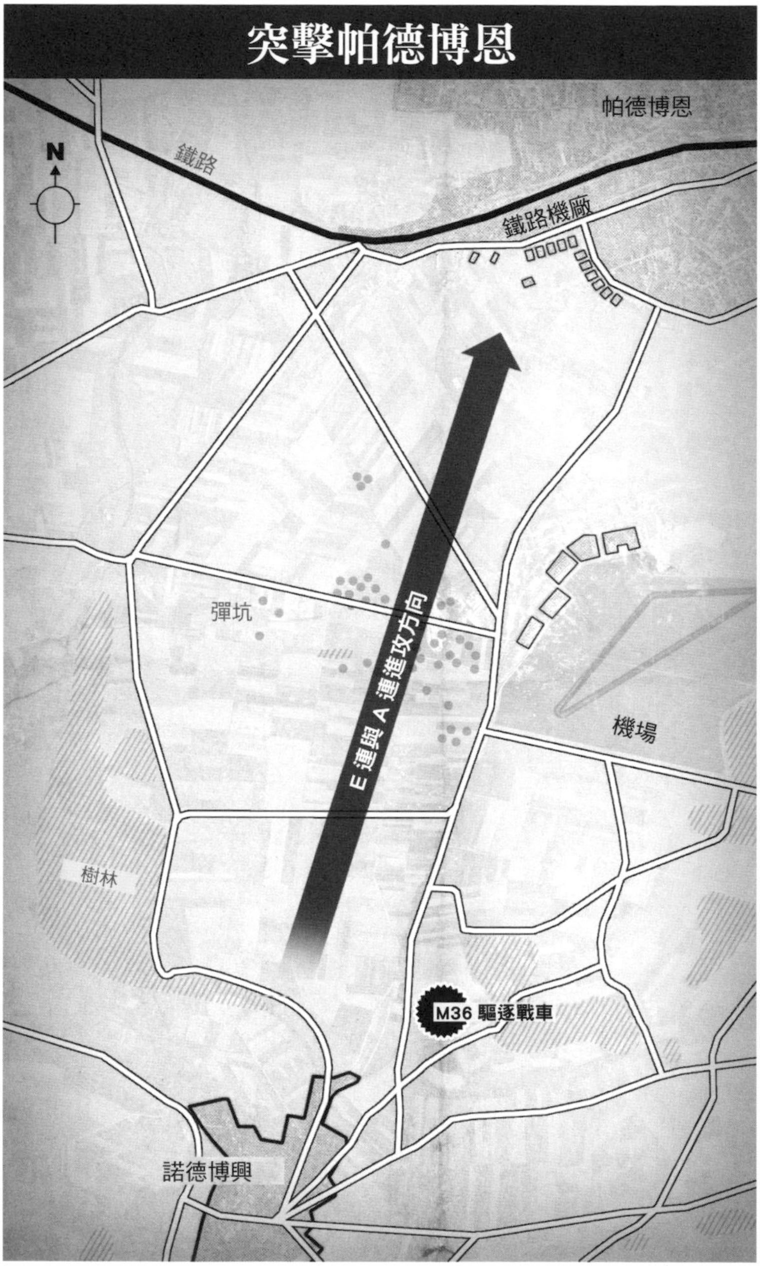

牧師站在戰車前方，取下了他的鋼盔，克拉倫斯與恩利也脫去了通訊頭盔與帽子，巴克和其他菜鳥二兵則一同向前聚集。「我只想要讓你們記得，今天是復活節，也是一個戰勝死亡的日子，」牧師說道。

復活節！在所有人都積極備戰的氛圍中，克拉倫斯已經完全忘了這個重要節日。他與其他弟兄一起低著頭，牧師大聲向上帝祈求，願祂使這群戰車兵成為祂將和平帶回世界的器械。祈福結束後，牧師祝弟兄們一路平安，接著又走向了下一輛戰車。

戰車兵與步兵們沉默不語。

克拉倫斯看著一輛輛雪曼上的戰車兵弟兄爬下車，到他們的車前集合，其他人列隊恭迎牧師到來。牧師一一為他們祈福，有些人單膝跪地，有些垂著頭，全都不發一語，唯有牧師的話劃過了寂靜。

戰車兵們始爬回自己的雪曼上，陽光從彼端射向他們，在他們的身上勾勒出了金黃色的輪廓，令見到此景的克拉倫斯大感震驚。

一直以來，他都為自己的「家人」奮戰著，他的世界永遠是車上的五個人：恩利、老煙槍、麥克維、德里吉和他自己一同對抗著德軍。但在一九四五年的復活節，克拉倫斯第一次從更高層次的格局來思考。他看見了所謂的「家人」，並不只是他車上的弟兄而已。

——

攻擊發起的時刻到來了，整排戰車的頂門蓋開始甩上緊閉。

克拉倫斯轉頭，給要搭他便車的那群步兵一些忠告。

「大家注意，當我開砲的時候會蠻嚇人的，大家要牢牢抓緊。」

巴克感謝他的提醒。

說完後，克拉倫斯遁入了砲塔內。

在他前方的平原一無所有，唯有死亡，但克拉倫斯現在正處在他想要身處的地方。正如保羅．菲爾克拉夫、比爾．海伊、羅斯將軍，他們全都做出了抉擇。那天早上，克拉倫斯也下定了決心：**我們擁有最強大的砲；要在前面轟出一條生路**。

——

他的手錶指到早上六點三十分[9]，恩利對麥克維喊道：「搖曲柄發車！」這個句話指的是早年雪曼戰車星狀引擎發動前的程序。

在雪曼引擎的交響樂中，潘興的引擎發出吼聲，迅速形成了規律的頻率。不過，今天虔誠的天主教徒麥克維並沒有念他經典的「大砲彈」禱告文，牧師剛剛唸的就很夠了。

在一整列的雪曼之中，同樣身處在戰車內的連長下達了攻擊前進的命令。

引擎一吼、榨出馬力，潘興戰車如脫韁野馬率先衝出陣列。隔壁的雪曼戰車等了約十秒才開跑，接著另一輛等了約二十秒……按此順序，整列戰車依序向前推進。

戰車沒有以橫隊前進跨越平原，而是採用了左梯隊隊形，這樣各輛戰車即可掩護鄰車的側翼。

在眾人之前，也許是這場戰爭最後的主要勝利。帕德博恩是德軍在魯爾區的命脈[10]，所有的道路網、鐵路網、通訊網都要經由帕德博恩分配至德國其他地方，且此地也是魯爾多達三十七萬名德軍的撤退路徑——除非矛尖師先行一步。

假如矛尖師能奪取帕德博，並與地獄之輪師會師，他們就會形成一道銅牆鐵壁，並成為「戰史上最大規模包圍戰」[11]的勝利者，那麼第三帝國也將枯萎而亡。

但在這之前，他們必須先開到帕德柏恩的鐵路機廠。

——

巴克牢牢抓緊砲塔，當他們衝過一排矮樹叢時，他注意到枝頭已因春天到來而含苞待放。

他右邊那群衝鋒的戰車上，那直挺挺的主砲就像騎槍一樣，步兵們坐在車邊、雙腳懸掛在外。手抱BAR輕機槍的拜倫，與第三排第二班另一半的弟兄坐在鄰車。當戰車開始隨地形起伏而下降時，他冰冷的眼神也瞬間與巴克相會。

戰車部隊開到了被炸彈蹂躪過的原野，跨過一個又一個的彈坑。一行人任憑戰車劇烈上下起伏而猛烈左搖右晃，巴克對身旁的菜鳥大喊：「抓緊！」潘興雖然因障礙物而慢了下來，但速度依舊飛快。

在E連靠近飛機場的那側，彈坑比這裡還要更密集，駕駛試圖閃避障礙物使得戰車蜿蜒而行，整體的速度顯著慢了下來。

假如戰爭真的要結束了，那麼威斯伐倫親衛裝甲旅的士兵顯然沒有接到通知。

戰車轟隆隆開過，挾著鐵拳火箭彈的德軍士兵便從彈坑裡冒出來[12]。

遠方有一輛雪曼戰車當場爆炸，車上的步兵被油彈殉爆的力量拋上天。

隔壁雪曼上的一名步兵衝向砲塔，操起機槍開始掃射，亟欲要為他的弟兄復仇，但他的英勇作為只是一時的。另一發鐵拳火箭彈命中了砲塔後便將他拋飛在地，並在他的頭部留下了致命傷[13]。

戰車上的步兵開始還擊，巴克在緊依著砲塔、端起步槍朝敵人射擊時，其他菜鳥也跟著照做。

戰車在這千瘡百孔的地表上急駛，射擊是毫無準頭可言的，且不過幾秒的時間，他們看到的任何躲在彈坑內的德軍都被拋在身後了。

這時又有一輛雪曼的左側履帶被鐵拳命中了，它馬上從各車間掉了隊，駕駛手非死即傷。車上被爆炸給震暈的步兵從兩側落下，試圖迅速遠離那輛被癱瘓、隨意打轉的戰車[14]。那些人如不加緊腳步逃跑，下場很可能就會被履帶給輾斃。

當布姆少尉搭的戰車掠過一個德軍機槍組時，他感覺說受夠了，他要求車長停車，接著跳下車親自與敵人駁火。大家最後一次看到他與班兵的動作，是正朝藏匿著德軍機槍手的彈坑內丟擲手榴彈。

——

為了避免隊形瓦解，潘興戰車不得不放慢速度。躲在砲塔後的巴克偷偷探起頭來，看一下他們到底還剩下多少距離。儘管一路上反抗激烈，但他們已跨越了超過一半的距離。

即便如此，情況仍不容樂觀。

在沒有任何預警的情況下，數十個紅色發光球體[15]從機場升起並轉向E連。一個德國空軍高射砲團從機庫周圍的陣地將八門二十公厘高射砲對準了他們。

全連的步兵都盡可能壓低身子，巴克和菜鳥們趴在炙熱的引擎蓋板上，在他們的頭頂上仍有許多球體朝他們逼近。當球體接近他們時，速度突然變快，最後發出巨響，落在戰車之間和他們的後方。

砲彈集中落在一輛靠近機場的雪曼附近，在側翼的爆炸聲如敲出節奏的大鼓[16]。一名原本在戰車外上的步兵也跟著被掃落，感覺就像被巨人的手指彈飛似的。

另一名雪曼的駕駛因為懼怕來襲的火力，將戰車開入彈坑中尋求掩護。當戰車衝下彈坑並發出金屬的擠壓聲時，所有搭便車的步兵都被甩飛過砲塔。

一個通信兵爬起身，跛著腳努力走向彈坑，就在最後幾英尺時，一發砲彈將他給撂倒了[17]。

從空中高速落下的球體，劃出如一條條紅色水管的光影，它們由遠至近、由寬至窄，逐漸朝潘興收緊。

砲彈落在戰車前方，巴克跟著緊壓頭盔，接著被落雨般的泥土淋得一身。其中一發砲彈命中了潘興的側裙裝甲，瞬間將一波火花撒向巴克和菜鳥大兵。

巴克爬向砲塔左邊，盡可能護住他的全身，這樣就只有他的左腳還暴露在砲擊的方向。

「我不管啦！」一個菜鳥大叫，他一手抓著潘興底盤左邊的握把，一手抓著步槍，跳下車後徒步跟著戰車跑。

另一個菜鳥有樣學樣，跟著跳下了戰車，接著另一個菜鳥也跟上了他們的腳步。早在巴克回過神前，車上四個菜鳥已跳下車，選擇用自己的雙腿跟緊戰車。全班只剩下巴克還緊趴在原位，盯著旁邊跑步的四個人。

此時，火熱的球體終於停止在戰車間呼嘯。

巴克抬起頭，好奇為何德軍突然停火的原因。

在他身後遠方，為了彌補F連缺席的戰力空缺，指揮官決定先用由三輛配備了一〇五公厘榴砲的雪曼戰車所編成的突擊組頂替，並朝機場發起攻擊。

克拉倫斯這時終於忍不住發問了：「包伯，我們現在情況怎樣了。」

「不太好，」恩利回答。

陣列中只剩下六輛雪曼，且它們彼此都間隔很遠，這一路上到處都散落著被遺棄的戰車。目前E連已經損失了大半的戰車，但真正的戰鬥這才要開始。

右前方，一發綠色閃電水平衝向了編隊中央，猛烈的金屬碰撞逼得恩利蹲回砲塔內找掩護。被命中的雪曼應聲停了下來。那發砲彈準得要命，克拉倫斯的耳機內頓時充斥著來自各方的警告喊叫聲。

隨著E連持續推進，有越來越多綠色閃電飛過來，發出如猛力抽動的鞭笞聲，再瞬間穿越了戰車之間飛向後方。其中一發被戰車裝甲彈飛的砲彈，邊飛向空中邊發出飄忽不定、漸行漸遠的聲響。

各車車長通報鐵路車廠東側有大量砲口焰後，各輛雪曼盲目跟著朝該方向射擊。其中一輛雪曼在主砲停止運作後直接掉頭，連長亟欲控住全連的狀況[18]。

另一輛雪曼則在遭到重擊後停止[19]，車組員趕在泉湧的火焰噴出頂門之前，連滾帶爬逃出戰車。

此時M36驅逐戰車的排長以無線電通報[20]，他們已目視敵戰車，在聽到他們回報看見了一輛虎式、一輛疑似豹式的戰車和兩輛自走砲時，克拉倫斯心頭一沉。這些戰車目前藏匿在東北方鐵路機廠內，肆意朝他們開砲。

恩利試圖用雙筒望遠鏡找尋那些戰車，卻一無所獲。這讓克拉倫斯更加沮喪了。此時他唯一能看見的就只有建築群右側陰暗的鐵路機廠建築。

突然間，如燃燒箭矢般的橘色曳光彈從E連頭頂上飛掠。恩利的右後方，那群M36正在高地上開砲。

驅逐戰車的射手正將砲彈一波一波的打向機廠。儘管在兩千六百碼外的距離無法觀測彈著點[21]，但他們還是連續集火射擊了七十次。

克拉倫斯盯著那些飛向陰暗機廠的曳光彈。

沿著曳光彈的路徑，他瞄準了建築間的一處空隙。在沒有目視目標的情況下射擊是毫無意義的，跳動的十字絲更令他難以精確瞄準。此外，那些德軍車長也不會被近爆彈給嚇著。

那些人除了是裝甲學校的教官[22]，還是與妻子或女友在移居到帕德伯恩的戰場老手。對那些人而言，這裡就是他們的家園。身處在曾經用於駕駛或射手訓練的戰車上，那些老經驗的士兵正帶著自己的學生進入最終極的教室……

克拉倫斯的食指緊貼在扳機上。

不論敵人是誰，也不論他的砲彈會命中何處，克拉倫斯都不在乎了。他決定要給在機廠的德軍傳去一個訊息：如果他真要葬身於此，絕對不會讓滿車彈藥隨他陪葬。

——

潘興的九十公厘主砲發出震耳欲聾的巨響，巴克緊抓著砲塔旁的鉤環不放。強大的砲口暴風迎面撞上，就像一條「濕抹布」[23]高速甩在他的身上。他發誓，那力量大到將他從引擎蓋板上給抬起。

巴克感到一陣耳鳴與窒息感，視線也隨之模糊，更糟的是他沒辦法預測何時還會再開第二砲。

我們要完蛋了！巴克心裡告訴自己。

潘興的車組員大概也在想同樣的事情。此時戰車引擎突然噴出了大量熱氣，在巴克的腳底下開始悶吼，接著這輛四十六噸的戰車開始爆衝，向後拋起許多被履帶捲起的草皮。同時，鄰近的雪曼戰車也開始全力加速。

「快上車！」巴克對著還在旁邊用雙腿追趕戰車的菜鳥兵大喊。

他將步槍放在一旁、靠出車外，一手抓著砲塔外的鉤環，一手將車邊的菜鳥拉起，跳過轉動中的乘載輪。一個、兩個、三個，最後剩下一個還在苦苦追趕戰車的菜鳥。

那個菜鳥一手抓住底盤外露的握把，接著以飛行的姿態被戰車拖行著，每當他的雙腳想踩在地面上順著跑，他都會瞬間失去平衡，接著雙腳又往後飛，再次被拖行。這次，在其他菜鳥的幫助下，巴克才得以將他拖回到車上。

就在這時，恩利從砲塔鑽出來對還未回神的步兵大喊：「準備下車！」

潘興在兩排房子外五十碼處慢了下來，這個距離仍在鐵拳火箭彈的射程之內。

透過潛望鏡，克拉倫斯眼見所及之處都是麻煩。敵人已經在房屋前幾碼挖掘了一長串的散兵坑[24]，且他還觀察到地表上有動靜。數顆戴著鋼盔的頭不斷上下移動窺探。遠方甚至能見到德軍士兵在房屋間來去穿梭。克拉倫斯扣下了同軸機槍扳機，一束一束的曳光彈瞬間讓德軍化作鳥獸散。

「告訴步兵，前面的院子滿是敵人！」克拉倫斯喊道。

恩利快速探出頂門接著再縮回來後說：「太慢了，他們已經下車了，要注意友軍！」

——

在潘興戰車的掩護下，巴克和他的班兵向前挺進。一輛雪曼開到了鄰近的房子後，車上第三排第二班的另一半弟兄也跳下了車。對於戰車來說，除非步兵能完成逐屋掃蕩，否則留在此地的風險極大。

一挺在右邊街區屋內的德軍機槍，朝院子掃出一排綠色曳光彈。巴克馬上臥倒在原本立著郵筒的地方，另外兩個他身邊的菜鳥也跟著趴臥在地上。

但另外兩個菜鳥似乎沒弄懂狀況，還繼續朝院子的方向衝鋒。

在那個當下，他們被眼前的狀況給嚇到。他們被眾多、擠滿了德軍的散兵坑給包圍。兩個菜鳥面對四面八方飛來的子彈時，做出的反應卻是面露驚恐地傻站在原地。

「趴下！」巴克吼道。

其中一個菜鳥衝向了最近的散兵坑，裡頭的德軍竟高舉雙手示意投降。

菜鳥一邊用他的步槍比劃，一邊大喊要對方滾出去。

菜鳥衝進散兵坑，原本的主人卻落荒而逃。這處院子內的德軍面臨著艱難的抉擇，他們要不選擇投降，要不選擇被美軍戰車給壓扁。

原本傻傻站著的另一個菜鳥也衝進了最近的散兵坑內。

這時又有一輛雪曼戰車停在右邊，車上載的是布姆與他的排部。巴克看到布姆也趕上時，不禁鬆了一口氣。

帶著三、四人，布姆衝進那棟架有德軍機槍且現在還吐著火舌的房子。踹開大門後，他們魚貫衝入屋內。不一會兒工夫，機槍安靜了下來。當他重新從屋內出現時，他示意巴克和其他人與他們會合。

巴克將身邊兩個還驚魂未定的菜鳥給挖起，接著對躲在散兵坑內的另一個菜鳥痛罵一頓。

當想起全班還有一人未到時，他停下了腳步，最後在左邊的散兵坑內找到了那個失蹤的菜鳥。菜鳥與一名德軍士兵站在散兵坑內，四目相交，這兩個年紀相仿的男孩，用顫抖雙手將槍舉在胸前，雙腿也不自主地打起顫來。

巴克伸手抓住德軍的槍口，將步槍從他的手中扯開，接著再揪住菜鳥的領口，將他拉出散兵坑外，徒留傻在原地的德軍。

那個菜鳥踏著蹣跚的步伐向前，令巴克不得不拽著他加速向前走。最後，身後揪著菜鳥的巴克終於進到了那棟房子內。

第二十三章　提槍應戰

同一日早上
帕德伯恩

一進入屋內，巴克馬上感受到安全感，戰爭就像是被拒於門外一般。他大口喘著氣，剛剛被他救出的菜鳥則靠在牆上試圖站穩腳步。

十幾名弟兄讓屋內變得十分熱鬧。拜倫手持BAR守著後門，布姆安排監視的兵力。

巴克發現桌上有一塊白色的復活節蛋糕，他驚訝居然沒有人——甚至開利在內——對它起心動念。

此時，正門被人打開，戴著眼鏡的A連連長沃爾特・伯林（Walter Berlin）走了進來，後面跟著他的弟兄。巴克很高興能見到他，連長的出現給大家吃了一顆定心丸。屋外，有越來越多從原野上跑來的步兵，衝上前來掃蕩鄰近的房屋[1]。

伯林連長用無線電通話時，臉上露出了憂愁的神情。他將話筒遞回給無線電兵，接著問說：「有人知道我們的潘興戰車抵達了嗎？」

「報告長官，有的，我們搭它的便車來的，」巴克立即回答。

伯林聽後鬆了一口氣。友軍發現了兩輛德國戰車正在他們東邊的建築群間移動，那裡是M36

早先射擊的位置。倘若那些戰車又再靠近，他們就會需要潘興戰車來助陣了。攻擊將會持續。

布姆聽取連長的突擊簡報。在鐵路機廠的建築後方，偵照顯示地面上的那棟轉轍器房，可以提供監視整段鐵路的視野。布姆的任務是要帶領二十人佔領那間轉轍器房。一旦達成任務，友軍戰車就會開始推進。

事不宜遲，巴克檢查了彈藥後看向他的班兵，他發現四個菜鳥站的距離很近，近到讓他們可以坐在同一張沙發上。

巴克警告他們等下出去後，需要注意彼此的距離。「假如你們站得這麼緊密，德軍機槍手肯定會把你們當成首要目標。」

大約二十名弟兄衝出了後門，布姆沒有跟著出去，而是待在後方向戰車兵簡報A連的計畫。實際上帶隊衝向大約一百碼外轉轍器房的人，將會是排附。

弟兄們進入鐵路機廠，現場異常安靜[2]。他們的身後，其他特遣隊在飛機場的另一端遭遇到守軍的頑抗。遠方傳來的交戰聲不絕於耳。目前

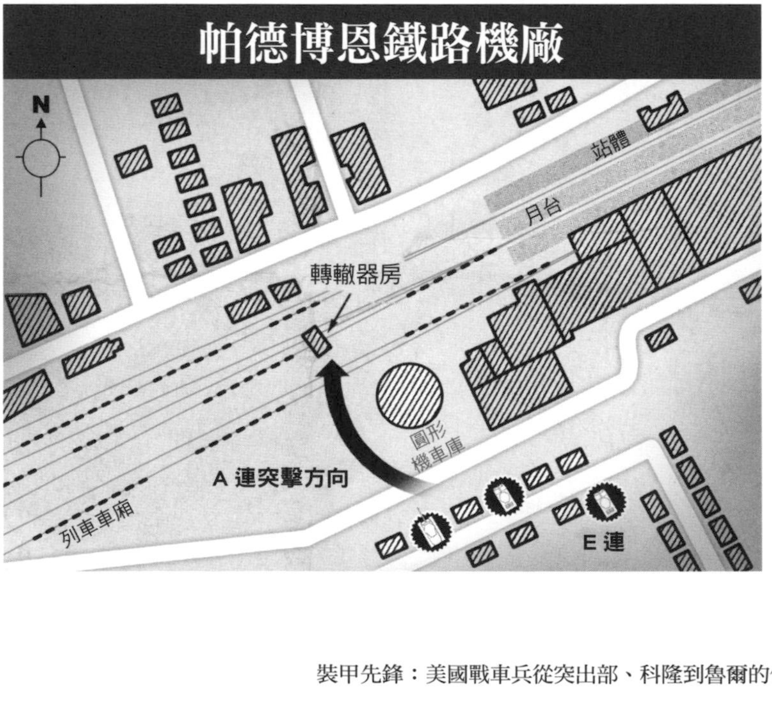

還沒有部隊進入這座城鎮[3]，他們在未來三小時內也不會。

巴克與其他弟兄往前衝鋒，沒察覺到自己是如此單兵隻影。

大夥從左邊繞過維修機車頭用的圓形機車庫，然後朝前方兩層樓高的轉轍器房前進。

巴克向後瞄了瞄他的菜鳥班兵，發現大家都照他的建議在做，但做得太過頭了。他們彼此的間距都拉大到二十呎甚至更遠的距離，如果有其中一人開始靠近另一人，他們會急忙揮手要對方走遠一點。巴克看到這副景象的當下雖笑不出來，但事後想起來卻覺得十分有趣。

所有人跨越了數條鐵軌，然後衝到了轉轍器房的後門。屋子的另一側，停滿了一列列標準車廂。彈坑滿布整個作業區。

巴克和幾名弟兄平舉著步槍，衝進了轉轍器房。一樓無窗戶且十分空蕩，只剩下幾個油桶和一兩張桌子。透過金屬隔柵樓板看向二樓，確認也同樣空空如也後，他們完成了佔領轉轍器房的任務。

「**救命！救命！**」有德國人呻吟著呼救。

弟兄們在屋外找到了一名受重傷的德軍士兵，他被抬進來後，放在水泥地上。當醫護兵掀起他的上衣，巴克被眼前的景象嚇得縮了一下。那個人的胃部整個被撕開，元凶大概就是某顆橫掃而過的子彈或破片。

德國士兵伸手祈求喝口水，就在巴克解開水壺蓋要遞給對方前，醫護兵阻止了他並解釋道：「他快死了，如果你給他水喝只會死得更快，」聽到這番話後，心裡折騰的巴克蓋起了水壺。儘管他明白這麼做並不能救那個德國人，但他至少想讓對方在生命的盡頭感到一絲慰藉。醫護兵盡其所能拯救那將死之人，醫治過程中，對方只能頭向後躺平，然後再次痛苦地呻吟了起來。

巴克及時注意到他的菜鳥兵，如飛蛾撲火般爬上樓梯，步步走向了陽光從大片觀景窗射入的二樓。

「站住！」巴克一喊，菜兵馬上停下腳步。要能安全地觀察窗外的景象，應該是要保持在室內，並在暗處往窗外看，這些菜兵還沒學到這些戰場訣竅。

巴克叫住了那些菜鳥，接著三名老兵踏著金屬樓梯，經過他們前往二樓。

從二樓窗戶可以望向東邊那深遠的數條鐵道，一路延伸到維多利亞時代建造，有著三個加蓋月台的火車站。從轉轍器房的二樓，老兵們可以看見開頂車廂裝載著鐵礦以及看起來已經生鏽的土狀物體。

底下有動靜。

此時，一名大約在三十碼外躲在車廂內的德軍狙擊手舉起了步槍。老兵注意到他的狙擊鏡的反光後，直覺地壓低身子，並趕在一發子彈貫穿玻璃、粉碎了窗框上緣前，消失在狙擊手的視野。三個臥躺在樓板上逃過一劫的老兵開始臭罵起了髒話，見狀的菜鳥也紛紛從台階上退下。

「這就是原因！」巴克藉機教育了他們。

子彈斷斷續續命中北面與東面的牆壁，吸引了所有人的注意。屋外很快變成一片槍林彈雨，大量子彈撒在轉轍器房的牆壁上，二樓的窗戶和磚牆在猛烈的機槍火力下化作碎片，如天女散花般往下灑落。

德軍正展開全面反擊。

——

布姆排長上氣不接下氣衝進轉轍器房，接著向排附說明他在外面看到的情況。德軍士兵從車站衝出來，正持續朝轉轍器房前進。

大夥兒當天早上已經跟德國空軍和陸軍交手過，這下他們面對的是截然不同，即使知道機會渺茫，也是會堅守在車廂內的死士。此時，許多衝過鐵路機廠的敵軍，領口都有著武裝親衛隊獨有的「閃電」神秘符號[4]。

布姆抬頭順勢往上看，然後盯著二樓的窗戶，開始走向樓梯。

「狙擊手已經瞄準那裡了，」一名弟兄警告說，但他還是沒有停下腳步。巴克雖然試圖在樓梯口攔住，但他還是側身繞過了巴克。看來布姆已經下定決心，要貫徹固守轉轍器房的命令。

巴克抓住布姆的袖子，「少尉拜託別上去，狙擊手已經在等了。」

布姆甩開手，轉身過去對巴克說：「我必須看看我們的對手到底是誰，」他露出一絲緊張的笑容後，繼續走上樓梯。

巴克被他的無畏給折服了，他很清楚布姆這個人，也清楚他想要做什麼。一樓的所有人鴉雀無聲，看著布姆一步步走向樓上，唯有巴克別過頭，不敢直視即將發生的慘劇。

布姆走上最後一階樓梯後，舉起卡賓槍抵緊肩窩，轉過了樓梯轉角。所有人透過鐵柵欄樓板看著他的靴子在移動。在敵人的眼中，他那籃球明星般的身材毫無疑問是極為顯眼的目標。

一聲槍響，巴克瞬間縮起了身子。布姆向後倒在地板上，他的頭盔和卡賓槍滾落一旁。

巴克不敢置信地看著上方，那個剛才走上二樓的人在搖晃了他的頭幾下後，便永遠告別了人世。布姆少尉的喉嚨被貫穿，脊髓也可能被打穿，任誰絕無可能從這種傷勢中生還。

巴克大力靠在後方的牆上，盔緣還刮著了磚牆。他雙手摀住臉龐，被哀傷、恐懼和憤怒綜合起的情緒籠罩著。他已經盡力阻止布姆成為狙擊手的活靶，當巴克回復神智，他發現菜兵都在看著他、渴求著他的建議。他擦乾了眼淚，擤了鼻頭，現在他們所有人都命在一懸了。

子彈無情地吞噬著轉轍器房，二樓不斷飄著磚塊被擊碎後產生的紅色煙霧。一點一滴地，保護他們免於死亡的掩體逐漸消逝。

雜亂的槍聲中，排附以無線電向伯林連長通報布姆陣亡的消息，巴克和其他人分著一條心聽他們的通話內容，少數幾個人負責看著後門。「長官，我們撤不回去，外面火力太猛烈了！」

從對話中，巴克拼湊出了一些資訊。首先A連的人力不足以派遣救援隊；第二，沒有空中支援，儘管上空有八架P-47戰機[5]，但他們因為雲層過於厚重而無法降低高度提供支援。

巴克在腦海中不斷思考著還有沒有其他辦法。

我們的戰車呢？他想到。為了要讓戰車前進，步兵得先監視整條鐵道，這點他們沒有完成。戰車之所以不來營救不為什麼，只因為這並非作戰計畫的一部分。想到載運他們投入戰場的戰車也不會出現時，巴克萬念俱灰。

——

轉轍器房內的步兵在各個無線電頻道上開始求救。在房子之間怠速的潘興戰車，恩利也從耳機中聽到了他們的訊息。

他們亟需戰車支援，但這就是麻煩的地方。

師部派遣了三個特遣隊發動攻擊[6]，但只有E連到達了帕德博恩。

他們有多少輛戰車成功抵達了呢？沒有人確切知道。連長索爾茲伯里的戰車在房子間一跛一跛的前進，最終因機械故障而無法開動。史召曼少尉的車失聯中，指揮權現在暫時落在了最後一個還保持通聯，戰車仍然完好的排附恩利身上。

就是包伯．恩利。

不管原計畫是什麼，恩利無法在原地聽著同袍的呼救而坐視不管。他拿起了無線電話筒後喊：「我們要往鐵路那邊推進了，所有在我們後面的人，跟上！」

恩利肩上探出了頂門，潘星向前開動。

在他右邊，一輛七六砲型雪曼從房子之間開了出來，那輛戰車的車長是瑞德．維拉，射手是查克．米勒，接著第二輛七六砲型雪曼從更遠處冒出來，它的射手是克拉倫斯的朋友二兵約翰．丹佛斯（John Danforth）。丹佛斯是一個身材魁武如美式足球員的二十八歲德州人，每次鑽進戰車都要硬擠過頂門。

三輛戰車、三組車組員，這是全E連僅存可集結的兵力了。

戰車肩並肩、緩緩朝轉轍器房移動。德軍一見到美軍戰車的身影，頓時火力開始變得稀疏，開始四處尋找掩蔽。

每個戰車射手掩護不同的扇區。在編隊左翼，克拉倫斯掩護左前半，處在中間的戰車，查克．米勒對準正面，最後在編隊右翼，丹佛斯掩護右前半。

就在他們即將跨越第一條鐵路時，丹佛斯瞧見了麻煩。

「有戰車！一點鐘方向，車站後，」他的車長在無線電上警告所有人。

大夥停了下來，恩利開始拿起望遠鏡觀察。

在一條條軌道後，一輛敵軍戰車在車站後方露了出來，只能看到一部分的正面裝甲，它的主砲正指向轉輸器房。這給了E連戰車一個可以先開出第一砲的機會。

丹佛斯的七十六公厘主砲作響，砲管接著制退回砲盾內。

遠方的德軍戰車噴出了火花，丹佛斯打出的砲彈被彈開了[7]。那輛戰車也開始倒車，緩緩躲回車站後方。

頻道上所有人先是對錯失先機咒罵了起來，但頻道上很快又恢復平靜。

因為敵人戰車並不孤單。

第二輛德軍戰車從同樣的位置開了出來，想要賭一賭美軍正在裝填的空檔，但嚴陣以待的查克・米勒等的就是這一刻。查克的雪曼砲口噴出了長長的火焰、全車往後蹬了一下，但曳光彈在命中目標後卻彈到天上，如無害的煙花一般。再一次，他們未能貫穿敵戰車的裝甲。

第二輛戰車在一彈未發的狀況下後退，大家猜測它接下來要移動到哪裡去。一名德國平民目擊了此事，事後如此形容道：「鋼鐵巨人們彼此開著火砲的一場游擊戰。」[8]

潘興上的恩利呼叫X特遣隊，他們在早上八點五十一分記錄下了這段訊息：「至少有兩輛敵戰車在此[9]，但我們的砲彈都被彈開了。」

克拉倫斯受夠了。「**我們現在面對的是兩輛被激怒的德國戰車！**」當真要開火的話，就需要像樣的火力。他將九十公厘砲搖向車站，並將十字絲瞄準剛剛敵戰車出現的位置。

「我的砲已經瞄準那個點了，」克拉倫斯對恩利說：「叫其他人顧好兩翼。」

恩利旋即用無線電呼叫其他戰車，卻晚了一步。

一發綠色、修長的曳光彈從右前方飛來。丹佛斯的戰車劇烈搖晃，鋼鐵之間的碰撞聲震動了整個鐵路機廠。

車外的重擊聲讓克拉倫斯背上的寒毛直豎。丹佛斯人還好嗎？他的眼睛不由自主地往他朋友的方向漂去，但一記落在他右肩上的拍擊，將他拉回了現實。

「三點鐘方向！」恩利喊叫。那發砲彈是從車站遠方那端射來的。

克拉倫斯將砲搖往最右邊，穿過加蓋的月台瞄準。那輛德軍戰車早已消失無蹤了。

克拉倫斯背脊發涼。**對方是個狠角色**。

頂門之外，恩利在見到丹佛斯那輛戰車的車組員開始逃離後，也大聲告知其他人這個消息。最後一個逃出的人就是那位德州壯漢，他扭動身體將自己撐出頂門之外。儘管某些人跛著腳逃往轉轍器房，但至少車上所有人都逃出來了。

是時候要再回頭作戰了。

假如對方車長是克拉倫斯所想的那樣聰明的話，他可能會重新整隊再從兩側發動攻擊。

恩利認同克拉倫斯的推測。

「包伯，看好右邊，」克拉倫斯說道，「他比我們還要熟悉這裡。」

維拉這時用顫抖的語氣在無線電中問道：**現在怎辦**？

選擇在恩利的手裡。他們可以選擇撤退，但撤退的話，等於是讓敵人更肆無忌憚地朝轉轍器房發動攻擊；又或者他們可以堅守陣地。

恩利對於自己的選擇毫不猶豫。潘興和雪曼戰車開始往前開，超越了丹佛斯拋棄的戰車，在轉向火車站後停了下來。

他們現在正對著寬達一百八十度的前線。

兩輛戰車肩並肩、車首直指前方，主砲像是巨大的叉骨般指向目標。

每輛戰車只能掩護半邊的戰場，這比他們逃離要好多了。單憑一輛戰車，這是不可能的任務。僅靠兩輛戰車[10]，還有機會可以守住。

——

一發狙擊槍子彈敲在頂門蓋上，嚇得恩利馬上躲回砲塔內找掩護。那個聲音，就好比有人大力搖了擂台鐘般宏亮，宣布E連剩下的兩輛戰車的戰鬥進入第二回合了。

子彈劈哩啪啦地打在砲塔上，機槍也加入之後，如暴雨般的火花甚至從頂門落了進來。車站內，機槍的槍口火光不斷閃爍，躲在彈坑和列車頂上的德軍士兵也正拚了命朝車長的位置射擊。

維拉躲進了車內、甩上頂門蓋。

恩利迅速起身、緊閉頂門，然後眼睛貼在潛望鏡前觀測。現在的情況已經混亂到讓克拉倫斯不知道如何開始，眼前到處都有此起彼落的槍口火光。

克拉倫斯瞄準了一節車廂，接著拇指懸在同軸機槍擊發鍵上，靜待德軍士兵再次現身。

接著，他突然想起，開砲也能直接把對方幹掉。

他的食指扣下了主砲擊發鍵，一發穿甲彈從九十公厘砲口射出。車廂在被命中的瞬間突然粉碎，將一團紅色物質的煙霧——還有敵人士兵還殘存的部分——拋向空中。

新來的裝填手馬修，將一發新砲彈塞入砲膛，克拉倫斯瞄準了另一節車箱，接著再將它給炸翻。

每個被克拉倫斯炸出上天的紅霧，就好比打出了呼叫敵人「好膽出來應戰！」的信號彈。

老菸槍手中的車首機槍噴著火，將橘色曳光彈灑在貨車車廂與彈坑上，克拉倫斯的同軸機槍也跟著照做。前方現在同時有兩條橘色的炙熱火線甩向敵人，接續又有第三、第四條從維拉的戰車甩出的火線也加入了混戰。

四條橘色火線彼此交疊形成美麗的景色。多挺機槍發出的聲音交織在一起，聽起來像撕開破布的撕裂聲。

這時克拉倫斯突然注意到左前方飛來了黃色物體，它模糊的身影落在潘興戰車之前，接著炸出了刺眼的閃光。破片甩上了戰車裝甲。克拉倫斯反射式地從潛望鏡退開，從他對爆炸閱歷無數的經驗判斷，眼前的爆炸正是鐵拳火箭彈的傑作。在車外，方才被炸起的灰燼尚未落定，第二發鐵拳又從同樣的方向打了過來。

宛如美式足球般的淡黃色彈頭從遠方的列車呼嘯而來。當它的推進藥耗盡並落到地上時，又再炸出新的火花。不一會兒，越來越多的彈頭隨之而來，都在它們身後留下一條條纖細的黑煙。

維拉的戰車往前開動，脫離了鐵拳的火線。砲塔內，查克．米勒不斷找尋火車站附近敵戰車的身影，並將拿鐵拳的敵人留給克拉倫斯去處理。

克拉倫斯順著黑煙一路追瞄到鐵路的另一端，那是鐵路機廠鄰接住宅的位置。在那裡，敵人士兵衝上人行天橋、開火，接著再竄回貨車車廂後方躲好。

克拉倫斯的機槍不斷橫掃那座橋，但這似乎無法輕易讓德軍棄守。好幾個抓著鐵拳的人繼續衝上去，絕大部分都被機槍撂倒，只有少數幾個幸運活著朝他們發射鐵拳。

潘興戰車現在成了所有鐵拳的頭號目標。克拉倫斯越來越焦慮，他知道被直接命中只是遲早的事情。

必須有人去摧毀那座橋。

克拉倫斯想到了一個極度危險、需要一發高爆彈來執行的點子，但也代表他會有一發的空檔是不能用穿甲彈的。倘若在這種情況下，敵戰車又剛好從住宅區冒出來，那他們麻煩就大了。

在車內，他聽著潘興裝甲不斷被破片敲擊著的聲音，聽起來與暴風雨中的薄屋頂如出一轍。鐵拳已經越打越近，克拉倫斯必須要有所行動了。「高爆彈！」他喊道。

裝填手拉下砲閂拉柄後降下砲閂，將黑頭穿甲彈退膛、抱起後再放回彈藥架上。接著，他將另一枚銀頭的高爆彈取起、塞入了砲膛。時間感覺是放慢了下來。最後，彈起的砲閂在鏗鏘聲中完成了閉閂。克拉倫斯準備好可以射擊了。

克拉倫斯瞄準了人行天橋的中央，食指貼在擊發鍵上，就在要扣下擊發鍵的那一刻，他看見了一枚迎面而來的鐵拳。

那枚鐵拳直直飛來，看起來彷彿是在慢動作飛行。

克拉倫斯直喘粗氣，他現在只能眼睜睜看著而什麼也不能做。在最後一刻，鐵拳墜了下來，一道白色閃光完全佔據了克拉倫斯的潛望鏡視野，爆炸威力撼動了整輛戰車。一股強大的震盪力從砲口一路傳到砲閂，砲膛內的砲彈也瞬間走火，即便克拉倫斯並未扣下擊發鍵。

霎那間，從砲閂內噴出的火球向上燒向恩利，一邊烤著他一側的臉、一邊令他痛苦不堪地嚎叫。砲塔室內因充滿濃煙而變得漆黑，麥克維和老菸槍也同樣在尖叫著。

克拉倫斯曲著身子，難以喘息。

恩利大叫：「著火了！棄車逃生！」

克拉倫斯一轉頭發現恩利爬出了頂門，陽光在裝填手打開頂門蓋並爬出去時照了進來。

敵人見到美軍戰車冒煙後，士氣也隨之大振。機槍火力在前裝甲上敲出了穩定的節奏。

即便是要棄車逃生，克拉倫斯也不想要手無寸鐵地衝出車外。他轉身向後朝頂門的方向鑽，順手抓起了一把湯普森衝鋒槍。

一爬出車長頂門，臉龐馬上感受到子彈擦過的熱氣。他跳下引擎蓋板，再從潘興車尾滾落兩條鐵路間的地面。

站在戰車後方二十碼左右乾水溝內的恩利和裝填手對著克拉倫斯揮手。就在克拉倫斯朝那個方向拔腿狂奔時，一發發子彈就打在他的腳邊跟後方。一個滑壘，就像棒球選手衝上本壘，他滑進了這個只有兩英尺深的水溝內。這時候，他們還未見到老菸槍和麥克維的身影。

克拉倫斯將頭探過水溝的邊緣，找尋著他的朋友們。

如洪流般的恐怖綠色曳光機槍彈仍然傾瀉到潘興那裡。此時，戰車底下有兩人正奮力攀爬，兩人直接選擇用底盤逃生門脫離戰車，而不是從上方的頂門逃脫。

「快來啊！」克拉倫斯喊著，揮手示意要他們趕緊躲進來。

老菸槍和麥克維拔腿狂奔，而在他們快衝進水溝時，兩人紛紛絆倒並翻滾到水溝邊緣，接著克拉倫斯和其他人趕緊將他們給拉了進來。

老菸槍躺臥在水溝內，仰天對著露出藍色條紋的天空罵著髒話。

克拉倫斯給湯普森衝鋒槍上膛，恩利與其他人拉動了一九一一手槍的滑套，他們很可能要靠這些武器殺出一條生路來。當他從水溝邊緣窺探出去時，一連串打在附近的子彈又逼得他躲回去。僅在他臉上方一英寸的位置，無數綠色曳光彈踢起了塵土。那些命中鐵軌後被彈飛的子彈，有如漫天飛舞的螢火蟲竄飛。

恩利緊咬牙關不發一語，克拉倫斯的胸口因恐懼而感到千斤壓頂。

出於純粹的絕望，維拉的砲塔左右轉動掃射同軸機槍。車首機槍也噴著火舌、不斷搖動。此時，他的車內肯定到處都堆滿了發射後的三〇機槍彈殼。

單憑自己，他們毫無勝算，也不可能靠一己之力防禦所有的方向。當敵人拿著鐵拳衝過來時，最後一輛戰車被擊潰也只是時間的問題而已。

被敵火釘死在這淺淺的墳墓內，克拉倫斯擔憂著他一直掛在心上的事情終於要成真了……**只是時間早晚的問題而已**。從當前的狀況判斷，他的大限恐將要來臨。

看到這點的並不只有他，德軍也看得很明白。

一輛被拋棄的潘興冒著煙、車組員像鼠輩般被釘死在原地，想必德軍此時正呼叫他們在北邊的指揮所[11]，要求馬上調動重砲狠狠往死裡打。

這樣的設想，也是對接下來將發生的事情唯一合理的解釋。

第二十四章　巨人

同一天早上

帕德博恩鐵路機廠

巴克讓菜兵緊緊跟在身邊，一起躲在轉轍器房的陰影深處。

外頭的德軍正包圍著他們。

猛敲在牆壁上的機槍彈感覺就像在找破口，鐵拳炸穿了磚牆，潑灑出一片紅色煙塵。根據其中一名目擊者口述，強大的火力正將那棟建築一點一滴地「撕成碎片」。[1]

拜倫和其他弟兄聚集在門邊，他們各自輪流衝出門去，在朝轉角開幾槍後，接著再上氣不接下氣地衝回門後。

躺在地上的負傷德軍還在懇求幫忙，但他現在將注意力轉往剛逃進來，腰間掛著手槍、靠在牆邊的丹佛斯與他飽受摧殘的車組員。

巴克的一個菜兵試圖從他們跑來的方向突圍，巴克及時阻止了他。

「你會直接被打死！」巴克說。

在外面等著的，不是生還的機會，只有死亡。

排水溝內的克拉倫斯，看見德軍將他們的注意力從戰車上移開，並跨過鐵軌不斷在彈坑間躍進。他們只有在用火力壓制轉轍器房內的美軍時才會停下來。

敵人的意圖很明顯。他們打算先攻佔那個仍在頑抗的陣地，接著再幹掉最後那輛正作困獸之鬥的戰車，要讓查克・米勒與他的車組員的英勇行為畫下句點。

克拉倫斯出槍試瞄，以等待第一個拿著鐵拳的德軍士兵衝入他的射界，倘若他們想幹掉查克，那他們還得先過自己這一關。正當他檢查射界時，克拉倫斯的眼睛再次注意到了他的潘興戰車。

等等。

砲管指著左邊的戰車還在原地怠速。煙霧消失了，這讓他可以好好觀察一下損傷狀況。

我的老天爺啊。

克拉倫斯看見了一絲希望。

他誤以為鐵拳命中了砲管，但實際上是砲口制退器。錐形裝藥的射流在制退器上開了個能讓陽光直接透過去的大洞，除此之外並沒有其他的損傷了。

在激戰之中，克拉倫斯叫住了大夥們說：「我想主砲還可以用！」

所有人聽聞後爬到水溝邊跟著看，從這個距離很難判斷損傷狀況。

瞇著眼看戰車的恩利覺得這風險很大。假如砲管本身已經裂開，砲彈有可能膛炸或卡住，接著在砲閂被內爆炸開後，車內的一切也將被烈焰吞噬。

克拉倫斯的雙眼看著維拉的戰車，再看向不斷在轉轍器房來回進出開火的友軍步兵，他清楚那些人撐不了太久了。

「砲管看起來完好，」克拉倫斯說。

「這真的賭很大耶，你確定嗎？」恩利說道。如果賭錯了，下場大概就是全車陣亡。

所有人看向克拉倫斯，「無法確定，」他回道：「但我們總得試試些辦法。」

老菸槍和麥克維都曾在蒙斯作戰，恩利也與另一組車組員在那一同奮戰過。現在，克拉倫斯說話的口吻就像他們都認識的那個人。

保羅．菲爾克拉夫。

「我們走吧，」恩利同意了。

評估過情勢後，他帶著克拉倫斯和其他人全速衝向潘興。

無數的德軍將手中的步、機槍瞄向那些穿越鐵路機廠，朝戰車狂奔的美軍。

恩利爬上了車、蹲在砲塔後方，讓開一條路給其他人，並督促他們加緊腳步。

克拉倫斯爬上砲塔頂、跳入頂門時，子彈開始掃在潘興的周遭，還在裝甲上敲出叮噹聲。最後進入砲塔的恩利順手將頂門帶上，將喧囂隔絕在外。

潘興內，麥克維俐落地從底部的逃生門鑽了進來，上氣不接下氣的老菸槍還沒跟上。

麥克維將頭盔通信線插上車內通話系統，急著想要開車脫離這片槍林彈雨。

「跟上瑞德的戰車，」恩利命令道。

麥克維踩下了油門，潘興馬上往仍在孤身奮戰的雪曼前進，沒人注意到老菸槍還沒上車。

車首機槍手因為來不及爬進來，只能用盡全力抓著逃生口邊緣，以背部著地的方式，任憑戰車拖行。

「停車啦，該死的！」老菸槍對著車內大喊。

麥克維聽到他的喊叫聲後，這才發現老菸槍沒有到位。戰車急停，好讓老菸槍上車。當他安全的上車並接上通信線後，大家的耳機瞬間充斥著連珠砲似的髒話。

恩利問到底怎麼回事，當老菸槍還在解釋的時候，克拉倫斯還得憋住笑聲。

恩利用認真沉穩的聲音呼叫了維拉：「我們回來了，」他說道：「他們剛剛讓我們頓了一下，可沒有把我們擊垮。」

維拉鬆了口氣，歡迎他們再次歸來。

潘興推進不久後，克拉倫斯請恩利停車。他發現了車站附近有機槍陣地正在開火，那些機槍正是剛剛他們狼狽逃出戰車時，狠狠追著打的其中一群。

恩利一聲令下，潘興在維拉的雪曼左後方約三十碼處停了下來。

克拉倫斯要求裝填高爆彈。

裝填手應聲將新砲彈裝入後，砲閂甩上完成閉鎖。克拉倫斯的食指猶豫地貼在擊發鍵上，若他們賭錯了，且砲管確實已經裂開的話，大家都沒機會活著發現自己犯了什麼錯。

恩利打開了頂門蓋，用雙筒望遠鏡為克拉倫斯觀察彈著點。

就在此時，他聽見了熟悉的金屬擠壓與履帶壓在地面上的噪音，同時還有引擎加速的粗野咆哮聲。恩利猛然往右轉頭一看，發現那噪音是來自他們**身後**大約不到五十碼的距離而已。

看來有東西沿著鐵路機廠建築間的空地行走，而它的噪音被狹小的環境集中且放大了。

「戰車！」

克拉倫斯聽到了恩利的叫喊與他緊抓在右肩上，要他馬上往右搖砲的手。「五點鐘方向！」

恩利喊道。

克拉倫斯簡直無法相信自己的耳朵。**五點鐘方向**？看來有人差不多繞到了他們的後方[2]。

克拉倫斯用幾乎要將動力搖砲握把扭斷的力道，將砲往右邊搖，方向機發出了全速運作的鳴叫。

「是什麼型號？」

恩利給了一個所有美國戰車兵都恐懼的答案：「豹式。」

突然間，克拉倫斯感到一陣寒意。

恩利嘴裡念念有詞地喊著：「快、快、快點，」顯然沒什麼用。他只能在旋轉中的砲塔上盯著敵人看，什麼事情也做不了。

一輛棕綠色的豹式在陰影後若隱若現地開往圓形機車庫，這距離已經近到無需望遠鏡也能看清楚狀況了。

不管那輛戰車的車長是誰，肯定不是等閒之輩。他不僅成功迂迴，且還預先將砲指向將要接敵的方向。豹式的砲塔已經往右轉了九十度，準備好隨時迎戰右側的目標。

經驗老道的恩利覺得事情有點不對勁，潘興明明是更近的目標，但豹式的主砲卻指向別處。當他從對方的砲口指向一路推斷後，竟發現它直指維拉的戰車。

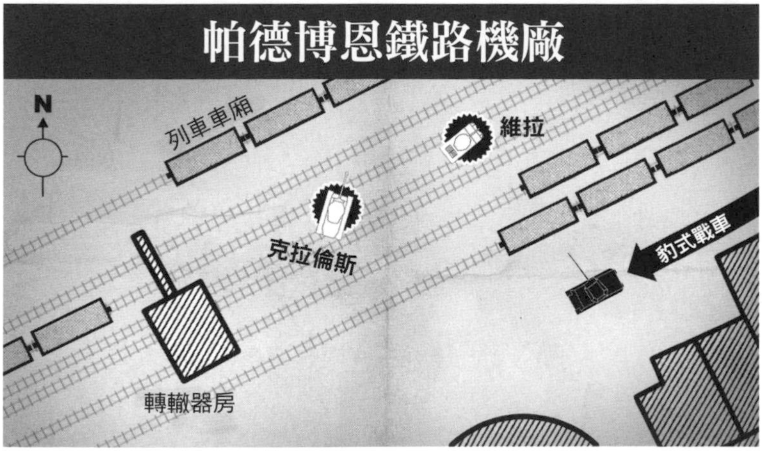

那些人很可能在無線電上聽到潘興已被癱瘓，車組員被釘死在水溝內的消息。那剩下的雪曼也不過是待宰的羔羊而已。

不過，那已經是十分鐘之前的事了。

現在，潘興已經起死回生，且那輛豹式似乎也驚覺到了。

敵戰車內的車組員，很可能正緊張地催促射手，將砲重新搖向那輛砲口正在轉向自己的潘興。同時間，豹式的砲往左搖、潘興則往右搖，看起來就像一道正在關閉的雙扇門。但最後，只有一輛戰車能活著離開這裡。

砲塔內，克拉倫斯的雙眼緊貼著潛望鏡。就在眼前的車站、月台和鐵軌因高速轉動成了殘影，快速地掠過眼前時，他突然想起了一件事情：我們裝錯了彈種。

靜靜在砲膛內等待的高爆彈很適合拿來炸掉機槍陣地，若用它來打豹式，那可是連敲凹對方裝甲的能力都沒有。

一定得退膛換彈！克拉倫斯驚嚇中這樣想著。「準備穿甲彈！」他對裝填手大喊。年輕的裝填手立刻從備射彈架上取起了一發T33黑頭穿甲彈，準備好要退膛換彈。

「還不是時候，」克拉倫斯說道，「等我命令。」

退膛換彈實在太冗長了，他們現在最禁不起的就是浪費時間。他現在要做的，是每一個裝甲學校教官想都沒想過的做法。

在砲塔上的恩利沉默不語，他知道克拉倫斯一定想出了方法。倘若沒有，那他們大概也死定了。

克拉倫斯伸出左手抓住控制主砲俯仰角的人力高低握把，等著目視豹式的那一刻。

突然間，一輛棕綠色的戰車從右邊進入了克拉倫斯的視野。

他迅速用全身的每一寸肌肉，將握把往下轉動。

戰車外，九十公厘主砲的砲口朝地面持續降低，砲塔也不停轉動直到與豹式對齊為止。

九十公厘主砲發出了怒吼聲。

高爆彈炸在豹式前的地面，將地上的煤渣與敵人戰車上的灰塵拋起，混合成一團灰色的煙幕。豹式暫時消失在煙幕的後方。

砲塔內的克拉倫斯轉正動力搖砲握把，砲塔也與目標對齊了。

「現在！」他大喊。

裝填手馬上塞入一發穿甲彈，克拉倫斯轉動高低握把，將九十公厘主砲砲口抬起到水平的角度，雙眼緊盯著潛望鏡。

當塵埃逐漸落定，那輛巨大、稜角分明的豹式重新現身時，它的主砲仍在搖動，漆黑的砲口仍到處在搜尋著克拉倫斯的戰車。

克拉倫斯扣下了擊發鍵。

九十公厘主砲發出震耳欲聾的巨響，刺眼的閃光照亮了兩輛戰車。

二十四磅重的彈頭以每秒兩千七百七十四英尺[3]的速度飛過空中，瞬間就命中了目標。

彈頭貫穿超過五寸半厚的裝甲並鑽入戰車的深處，一陣絢麗的火花也從豹式的傾斜正面裝甲上湧出。

「命中彈！」恩利興奮地大叫，裝填手又裝入了一枚新的穿甲彈。

此時，在這個不該猶豫的時刻，克拉倫斯的食指竟懸在擊發鍵前。

等等。

戰車周遭的塵埃飄散得更開且落到地面上時，他看見了豹式車組員的身影，他們正從砲塔上跳下，駕駛手正在打開他的頂門蓋。

在豹式正面的正中央，有一個漆黑的大洞正好就開在駕駛手與無線電手位置之間，但沒有看到火光竄出。

駕駛手從側面跳下戰車，接著往後方狂奔。

出於本能，克拉倫斯操著十字絲追著他跑。畢竟在他眼前的這個人，在前一刻才試圖要殺害克拉倫斯與他的車組員。

駕駛消失在他的戰車後，接著又從左邊出現，慌張地不知道要往哪裡逃跑才是。

可能是受傷或受到過度驚嚇，他左右來回原地打轉，接著跌在了地上。克拉倫斯用他的六倍鏡盯著那人，十字絲也落在他的身上。

那一刻，鏡頭內的德軍轉頭看著潘興。

在放大鏡頭內，他的臉看起來離自己只有一呎遠。那位年輕的駕駛手有著棕色頭髮，雙眼滿是絕望，似乎理解到自己犯下了致命的錯誤。

單憑他的食指，克拉倫斯就可以決定生死，只要在擊發鍵上施加一點壓力，他的同軸機槍又可以再殺死一個敵人。

殺敵是他授與的命令，也是他的職責。

但克拉倫斯心裡卻抗拒這麼做。

戰到最後、奮戰至死。那是**他們**的作為。克拉倫斯已經對抗德軍長達好幾個月了。

他不想變得跟他們一樣。

克拉倫斯將動力搖砲握把往左邊轉，九十公厘砲的視線也隨著從那人身上移開。砲口停止時，它上下晃動的砲口制退器感覺就像在點頭。

這是克拉倫斯釋出的訊息。能讓那輛豹式戰車退出戰鬥，對他而言就已經足夠了。

德軍駕駛兵的眼神瞬間轉變，難以置信地立即起身逃跑。

——

潘興摧毀了豹式後，它的後續效應很快就擴大到了整座鐵路機廠。德軍見到了他們被癱瘓、頂門敞開，保持在決鬥中落敗模樣的豹式戰車，還能聽到承受了所有重擊、拒絕撤退的兩輛美軍戰車仍在奮戰。

敵人停止進攻，他們的火力也逐漸稀落，顯然知道已經沒有再取得勝仗的機會。

彷彿是傀儡木偶的拉繩控制了一切，德軍全數撤回到軌道另一頭，遁入了另一邊的住宅區內。

——

開回轉轍器房旁後，潘興停在被遺棄的豹式外三十英尺、熄火。維拉的戰車也在潘興的一旁熄了火[4]。兩輛美軍戰車的外觀，都被子彈和破片打出了無數的銀色斑點。

交火聲聽起來往帕德博恩的更深處移動了。

一群已筋疲力盡的A連步兵，頭也不回地從轉轍器房走了出來。此刻，援軍終於抵達了[5]。

F連的雪曼和兩個連的步兵佔據了整個鐵路機廠，並在繼續朝城鎮掃蕩前，俘虜了多達九十三名德軍。

「這種看著第三帝國滅亡的方式真令人作嘔，」[6]一名德國中士寫道。「那些嘴巴喊要奮戰至死的長官們，卻一個都沒出現在散兵坑內。他們全都逃跑了，全都不敢扛責任，甚至連自殺的勇氣都沒有。」

從砲塔上跳下來的克拉倫斯，走向了正在研究砲口制退器狀況的車組員們。如果鐵拳命中的位置再往左邊移動一寸，那砲管就遭殃了。他贏得了砲管是否完好的豪賭，儘管這風險對他而言是前所未見的巨大。

心情還未從剛剛的震撼中平復的恩利，大力吸著他的煙斗。不久之後，他對克拉倫斯說，這輩子從沒見過有人用這樣刻意讓第一發打偏的打法。

在克拉倫斯意識到裝錯彈種的當下，倘若他選擇像正規訓練所教的那樣叫裝填手退膛換彈，那他與全車組員將必死無疑。

幸運的是，克拉倫斯並不是正規訓練出身的。

瑞德・維拉的車組員聚集到了潘興旁，查克・米勒苦笑著接近克拉倫斯。「我聽說你第一發打偏了喔，」查克說著。

「對，但第二發沒有！」克拉倫斯回話。

查克笑著、緊緊地抱住了他的朋友。

腳受了傷的丹佛斯繞開人群，一跛一跛地朝他們剛剛遺棄的雪曼走去。這是他在戰爭中損失的第三輛戰車，也是整個矛尖師註記超過六百輛報廢雪曼中的其中一輛——此數字居全美軍裝甲師之冠。

那位壯碩的德州佬擠進了砲塔，片刻後拿著一瓶香檳爬了出來，接著在一群戰車兵中找到了克拉倫斯，再將那瓶香檳送給了他。

克拉倫斯對這份禮物感到驚訝，那是瓶來自多姆酒店的香檳。

「這是我的最後一瓶，」丹佛斯說道，「我保留來給特別場合用的，」他感謝克拉倫斯的救命之恩。「那輛豹式顯然不打算留我們活口。」

多虧了克拉倫斯的靈機應變，丹佛斯重獲了新生，但兩人都不知道這段新生是多麼的短暫。兩天後，丹佛斯升上了車長，在那之後的第三天開始指揮自己的戰車，但在穿越一座小村莊時，他的雪曼直直開過了一輛德軍戰車的面前。

他在二十八歲那年被殺了[7]。丹佛斯的第四輛戰車也是他的最後一輛。

在所有人都離開了轉轍器房後，巴克獨自一人在裡面徘徊許久。

布姆少尉的雙眼已經闔上，巴克仍在他的遺體旁單膝跪地，繼續對著他說話，彷彿他只是躺在那兒睡著了。巴克告訴布姆，所有人都已成功脫離險境，感謝他讓大家安全度過難關。

布姆的遺體將會安葬在荷蘭美軍公墓（Netherlands American Cemetery）中鄰近羅斯將軍的墓穴。他的名字也將最後一次出現在他的家鄉，但這次並不如以往是出現在引人注目的運動版面。

這一次，印在出版品上的是他的名字、一張照片，以及一個標題：「為國捐軀」[8]。

回到A連的指揮所，那個桌上還擺著復活節蛋糕的房屋中，巴克注意到東向街區的奇怪景象，有一輛被擊毀後堵住道路的德軍戰車，看起來好像凍結在交戰最後一刻的狀態。

拜倫在附近無聊地徘徊，巴克叫住了他，一起帶著菜兵前去調查。

在龐然大物的一旁，巴克用敬畏的眼神看著它。

它是虎一式，德國在戰爭中最傳奇性的戰車，看起來就像是從一塊巨石中鑿出如怪物般的巨大機器，它那被履帶包覆、前後交錯的乘載輪就跟巴克站立時的胸口一樣高。拜倫繞著虎式看，菜兵則爬了上去。那輛戰車的外表鋪上了偽裝用的植被[9]，砲管也莫名其妙地比原有的長度還短了超過一半。

巴克原以為是潘興摧毀了這頭猛獸，後來也有人認為是空襲所致，但當

虎式I型戰車

天早上並沒有飛機進行對地攻擊[10]，唯一的可能就只能從斷裂的砲管去推測。也許這輛虎一發生了機械故障，車組員們只好在棄車時用炸藥自毀。

巴克注意到在虎式的左邊出現了騷動。E連的一組戰車兵正將一組德軍戰車兵推擠到磚造建築的牆邊，他們顯然正在尋找某個特定人物。

一名失控的戰車兵，跟巴克一樣來自美國南方。他從那群俘虜當中挑出了車長後將他摔倒在地，接著不斷用靴子猛踹他，其他俘虜只能無能為力地站在一旁看。

巴克罵了句髒話，難道他們是嫌今天的殺戮還不夠嗎？接著，他跟新兵說，他們現在還是轉頭別看比較好。

巴克和拜倫走到了那群憤怒美國戰車兵的後方，巴克瞄了拜倫後問：**這值得我們多管閒事嗎**？拜倫一時也不知如何是好。

也許那群戰車兵在當天早上也失去了好友？

步兵與戰車兵共同付出了代價奪下了鐵路機廠，A連有十七人傷亡[11]，E連有十五人[12]，更別提還有五輛被摧毀和其他被癱瘓的戰車。在之後的兩年，那些停擺的雪曼戰車將會停在帕德博恩這裡，任憑風吹日曬著生鏽[13]。

那個抓狂的戰車兵掏出了自己的一九一一手槍。當他把手槍指向那個德國人時，他的弟兄們還讓出了空間出來。手槍在他手上顫抖著，人也變得臉紅耳赤。

「你不需要這樣做，」巴克大聲一喊，其他戰車兵也跟著同意他所說的。德軍車長雙膝跪地、脫下了他的小帽，懇求美軍放他一馬。

此時，拜倫察覺到了一點異樣，他的腦袋也開始在打轉——喔！不、不、不。他的藍眼睛，緊盯著德軍車長那張令他永生難忘的臉孔不放。

正當失控戰車兵將槍上了膛、準備開槍時，拜倫衝到了他的槍口和那名德軍之間。這樣的舉動非常冒險，因為沒有人知道一個抓狂的人會做出什麼事情來。在拜倫再次靠近一看那個德國人後，他轉頭對著那個抓狂的傢伙說話。

「別殺他，」拜倫為那人求情。

「你這是在幹嘛？」戰車兵問道。「你很愛德國仔是嗎？」

「這個人救過我的命，」拜倫說。「如果你先將那該死的槍從我臉上移開，我慢慢跟你解釋。」

那個戰車兵聽到後雖發出不可置信的聲音，但還是將手槍給放下，一旁的巴克也如釋重負。拜倫向大家解釋，當他和其他弟兄被俘虜，並逼迫挖掘自己的墳墓時，一位德軍車長，也就是跪在地上的那個人，搭著戰車剛好經過見到了這一幕，親自跳下車來阻止他們被處決。

不只是那些戰車兵，就連巴克也很震驚聽到他的遭遇，接著他站到拜倫身邊，舉起手發誓著說：「他說的都是真的，」因為他也在班上其他人的口中聽到同樣的故事。

聽完了故事後，那個戰車兵眼神不斷在巴克和拜倫間飄移地問：「你確定這是同一個德國仔嗎？」

拜倫不僅非常確定，而且還反問了那人一個問題。假如有人救了自己一命，他有可能會忘記救命恩人的臉孔嗎？

失控的戰車兵收起手槍時還意圖要吐口水。「在我改變主意前，把他給我帶走。」

拜倫拉著德軍車長走向他同車的俘虜，原本刁難他的美軍戰車兵也消了氣走掉了。巴克與拜倫陪著德軍車長，直到有人可以接收這位俘虜為止。

德軍車長將一手放在拜倫的肩膀上後用英語說：「謝謝你。」拜倫也點了頭回應。*

巴克與其他弟兄回到指揮所，拜倫的臉色白得像張床單，整個人撐到了極限。他坐在路邊、顫抖著嘴唇，將臉埋入手中的那一刻，任憑所有壓抑的情緒潰堤而出。

巴克給他朋友騰出一些空間。

——

正當巴克和班兵準備好要再次投入戰鬥時，背景傳來了陣陣在帕德博恩內的鐵拳發射聲。敵人正試圖遲滯美軍的進攻[15]，為威斯伐倫親衛裝甲旅的殘兵爭取往東邊撤退的機會，但整體而言大勢已去。

美軍已經佔領了鐵路機廠與飛機場，攻下帕德博恩也只是時間問題而已。師部見機派遣一支特遣隊向西攻向利普施塔特（Lippstadt），寫下了一段全新的歷史。

時間大約在下午三點四十五分，無線電中傳來「矛尖師開到發電廠」[16]的訊息，矛尖師與地獄之輪師的戰車兵握著手，完成了對魯爾區的包圍。

* 原註：根據一名現役德國聯邦軍戰車部隊上校的協助，我們試圖搜尋故事中那名德軍車長的身份。由於戰爭末期的記錄參差不齊，我們只找到一位虎式車長「博文上士」（Böving）[14]，他所指揮的虎式在鐵路機廠被擊毀。難道就是這個人嗎？我們永遠無法確定。如果你想聽巴克親自口述這則慈悲為懷的故事，可以上我的網站觀看訪談影片。

包圍敵人後的獎賞？是超過三十二萬五千名的德軍士兵[17]——包括二十六位將軍和一位海軍將領，這些人全部都被困在「魯爾包圍網」內。這對德軍來說，其打擊更甚於在史達林格勒或在非洲所遭逢的慘敗。

在美國，基於輿論的因素，陸軍也在四月九日[18]將「魯爾包圍網」更名為「羅斯包圍網」，以紀念羅斯將軍的犧牲。

位於帕德博恩的矛尖師，將繼續朝向東方推進，他們即將在那裡親眼目睹納粹政權的罪行。兩支特遣隊解放了位於哈茨山脈（Harz Mountains）下的多拉－諾德豪森（Dora-Nordhausen）集中營[19]，釋放了來自全歐洲的奴工，包括從奧斯威辛（Auschwitz）集中營轉移過來的猶太人[20]。克拉倫斯所在的特遣隊，解放了附近的桑格勞森（Sangerhausen）[21]銅礦中工作的五百名英軍和俄軍戰俘。

至於柏林，矛尖師的弟兄們無緣親眼目睹這座敵人的首都。布萊德雷將軍評估如要攻下柏林，代價將可能是十萬美軍的傷亡。這對於奪取僅具政治意義的目標來說[22]，成本已過於巨大——艾森豪同意了他的看法。最後，矛尖師停在距離柏林六十六英里的易北河畔，將希特勒留給蘇聯紅軍去處理。

這都是之後的事情。

在接續檢查克萊德、迪克、史坦和路德的彈藥量後，巴克發現他們身上剩沒多少可以打了。他搖著頭、對著四人大聲說：「你以為德軍會分你彈藥嗎？」

假如他的老同學們還能重新選一次「最佳人格特質獎」人選的話，巴克現在大概不會再是得主了。

然而，巴克已不再是過去的他，已成為更優秀的人了。

——

那輛豹式就向一塊大磁鐵般吸引著克拉倫斯。他慢慢接近那輛德國戰爭機器，它的裝甲在稍早的激戰中被穿出了個大洞，接縫處的焊接線看起來像極了傷疤。

克拉倫斯感觸良多地看著那個鋸齒狀的彈孔。他開的那一砲，直直貫穿了豹式的正面裝甲，暴露出了它那厚實、黑暗如煤坑般的核心。

克拉倫斯爬上戰車，腳底下踩著抗磁塗層，令人感覺這輛戰車像是用混凝土打造出來的，而非鋼鐵。駕駛手的頂門敞開，接著他轉頭看往稍早駕駛手逃命的方向，一條空無一人的街道。

克拉倫斯單膝跪在無線電手席上的車殼外，想起他在瞄準鏡裡看見豹式在被命中後所有車組員逃生的畫面，但唯獨一人沒有逃出，他想知道這人最後怎麼了。

他將頂門蓋打開。

車內座椅上坐著一名年輕德軍戰車兵，他有一頭金髮與沒闔上的雪亮雙眼。他看起來不像是死了，倒更像是在作夢、隨時可能會醒來的樣子。

看見被他殺死的人時，克拉倫斯沒有畏縮、沒有反胃，甚至沒有別過頭去。此時，他只想問眼前這位陣亡的敵人一個簡單的問題：**為什麼**？

為什麼要戰到最後一刻？戰到最後一口氣？為什麼還要想辦法殺他與他的朋友？這場戰爭已經必敗無疑了。**為什麼你不要撒手任憑這一切結束就好**？

他永遠無法理解敵人的想法，也沒有任何試圖理解的意義。

當他見到那人的黑色槍套時，便伸手將槍套內的手槍取出。那是一把華瑟P－38手槍，槍上印有製造廠的卍字符號與其他註記。用連身服擦拭槍身幾下後，克拉倫斯便將它收到了夾克內。

這是他應得的，也是他憑奮鬥而得的。

他曾經是一名裝填手，但那已是過去式。

他現在，是一名戰車射手。

克拉倫斯關上了頂門蓋。

第二十五章　回家

九個月後，一九四五年的聖誕夜
法國，大穆爾默隆機場

在基地餐廳內正舉辦盛大的派對，古斯塔夫拿著裝滿溫熱甜甜圈的餐盤，穿過了坐滿美國大兵的餐桌。

他身上的美軍綠色訓練服後方，縫著高高黑黑的「PW」兩字，代表的是戰俘（Prisoner of War）的縮寫。他所處的餐廳，類似一座啤酒館，有著挑高的木頭屋頂，以及掛在牆上的花環。現場，數百人同時歡談的聲音，蓋過了軍樂隊正在演奏的節慶音樂。漆黑的窗外，雪花正不停地紛飛。

曾駐過多個P－47戰鬥機中隊[1]的大穆爾默隆機場（Mourmelon-le-Grand Air Field），如今是美國大兵離開歐洲，或是進入歐洲駐地的轉運基地。

現在是晚餐結束後的甜點時間。古斯塔夫歡欣鼓舞地發著口味平淡、撒滿糖粉的甜甜圈給坐在位子上的美國大兵。阿兵哥紛紛向他致謝。其他德軍戰俘拿著不銹鋼壺為他們倒上咖啡，頓時間香氣縈繞在整個空間。

古斯塔夫在伙房班被指派去做甜甜圈，他很珍惜這份工作。除了可以靠這個一天賺進八十美分外，還可以隨他愛吃多少甜甜圈都沒有問題。

他沒有思鄉病，之前已透過紅十字會給他家人寄明信片報平安，最重要的是他活過了「最後鬥爭」的階段。在一九四五年的最後五個月，頑抗的德國損失了超過一百萬的戰鬥人員[2]，佔整場戰爭中死亡數的百分之二十五，這還沒算三百萬被蘇聯俘虜的人員。那些不幸的人中，其中一百萬人將永遠無法再見到家園[3]。

——

剛被俘虜時，古斯塔夫心想可能活不過一週。

搭著從科隆出發，慢慢跨越比利時的開頂列車，他和羅爾夫與同車大約五十個戰俘一同頂著寒風。假如有人偷偷往車側窺探，表現得像是想要跳車逃出的模樣時，美軍衛兵便會用機槍掃過他們的頭頂作為警告。

跨越過大半個比利時後，列車停了下來，提供湯品為戰俘充飢，卻沒有給他們任何的碗盤或餐具。這讓戰俘只能用自己的小帽盛湯，但湯很快就滲進了布料。

不久後，沿路上的村莊都知道那列火車滿載了德軍戰俘。

從他們所在的車廂中央，古斯塔府和羅爾夫看到在軌道上方的陸橋，站著手持磚塊的比利時平民。那景象雖看起來不太妙，但他還不知道大難即將臨頭。接著，磚塊如暴雨般降臨，古斯塔夫和羅爾夫只能抱頭躲磚塊。幸運的是，列車的速度讓他們兩人躲開了危險，但後方車廂有好幾人是被磚頭給砸死的。

一次接著一次，每當列車通過一座陸橋，他們就被垂落的磚塊招呼到。

抵達戰俘營後，美軍將武裝親衛隊和國防軍的戰俘區分開來，不同階級的俘虜也同樣被分開來。羅爾夫對古斯塔夫點了個頭以示告別。從此以後，古斯塔夫便再也沒見過他這位朋友了。

美軍還沒準備好接收數量如此龐大的戰俘，這導致了配給戰俘的口糧不足的問題。十個戰俘在一天之中只分到一條麵包，用不了多久，所有人便開始因營養不足而差點被活活餓死。

那時，沒有人同情他們。對於看守戰俘的美軍來說，德軍不僅不是他們的同袍，甚至是連人類都算不上的戰犯而已。一直要到戰爭結束，在戰俘營的戲院與其他人看了解放集中營的影片後，古斯塔夫才終於明白了美軍當初的敵意。

從一九三三年開始，納粹便告訴古斯塔夫和其他德國人，集中營是用來關押社會敗類的[4]。但這與影片中所呈現的樣貌完全不同，且遠比古斯塔夫所能想像的還要糟糕。在令人作嘔的影像前，古斯塔夫搗起了臉。當他在前線賣命奮戰時，納粹在搞種族屠殺。

古斯塔夫終於遇到了一件稍微令人慰藉的事情。

他身形矮小，不適合從事打石鋪路的工作，因此被分發到伙房班去。由於他在每次用餐後，都幫一位非裔伙房兵洗餐盤，兩人便意外成為了好友。古斯塔夫發現美軍中，白人和黑人是分開用餐的，他這位新朋友是這樣對他解釋種族隔離政策：「你是頭等囚犯，我們是二等囚犯！」

古斯塔夫洗完黑人士兵們的餐盤後，他發現了一件奇怪的事情，那就是角落有一丁點沒被動過的食物。一抹花生醬、一片水果還有一些蛋糕。趁著衛兵不注意，古斯塔夫吃掉了這些剩菜。當那個黑人大兵對古斯塔夫眨了眼，其他人也對他點頭時，他才了解到這些剩菜是他們刻意擺的。

他們的慷慨，讓古斯塔夫得以挺過這段艱苦的時光。

不過那已經是九個月前的事情了。現在的他們正開著派對，古斯塔夫一邊收集空餐盤，一邊放入新的甜甜圈。就在這時，他注意到負責看守他的衛兵不斷跟不同的俘虜講話，一個接著一個。

出了什麼事呢？

那個衛兵每碰到一個戰俘，便開始說起悄悄話，接著戰俘便放下手邊的工作走向一個特別規劃的打飯區。衛兵走到古斯塔夫面前，並告訴他可以去排隊打飯的時候，古斯塔夫還一度反應不過來。

「今晚所有人吃一樣的東西，這是指揮官的命令，」衛兵接著說道。

聽見他的話後，古斯塔夫還以為自己在作夢。

餐台上的食物非常豐富，古斯塔夫從一個又一個的供菜盤經過時，同樣也是戰俘的廚子們，為他的餐盤疊滿了火雞和所有的配菜。

在打飯動線的最後，他面臨了抉擇：到底是要瓶裝啤酒？還是一罐可樂？

其他戰俘都已入座，跟著其他美國大兵開始享用美食時，古斯塔夫還在猶豫，而他也好奇究竟自己有沒有**選擇的權利**。

對於猶豫不決的古斯塔夫，其他美國大兵看起來並不在乎他想挑多久，甚至連衛兵也只專注台上樂團的表演。最後，他坐了下來，吃起了他第一口火雞大餐。那口感既酥脆又多汁，有著難以形容的美味，在連續吃了幾個月乏味的口糧後，使得這美味的程度更是大大提升到另一個境界。

古斯塔夫最後挑了可樂。他從來就沒有喝過碳酸飲料。他小心翼翼拉開瓶蓋，裡頭的可樂立即嘶嘶作響。古斯塔夫淺嚐一口，差點被可樂的氣泡給嗆到。

但這是他喝過最棒的一口飲料。

——

突然間，樂團拍了拍麥克風請大家注意，全餐廳的人迅速安靜了下來。美軍放下了他們的咖啡杯，戰俘手中的叉子停在了晚餐的半空中。

樂團主唱請台下的各位跟著他們唱下一首歌：《平安夜》，一首誕生於一八〇〇年代初的奧地利聖誕歌曲。

主唱用德語翻譯了歌名，好讓台下的德國戰俘了解他們要唱的歌。

古斯塔夫聽到後十分驚訝，難道美國人要邀他們一起唱歌？

樂團開始奏樂。

起初，只有美國人跟著旋律唱。

平安夜，聖善夜。

古斯塔夫看著他身旁的德國人，開始有寥寥幾個加入了合唱。

萬暗中，光華射。

隨著每一段的開始，都有越來越多德國人的聲音出現，兩種語言混合在一起，迴盪在整個餐廳。

接著，古斯塔夫也跟著唱了起來。

聽見天使唱哈利路亞。救主今夜降生！救主今夜降生！

隨著眾人高歌，古斯塔夫溼了眼眶，他雖試圖忍住，但淚珠仍然不爭氣地落了下來。合唱的歌聲，讓他知道這一切都是真的。戰爭的結束，也是真的。

兩個月後，一九四六年二月

古斯塔夫背對著太陽，走在空蕩的道路上。最後一段路是最漫長，也是最艱難的。

無情的寒風掃過德國北部的平原。不斷從北方吹來的風，給了人一種洶湧大海就在地平線後的錯覺。

古斯塔夫單肩扛著一小包隨身行李走著。在這裡，他的老家正好就位居在英軍佔領區的中央，因此他是由英軍帶到最近的城市，接著放他自由。

古斯塔夫低著頭，一步一步走完回家的最後十五英里路。從俘虜的身份重獲新生後，他一時之間難以適應自由生活。新的自由對他而言是一種令人不自在的存在，宛如佈滿全身、揮之不去的癢疹。

他自願留在大穆爾默隆機場工作，一直到當地的戰俘營關閉為止，他甚至還詢問了移民到美國的方式。當時一度有一個能讓戰俘移民到美國尋求庇護的方案。但很快的，德國申請者蜂擁而至擠爆了這個計畫。

當戰俘的生活其實比較單純，他知道每天是如何開始與結束，且也不用擔心下一餐有沒有著落。

因此古斯塔夫對返鄉反而抱著擔憂，無數的問題徘徊在他的腦海，像是明天會如何？他是否能像什麼也沒發生過那樣過著原本的生活？

對於最後這段路，他心中真有部分想要永遠都走不到終點。

——

謝菲爾一家正要完成田裡的工作，他們見到了正在走路回家的古斯塔夫。

所有人馬上丟下手邊的工具、跑向他，古斯塔夫的父親甚至還邊走邊跳地衝向了他。父親如今還能出現在這可說是個奇蹟，俄軍看他年事已高，因此選擇釋放了他。

古斯塔夫臉上露出了笑容、擁抱著他的家人——經過漫長的兩年後，他們終於再度重逢。古斯塔夫的兄弟已經長得比他還高了，爺爺奶奶一邊擁抱著他，一邊啜泣。母親拉著他的手走向農場，接著告訴大家今晚要吃火腿配杜松子酒和奶油抹麵包來好好慶祝一番。

母親走進房子後，她打開了個開關，接著一個奇景出現在眼前。燈泡照亮了整個房間。

古斯塔夫看見了他從小看到大的家被無數燈泡點亮，好不驚訝。那年夏季，他們家將微薄的積蓄，牽了條電線到家裡。

古斯塔夫止不住笑容，湊近去看那些全新的電燈泡。對他而言，戰爭的黑暗已恍如隔世。

第二十六章　最後一戰

三十七年後，一九八三年冬季
佛羅里達州麥爾茲堡

克拉倫斯悠閒地騎著三輪車，走在穿越沙丘的路上。熱帶灌木叢從兩側快速帶過，沙丘也朝著麥爾茲堡（Fort Myers）海邊的白色沙灘上吹拂。

年已六旬的克拉倫斯，如今是一個禿著頭，從頭到腳曬成古銅色的男人。他的生活方式和穿著是徹徹底底的佛羅里達式。對他而言，平常出門只要穿著短袖襯衫、帆船休閒鞋和特大的太陽眼鏡足矣[1]。

在這片藍天白雲之下的樂土，克拉倫斯找到了平靜。

他的妻子妙芭騎著競速式腳踏車在他身旁。

戰後返鄉幾週後，克拉倫斯就在當地的溜冰場遇到了年輕的仰慕者——妙芭，他在戰場收到的那盒家鄉味軟糖正是她寄送過去的。當年的她才十八歲，有著一張巴掌臉和溫柔的雙眼，經常在她棕色捲髮上配戴一個蝴蝶結。在短短不到一年，他們兩人便結了婚，從此過上美好的日子。

年初時，克拉倫斯從水泥廠廠長的工作退休後，夫妻倆就開始雲遊四方。他們有時會住在佛州的露營車中，有時會到他們兩個女兒所住的賓州，並住在那兒的露營車內。

此外，只要是出遠門，兩人的溜冰鞋都會放在他們那輛綠色「漫步者」旅行車的後車廂。夫妻倆都是賓州溜冰俱樂部的會員，他們會跟其他夫妻一同參加，在那些仍有風琴演奏的溜冰場所舉辦的「老前輩之夜」活動。在溜冰場上，妙芭能輕易向後溜，但克拉倫斯只有握住她的雙手才能勉強做到這件事。

克拉倫斯手不放、頭也不回。

在他這段黃金歲月裡，戰爭歲月似乎早已離他遠去。

克拉倫斯和妙芭

十二年後，一九九六年十一月

在秋高氣爽的早晨，位於賓州帕默頓（Palmerton）的一處森林度假露營車公園，克拉倫斯從他的露營車內走了出來。

這週以來的每一天，克拉倫斯都會走到公園入口的郵箱檢查是否有新郵件，好像在期待什麼似的。

就在今天，他所期待的郵件終於到了。它雖然只有一本書的大小，卻裝著令他緊張的內容。妙芭出門辦事去了，拖車內只剩下克拉倫斯一人安靜待著。他拆開了包裹，裡面是一卷標題寫著：《戰爭之影》（*Scenes of War*）的錄影帶。克拉倫斯剛從歐洲歸國的時候，吉姆．貝茨所拍的片段早就從電影院下檔，想看也看不到了。

直到現在。

一個戰友曾經寫信告訴克拉倫斯這卷錄影帶的內容。很顯然，貝茨留了影片的副本，他最近將這片段捐給科羅拉多州科羅拉多泉的地方博物館，博物館再用這片段製作成紀錄片。得知消息之後，克拉倫斯立刻就訂了一卷。

拿到錄影帶後，克拉倫斯心中反而多了點疑惑。

真的要看嗎？

過去五十一年，他腦海裡的戰爭從未停歇。如果看到電視上播放戰爭片，他就會轉台。如果在國慶日聽見煙火聲，他會關起窗戶。他的車上絕不會有第三裝甲師的車牌掛架，以免有人來問東問西或探詢發現過去的真相。對他來說，儘管這麼多年過去了，但瘡疤還是在那。

即便是現在，克拉倫斯還是能瞬間回憶起保羅．菲爾克拉夫躺在土堤邊，斷腿處湧出鮮血的模樣。在韋伯恩大屠殺中，那具變成像節慶餐桌上烤火腿的戰車兵遺體軀幹，在他腦海中仍歷歷在目。此外，他也忘不了那位在布拉茨海姆，死在戰車內但全身骨頭被砲彈衝擊力震碎的弟兄，大家合力將他給抬出來時，他全身看起來像只有皮膚還連著的軟骨頭。

儘管心存忌憚，但他還是將錄影帶放入了錄影機。

不過是回憶而已，沒什麼啦。他這樣告訴自己。

畢竟，他的父母親也看過那片段，應該不會糟到哪裡去吧？

按下了播放鍵，貝茨拍攝的黑白影像在畫面中活了起來。

克拉倫斯看見有個步兵一邊在科隆的街道上挺進，一邊從腰間發射著機槍。高亢的配音搭配震撼的管絃樂，更讓紀錄片的張力逐漸升高。

大教堂尖塔的樣貌隱約可見。

接著，畫面中出現了怠速中的潘興，似乎在跟蹤某人或某物。

克拉倫斯目不轉睛地盯著電視，當中的畫面對他而言彷彿是打開了時空膠囊。

當一處巨大的十字路口出現在畫面中時，克拉倫斯馬上認出了這地方。十字路口的另一邊是格里安區的住宅區，一輛德軍戰車正用其中一棟房子作為掩護。就在貝茨的攝影機定在敵人戰車原躲藏的位置，希望可以再拍到一點它的樣貌時，事情出現了戲劇性的轉折。坐在電視機前的克拉倫斯，就跟當年他見到這幕時一樣驚訝。

一輛黑色歐寶P４汽車突然從左邊衝進十字路口，狂野似地奔馳著。

克拉倫斯身子往前靠——他還記得這一切。

機槍曳光彈追逐著這輛汽車，那些沒命中的子彈宛如打水漂從路面上彈開。如果是車上噴出了一小坨煙，那就是命中彈。

畫面閃爍不定……

戰鬥畫面結束後，背景也跟著改變。貝茨的攝影機拍到對面一群正在佔領陣地的步兵後，鏡頭接著轉向了那輛停在路邊、佈滿彈孔的汽車。三個圍繞在車邊的醫護兵找到了第一個受害者。他頭部中彈、死在駕駛座上，是後來的調查才發現這個人的真實身分。

這個名叫米契爾．德林的人，實際上只是一名想要逃離殺戮的普通雜貨店老闆而已，並不是克拉倫斯當初以為正在逃命的德國將軍。

克拉倫斯盯著螢幕，難以置信地看著。

影像繼續忽隱忽現……

副駕駛座那側，醫護兵找到第二個受害者。那是一個背靠在路邊的年輕女性，她的雙眼闔上、呼吸微弱。

見到這一幕，克拉倫斯嚇呆了。在當時，他看到一閃而過的長髮，還以為是自己眼花，但現在真相終於水落石出。

一個叼著菸斗的醫護兵解開了那女性的外套，裡面穿著亮色、繡有花朵的毛衣。醫護兵檢查了毛衣下的槍傷出入口後，再與另一個醫護兵將她翻身。當毛衣掀起的當下，沾滿鮮血的蒼白皮膚依稀可見。

當時只專注著找敵人戰車蹤影的克拉倫斯，根本沒機會看到這些事情。他不可能看到醫護兵在包紮傷口後露出的失望神情，也無法注意到醫護兵在量完脈搏後輕輕放下了她的手。對當時的

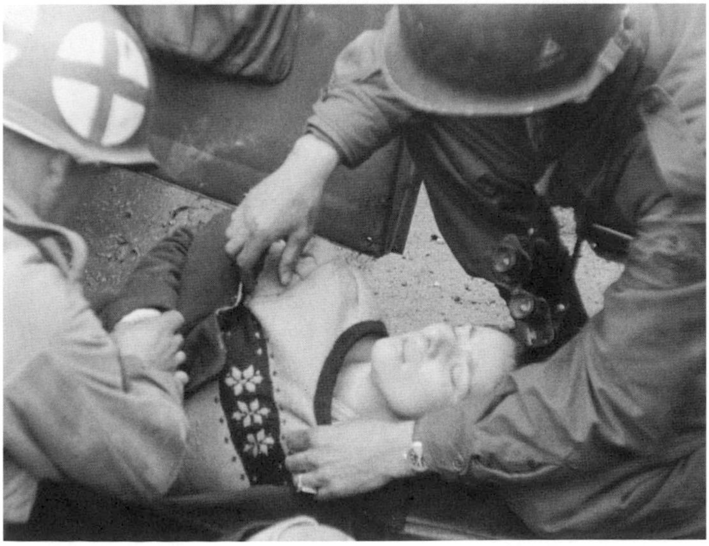

美軍醫護兵正在照顧凱瑟琳娜．艾瑟

克拉倫斯來說，那輛車擋住了他目視這些令人心碎的細節，卻全都被貝茨的鏡頭記錄了下來，並讓所有在家鄉的人知道戰爭悲慘的一面。

影像仍在閃爍著……

其中兩位醫護兵歸隊後，剩下的那個從車上拿了個公事包墊在女性頭下，接著找到一件外套蓋在她的身上。女人以胎兒的姿勢蜷曲著，她那雙雪亮的雙眼則凝視著貝茨的鏡頭。

她正要死去，這是沒有任何人可以幫她逃過的事實。紀錄片中，醫護兵仍然想辦法盡可能讓在她臨終前可以好過一點。

她頭下的公事包，裝有她的信件、照片和家政經濟的文憑。她既不是金雉雞也不是將軍的秘書，她只是個名叫凱瑟琳娜·艾瑟的雜貨店店員。這名無辜的年輕女性在貝茨放下攝影機不久後去世了。

克拉倫斯腳步踉蹌地上前去關掉了電視。

他難以置信地盯著黑畫面，一個問題油然而生：**是我殺了她嗎**？

十年後

克拉倫斯從沒想過自己到了八十幾歲時還會怕黑。小時候，從來沒有惡夢能夠真正嚇著了他。但現在躺在妙芭旁的他，卻恐懼閉上雙眼、久久不能入睡。

自從看了貝茨的紀錄片後，他再也沒有一次安穩的睡眠。在短短幾小時的睡眠中，克拉倫斯時常會夢到他徘徊走在科隆街道，試著要找處安全的地方，但不論往哪跑、往哪走，最後都會回到黑色汽車的位置，接著又再次看見躺在路邊的凱瑟琳娜。只要在夜裡夢見這樣的夢，克拉倫斯總是會突然驚醒、滿身冷汗。

這種感覺，遠遠不是那種從一九四五年留下來那模糊、飄渺的創傷回憶，而是一種從電視上看到那女人的臉孔後，油然而生的鮮明罪惡感。

惡夢並非只有夜裡才會找上門，即便在白天，克拉倫斯的眼前隨時都有可能突然閃現這樣的回憶。飽受精神摧殘的克拉倫斯，時常因睡眠不足而無精打采地坐在沙發上，他的雙手開始顫抖，成了一個易怒、憂愁且沮喪的人。

枕邊的妙芭，一如往常地蜷曲在枕頭旁，但她的雙眼早已失去了原本的光彩。她罹患了阿茲海默症，儘管她還認得克拉倫斯的臉。他的聲音在她焦躁不安的時候，依然有鎮靜的作用。在長達六十一年的婚姻後，她已經不認得克拉倫斯的名字，克拉倫斯只能默默承受這一切。

他曾經對妙芭承諾過，絕對不會將她送進療養院。但照顧一位病患嚴重消耗了他所剩無幾的精力。在這沉重的疲勞感下，健康的失去與身心的崩潰也只是早晚問題而已。身心俱疲的克拉倫斯很清楚，如果他真要照顧妙芭到人生盡頭，那他必須想辦法治好自己。

人是可能被過去的回憶所毀滅的，克拉倫斯就曾經看過這種案例。

克拉倫斯的連長，索爾茲伯里上尉在戰爭歸國後，先是完成了耶魯的學業[2]，接著再上哥倫比亞法學院，成了一名在紐約知名企業上班的律師。

一九五〇年十一月，他與父母親一同在位於長島的豪宅中度過週末，其中週六與父母打網球後再共進晚餐，週日則和一位國民兵退役的將軍有約。

隔天一早，當他父親打開車庫門時，一陣汽車廢氣撲面而來，這時才發現車庫內的車整晚都沒熄火，車內坐的正是他的兒子。

三十年前的當時，沒有人料到他會選擇自殺。記者會上，他的父親索爾茲伯里將軍[3]提起了他兒子留下的遺書。其中一名記者如此寫道：「據索爾茲伯里將軍表示，戰爭結束後，他的兒子便因在戰場上失去戰友而日漸沮喪。」

在戰場上，索爾茲伯里上尉躲過了無數的德軍砲彈，最後卻死在了一個隱形殺手的手上：戰爭的精神折磨。

大約五年後

在賓州威爾克斯－巴里（Wilkes-Barre）的一間榮民醫院，克拉倫斯在長廊間來回走動著。他此前已經造訪這間醫院無數次了，因此對這裡的環境瞭若指掌。

在這之前，榮民醫院的精神科醫師診斷了他的症狀，並告訴他在夜裡令他不得安寧的病名為「創傷後壓力症候群」（PTSD）。醫師給他開立了能讓他入眠的抗憂鬱相關藥物。儘管藥物壓抑了他的痛苦，卻無法消除他的罪惡感，因此他的醫師鼓勵克拉倫斯嘗試另一種療法。

克拉倫斯接近會議室敞開的門時，裡面傳出了充滿正向思維的談話聲，一場團體心理治療即將開始。當中坐著一群陌生人，大部分是越戰老兵，還有一些則是從伊拉克或阿富汗戰爭回來的年輕世代軍人。

克拉倫斯放慢下了腳步，最後在門外止步。儘管已經堅持到這一步，但此時的他卻動搖了起來。裡面的所有人都比他還年輕，那些人會想要聽一個老頭的問題嗎？特別是他們所承受的創傷記憶都還很鮮明之時。

對他來說，這十分羞恥，作為一個二戰老兵，他不應該有PTSD，他的同袍們早在六十年前就解決了自己的問題，沒有一個是靠著和一群陌生人圍圈圈聊天來解決的。

如果同袍能用其他的方法解決，那他也應該那麼做。

最後，他決定繼續往前走，默默經過那扇門。

——

手裡拿著筆記本，克拉倫斯決定從貝茨的鏡頭裡尋找線索。

他向國家檔案館申請了貝茨未經剪輯的原帶，並一次又一次的重複觀看，在電視機前找尋許多年前的那一天，到底發生了什麼事。

也許這不是他的錯？也許有其他人射死了凱瑟琳娜和她的駕駛？

影片中數個步兵拿著跟他同軸機槍一樣的機槍，接著克拉倫斯逐格追蹤他們的動作，並在按下暫停鍵時用筆記本記錄下細節。

會不會是老菸槍？在他車上擔任車首機槍手的老菸槍，射界範圍跟他差不多，且他後方還有三輛雪曼。

克拉倫斯用慢動作播放影片，追蹤曳光彈的來源和他一直想要知道的真相。但不論他重看影片幾次，結果仍然是一無所獲，鏡頭的視界終究只記錄下了一小部分的戰場實況。

假如他能找到在現場的人詢問的話，那也許就會有答案了，但貝茨、老菸槍、恩利和其他車組員都已經老到駕鶴歸西，查克・米勒雖然還活著，但他的戰車停在潘興後方，無法看見那輛衝進十字路口後被集火的汽車。

這時，他腦袋突然靈機一動。對面還有其他人啊，當天還有另一個人也扣了扳機。

那個其他人正是德國人。

克拉倫斯記得當時有看見敵人撒出的綠色曳光彈，儘管沒有被貝茨的鏡頭記錄下來，且當克拉倫斯的潘興開過那棟坍塌的房子時，那輛敵戰車早已不知去向。當時克拉倫斯認為有其他人已經到下個轉角等待那輛戰車，接著在那裡把它給收拾掉。但如果他是錯的呢？

也許那輛戰車上的德軍還活著？

也許他現在還活著？

一年多後，二〇一三年三月二十一日

在一個寒冷的冬季午後，克拉倫斯再次站在科隆大教堂前。

在呼嘯刺骨寒風的廣場上，克拉倫斯將他那身灰色陸軍運動外套的領口立起。就算現在天上突然烏雲密布，他也不會覺得太奇怪。在緊張與寒冷的交迫下，他不斷地打顫，儘管許多年前他曾在此季節此地戰鬥過，但他顯然忘了科隆會有多冷。

背對著大教堂，克拉倫斯觀察著廣場上縱橫交錯的人們。星期二的科隆，人潮並不如他惡夢中所見到的那麼冷清。

人來人往的廣場上，有身穿長外套、大步走向火車站的商人，也有從教堂大門走出來的修女，還有對著尖塔拍照留念的觀光客。*

克拉倫斯在等的是一位二戰老兵，這位老兵並不是他當初的戰友，而是一位德軍老兵。當初在科隆內城戰鬥的三組德軍戰車兵中，就只剩下一人活到現在。在科隆地方記者的協助下，克拉倫斯得以找到這個人，對方也願意見他。今天，在科隆廣場，就是他們將要會面的地方。

但人在哪裡呢？他已經遲到了二十分鐘了。

難道這位德國老兵改變了主意？還是說自己真的太天真了，以為人家真的會跟自己碰面？畢竟以克拉倫斯這個八十九歲的年紀來說，其他同齡的人大概不會幹這種事。

他將妙芭交給女兒辛蒂（Cindy）照顧，自己橫跨四千英里來到一座外國城市，為的只是要跟某人談談六十八年前發生的事情。最誇張的是，這人在當時還曾經想殺了他。

「嘿，克拉倫斯！」有人用高亢的南方口音對他喊著。

原本在廣場邊上幫克拉倫斯注意德國老兵的巴克．馬許，這時從廣場邊走向了他。

巴克也同樣是個八十九歲的老人，他雖然已經從建設公司退休了，但外表看起來還像個執

* 原註：克拉倫斯允許作者與他同行，以記錄他們在旅程中的對話和事發經過。身處在這座城市的現代玻璃帷幕建築時，克拉倫斯的射手基因依然沒變，他把很多東西都當成目標——「如果可以射那東西有多好！」一座長得像復活節蛋的玻璃建築？「我們可以對它造成很大的損害！」

行長的樣子。他禿著頭、小眼鏡，身上的夾克下還穿著一件毛衣。在二〇〇六年賓州哈里斯堡（Harrisburg）舉行的A連戰友會，巴克邀請克拉倫斯作為榮譽來賓後，兩人便重逢並成了非常要好的朋友。

巴克側身靠向克拉倫斯問道：「你有看到我們在等的人嗎？」

「恐怕沒有，」克拉倫斯回答。

這時，第三個美國老兵從另一個方向走向克拉倫斯。八十八歲的查克．米勒雖然已是拄著拐杖的老人，但他招牌的斜視瞇瞇眼和苦瓜臉仍掛在臉上。

查克的頭髮現在又厚又白，他戴了一頂黃色的矛尖師紀念帽，上頭還別有很多老兵都會別的小紀念章。不過，查克不只是老兵而已。

他現在是「米勒少校」了。

在冷戰逐漸升溫時，查克回役到預備役，負責指揮一個戰車營。他總是強調克拉倫斯是他所認識的戰車射手中最偉大的。見到安迪．魯尼（Andy Rooney）的著作《我的戰爭》（*My War*），錯將在科隆擊毀豹式的功勞歸給巴祖卡火箭彈兵身上時，早在有人指出錯誤以前，查克第一時間就寫信糾正了他。

查克湊上來問：「怎樣？有看到人嗎？」

克拉倫斯沮喪地搖著頭說：「他會不會就剛好從我們眼前錯過啊？」

巴克和查克向克拉倫斯保證，在他們持續觀察下，這種事情是絕對不可能發生的。畢竟科隆是座繁忙的城市，搞不好那個德國人遇到了塞車還是什麼的吧？

三個人靜靜地站在原地，他們一起搓著手，試圖讓自己暖和些。

當一個老師帶著一群小朋友經過他們身邊時，巴克笑了出來。

「往好處想，至少這裡沒看到長得像克拉倫斯的小孩，」巴克說。

「對啊，他們都還太小了，找找看有沒有比較大隻一點的，」查克也順著他的話講。

克拉倫斯臉上露出了久違的笑容。

當初，克拉倫斯在邀請巴克和查克是否願意一同與他前往科隆時，這兩人的反應熱情得令他訝異，他們直接回答——**我們何時出發**？

在他們心中，克拉倫斯讓他們在一些最險惡的戰鬥中活了下來，現在是報答他的時候了。此外，他們也看得出來，這趟旅行對他們的朋友來說太重要了。

戰後返鄉，巴克和查克都已經做了件克拉倫斯還沒能做到的事情——面對個自的創傷。

在奧本大學（Auburn University）就讀期間，巴克曾在日光房中度過無數個下午，並與他曾加入陸戰隊投身太平洋戰場的兄弟會成員，同時也是新興作家的尤金・史賴吉（Eugene Sledge）討論戰爭*。

至於查克，他在歸國後馬上買了輛斯圖貝克（Studebaker）轎車給自己，然後跟他同為老兵的弟弟一起來趟公路旅行。在開往加州的沙漠公路上，他終於將自己見過的所有恐怖場景，一五一十告訴了弟弟。

---

* 編註：HBO電視影集《太平洋戰爭》中由男星約瑟夫・馬傑羅飾演在第一陸戰師擔任迫擊砲手的史賴吉。他著有《老兵長存》（*With the Old Breed: At Peleliu and Okinawa*）一書，並在二戰結束後，曾在中國的青島派駐過一段時間。

他們靠著「談話」來撫平自己，現在也希望能透過一樣的方法幫助克拉倫斯。對於他們的鼓勵，克拉倫斯不僅感激，甚至對他的朋友們願意放下手邊的一切來趟長途旅行感到驚訝。

巴克跟太太汪達（Wanda）住在阿拉巴馬州奧本的一間美麗湖泊旁邊的小屋內，每天早上餵餵鴨子，舒服地坐在沙發上享受悠閒時光，夏天會修修草皮。至於查克不在軍中或當地墓園擔任司庫時，他和妻子薇諾娜（Winona）就在密蘇里州凡爾賽陪九個孫子玩樂。

然而，這兩個人還願意陪克拉倫斯到現在，且沒有任何退卻的意思。

也因為這樣，給了他繼續在這寒風刺骨的廣場上等下去的動力。事到如今，這是他最後可以撫平傷口的機會，即便事實可能令人難以接受：現在只有他的敵人能救他了。

——

這時在廣場上，出現了除那三人以外的老兵。

「我看到他了，」查克說。

「那一定是他，」巴克接著說。

跟著兩人看向城市那側的視線，克拉倫斯見到了一位身材矮小、手背在後方，看起來害羞內向的老紳士站在那兒。

古斯塔夫．謝菲爾看起來一副迷茫的樣子，跟他們差不了多少。

年已八十六的古斯塔夫，穿著開領的黑色冬季外套，露出打著領帶的襯衫領口，一頭白髮梳得整整齊齊。古斯塔夫左顧右盼，深怕漏看了美國老兵的蹤影，他那雙擔憂的雙眼被深色的鏡片給隱藏著。

他在兒子烏韋（Uwe）開車載他來的路上正好碰上了大塞車，這讓他們花了整整四個小時才到達目的地，令他的擔憂更是加劇了。儘管他來這要見的這位美軍老兵，在信中的字裡行間看起來很友善，也提到要帶兩位當年的戰友一起來。但是，他同時也是當年將房子打垮、殘骸壓在他戰車上的那個敵人。

他們到底會是怎麼樣的人呢？他思索著。**他們遠道而來究竟是要談什麼呢**？

——

「就是他沒錯，」克拉倫斯走向了那位德軍老兵。在此之前，令他來到這裡的動力是他的意願，但現在驅動他前進的動能，是直覺。

巴克和查克兩人站在原地，他們只能幫到這了，剩下就要靠克拉倫斯自己了。

古斯塔夫看到這位美國人從大教堂那邊走向自己，他有點猶豫地走向了對方。

眼前那個美國人看起來有點嚇人，他的身高遠比古斯塔夫想的還要高。

克拉倫斯每跨出一步就越走越快，就像一輛加速中的火車。他的喉嚨這時感到一縮，深怕屆時說不出任何話來。到最後幾步，他的臉上露出了緊張的笑容，接著對他昔日的敵人伸出手去。

另一方面，古斯塔夫臉上也露出了笑容，同樣對克拉倫斯伸出手去。

一位高大的美國人和矮小的德國人就在廣場上握起了手來，不斷晃著手向對方致意。儘管在場的兩人，一個說著德語、一個說著英語，雙方卻都能明瞭對方的意思。克拉倫斯在孩提時代記得夠多的德語，古斯塔夫則是當戰俘時學了一點英語。

接著，克拉倫斯貼近了古斯塔夫的耳邊後說：「戰爭已經結束了，我們現在可以當朋友了。」

古斯塔夫點頭，看起來鬆了一口氣的用德文回著：「對，對，好極了。」

此時，古斯塔夫的心中也是想著一樣的事情。

——

在附近的旅館吧檯，並肩而坐的克拉倫斯與古斯塔夫邊喝著啤酒、邊聊著天。接下來兩天，古斯塔夫與他的兒子也會與那幾個美國人住在同一間旅館。

透過他們請來的翻譯，克拉倫斯詢問古斯塔夫戰後的生活，巴克與查克就在附近打發時間。

古斯塔夫說，在他回到家裡的第一週，他在床邊的木頭地板上，鋪著稻草睡覺，就像在戰俘營時那樣。

他們家的田地顧得不錯，古斯塔夫成了一名專業的推土機操作員，後來還操作美國製造的「開拓重工」推土機，將大片的沼澤開墾成農地。

至於近來的日子呢？古斯塔夫說他搬到了一處可以看見他老家的小農場，妻子海爾格（Helga）在二〇〇六年過世後，他就將閒暇時間投注在一個新朋友身上：「谷哥地球」。在舒適的家中，古斯塔夫幾乎整天坐在電腦前，用衛星影像探索世界。

古斯塔夫甚至用它查看了克拉倫斯的家，接著問他在屋外停了什麼樣的車？屋內的裝潢又是如何？

面對古斯塔夫一連串的提問，克拉倫斯笑了出來。

當兩人相處得越來越自在時，他們的對話也令人發噱。

「你的戰車內有廁所嗎？」克拉倫斯對古斯塔夫說：「我們的設計師大概忘了在戰車內做一個。」

「我們的有喔，就是空彈殼！」古斯塔夫回。

「在潘興上我們還有烤肉架，也有冰箱，」克拉倫斯說。

古斯塔夫點著頭，回道：「我們也有一個，但只有在冬天才有用！」

在一旁聽著的巴克和查克，頓時陷入一陣爆笑之中。

——

幾杯啤酒下肚後，巴克和查克離開了，克拉倫斯與古斯塔夫間的對話也越來越嚴肅。

克拉倫斯向對方和盤托出那個仍夜夜令自己驚醒的科隆噩夢，他如此說道：「在夢裡，我可以見到車裡那女人的樣貌。」

聽見這番話後，古斯塔夫馬上知道克拉倫斯在說誰。十年前，他在電視上看過這場戰鬥的紀錄片，看到了跟克拉倫斯所見一樣的片段。

此外，古斯塔夫也承認這也讓他做了惡夢，但跟克拉倫斯有點不同。在夢中，他被困在戰車內，從內往外看，只能看見那輛被打得稀巴爛的汽車，以及身受重傷倒在一旁的凱瑟琳娜．艾瑟。

克拉倫斯靠近他，輕聲問說：「你有跟其他人談過這件事嗎？」

古斯塔夫皺起了眉頭，反問了他：「有誰能懂？」

聽到此話，克拉倫斯完全能感同身受。

此時，原本只能聽他們朋友說話而無事可做的巴克和查克，早早就溜出了旅館去執行他們自己的「次要任務」了。

在北科隆安全的住宅區裡，兩個人在寒風中立起了領口，走在艾興多夫街的人行道上。巴克走向了一間在轉角的房子，查克跟來單純只是出於好奇。

「也許她還坐在前陽台上等你喔？只是一顆牙都不剩，」查克開玩笑道。

巴克聽見後也笑了出來。

兩人停在那間奶油色、掛有二十八號門牌的石造房屋對面，即便這麼多年過去了，它那彎曲的窗花雕飾仍然令人讚歎。

巴克手裡握著當年安妮瑪麗．伯格霍夫給他的那張背面寫有地址的棕褐色照片。

在他心中，一直希望自己當年可以做出不同的抉擇。

在帕德博恩失去了布姆少尉之後，巴克並未試圖回到科隆，即便他曾向安妮瑪麗保證他會這麼做。當年的他，僅是個一心只想回家的二十一歲年輕人。

當他年老之時，他的心中卻出現了這樣的疑問：這些年來，她究竟有多少次因為某人敲門，滿心期望地跑去應門，但換來的卻只有無數次的失望？這些日子以來，他也一直希望當年的自己，至少寫信告訴她計畫已經有變了。

現在，他的心中升起了一絲帶有罪惡感的疑惑：**不知她是否過得還好**？

巴克曾經問他的太太汪達是否要一起同行到科隆，了解安妮瑪麗過得如何，汪達表示理解，但也很直白地對他說：「我希望她很胖。」

站在屋外的他們，能從房子敞開的正門聽見敲擊聲和電動機具的聲音從內部傳來。工人正在屋內施工，要將獨棟住家改造成公寓。

現在不去問個水落石出，那可就太遲了。

巴克進入屋內，查克在門處駐留。

儘管工地禁止外人進入，但巴克仍在熟悉的石頭樓梯旁找到了工人。他雖然會說英文，但基於保密原則，不能透露屋主是誰。

巴克聽見後雖然很失落，但他可以理解這是基本的職業道德，他將名片和所住的旅館名字留給那人。倘若那工人有遇見屋主的話，再請他轉告此事。

垂頭喪氣的巴克走到屋外，步入寒風之中，看來他終究是晚了一步。

——

隔天一早，身著冬裝的克拉倫斯與古斯塔夫走在街道上，看起來就像兩個一起走向巴士站的老朋友。

克拉倫斯頭戴黃色矛尖師紀念帽，古斯塔夫戴黑色貝雷帽。他們的鼻頭因為天寒而變得紅通通，但精神十分抖擻。

今天是上班日，大部分的科隆人早已坐在辦公桌前，在他們右邊的林蔭大道因此顯得十分冷清。穿著長外套和針織毛帽的科隆市民，零星經過兩位老兵的身邊。紅綠燈下，白煙不斷從怠速的賓士計程車的排氣管冒出來。

巴克和查克選擇待在旅館，讓克拉倫斯與古斯塔夫獨自完成他們的旅程。畢竟，是時候讓他們面對自己的過去了。

古斯塔夫透過對街建築的方位評估他們身處的位置，同時與克拉倫斯繼續走向那處巨大、陽光普照的十字路口。

古斯塔夫的變色鏡片再次變黑，他的臉因專注而深鎖著眉頭。上次他來到這裡已經是六十八年前了，他還有辦法再找到那條街嗎？

經過短暫的搜索後，他眉開眼笑地認出了當年的位置。

古斯塔夫停下了腳步，並讓克拉倫斯注意到越過林蔭大道、鄰接一條建有一排公寓的寧靜街道，在對街轉角一樓開有酒吧的三角窗建築。

古斯塔夫說在當時一發現潘興戰車後，他們就開始撤退，緊接著克拉倫斯就將那棟房子給打垮，令無數的磚塊落了下來。

只是，那棟被克拉倫斯打垮的建築，原址早已修建了一棟全新且更高的大樓。克拉倫斯也對它的高度感到驚歎。光從外觀上來看，早已看不出當年發生了什麼事。

重溫往日令古斯塔夫的背脊發涼。他說：「在當時我應該要很害怕，但我沒有。如今當我再談起此事時，卻為當年只有十八歲的自己感到膽顫心驚。」

古斯塔夫談起在戰後的旅上弟兄團圓會上，他時常因拋棄戰車和逃跑的過去而被其他弟兄責罵。他們對古斯塔夫說：「你應該要把那些磚塊清乾淨的，」古斯塔夫則回：「對，我們應該全部都離開戰車，然後拜託美國人停火，好讓我們把自己的主砲修好！」

克拉倫斯露出帶有罪惡感的笑容說：「抱歉啦。」

「不，我很慶幸你把那棟建築打垮然後壓在我們身上，如果還待在戰車內，我大概早就掛了，」古斯塔夫回道。

——

兩人繼續沿著人行道往前走，最後在一處巨大的十字路口前停了下來。在長著佈滿霜雪的行道樹的安全島旁，來往的車潮絡繹不絕。從周遭的辦公大樓窗戶，向外頭的廣場撒著溫暖的光線。

但兩位戰車兵卻被陰沉的氣氛籠罩著。

這裡是多年前他們兩人的命運交織在一起的地方。

在克拉倫斯前方，有一輛被鎖在路燈上的腳踏車，它所停的位置，正是當年那輛佈滿彈孔的黑色轎車急煞停止的地方。接著，他低頭看著人行道。

「這就是在夢裡她躺著的位置，」他輕聲說。

走上前來的古斯塔夫也點著頭。雖然他的鏡片遮住了他的眼神，但此時的他，卻如其他德國人一樣選擇壓抑自己的情緒，不讓它流露出來。

接著，克拉倫斯看向十字路口的另一邊，有一排汽車停放的地方，那裡是當年他的潘興怠速的位置。

現場的一切都比他印象中的距離都還要近得多。

那個時候的林蔭大道，也比現在的還要空曠。

站在這裡，他可以看清現場的全貌。克拉倫斯終於弄清了當時那輛車衝進他射界過程的全貌。

林蔭大道基本上就是個渾然天成的靶場，任何跑進這裡的東西都會淪為他的目標。他最害怕的夢魘雖然不是虛構的幻想，但至少現在，他終於知道了真相。克拉倫斯轉向古斯塔夫，雙唇顫抖地向他坦承，在兵荒馬亂的戰場上，他根本沒時間做完整的目標識別，才錯將那輛黑頭車當成德軍的官車，最後扣下了擊發鍵。

當聽到古斯塔夫的回應時，他卻被震驚了。「這個嗎？這也是我對它開火的原因。」

「你也開火了？」克拉倫斯難以置信地問道。

「是的，那輛車就停在我面前，」古斯塔夫回說。

古斯塔夫說，當時他錯將那輛車當成衝過來的美軍戰車，他直接扣下了扳機。在發現自己做錯事後，一切都已經太遲了。

克拉倫斯先看著古斯塔夫戰車原本的位置，接著再看向自己的位置，原來他們倆的射界彼此在這個點上重疊。他們同時雙眼泛淚的理解到：**這事他們都有份**。

此時，古斯塔夫終於按捺不住一個深藏內心、困擾已久的疑惑，並選擇在此時此刻首次說了出口。他說，德林決定將車開上路是一個不負責任的行為。相對的，他和凱瑟琳娜應該要待在地下室，而不是將車子開進戰場。假如他們兩人能夠多待兩個小時，這一切都不會發生。

克拉倫斯點了點頭，認為古斯塔夫說得有道理。

「這就是戰爭，它本來就是如此，期間所鑄下的歷史都無法被改變，」古斯塔夫搖著頭說道。

它本來是如此。這段話讓克拉倫斯愣了一下，在他這漫長、被自責與罪惡感壓迫的十六年間，他從未想過自己也是那段歷史的受害者。

沒有一人，應當出現在那個十字路口。

克拉倫斯應該在賓州利海頓老家的溜冰場上溜冰，古斯塔夫也應該看著柏林—布萊梅線的火車雙向往返。至於凱瑟琳娜，則會在公園內和他的姪兒或姪女玩耍，而非坐著車衝入瘋狂的戰場。

當克拉倫斯開始理解後，他終於放下了心中的大石。

它本來是如此。

這不是他們的錯，也不是她的錯。

這就是戰爭。

——

在金屬的呻吟聲下，聖格里安聖殿的鍛鐵柵欄門被推開，克拉倫斯與古斯塔夫兩人走入裡頭。這座古老的教堂距離他們當年交戰的地方只有約兩百碼。

許多的萬年青遮蔽住了陰暗的石窟，牆壁上攀滿了藤蔓。這裡比外面的街道都要冷得多，且沉浸在一股令人不安的寧靜之中。

古斯塔夫將他的黑色貝雷帽戴得緊緊的，克拉倫斯將外套的拉鍊拉到最高，兩人手中都拿著兩枝特別準備的黃色玫瑰。透過克拉倫斯在這座城市的人脈，確認他要找的就是這個地方了。

兩人沿著踏腳石小道，一路走進了茂密的灌木叢。古斯塔夫的鏡片在這陰暗的環境下變回了原本的透明度，現出了他那雙悔恨的雙眼。

在他們身旁的灌木叢中，林立著石造十字架。石窟，即是個小小的墓園。

在一座石造十字架前，克拉倫斯和古斯塔夫駐足在前，讀了上頭寫的兩行字：

米契爾・約翰內斯・德林（MICHAEL JOHANNES DELLING）

一九〇五—一九四五

克拉倫斯內疚地看著它。當年德林遇害時年僅四十歲，以克拉倫斯現在的歲數和眼光來看，他是個英年早逝的年輕人。

古斯塔夫與克拉倫斯，先後將玫瑰放在了德林的墓上。

接著，他們穿過墓園來到一個及膝高，掛著鑄有耶穌受難像的木製十字架前，上頭的匾額寫著：**無名氏之墓**。

克拉倫斯與古斯塔夫壓低著頭，這裡就是凱瑟琳娜的葬身之地。

在那場戰鬥後，她頭底下的公事包因不明原因與她的遺體分離，導致後人無法查驗她的身份，最後只能葬在這個無名氏之墓裡。

十字架前有一個空空如也的小花筒。

克拉倫斯搖著頭感嘆。在得知凱瑟琳娜的生命如何走到盡頭時已夠痛苦，更痛苦的是，已經沒有人記得她，彷彿她從未活在這個世界上。

古斯塔夫靠前並將玫瑰放在小花筒內，接著讓位給克拉倫斯。克拉倫斯彎下腰，用顫抖的手握著玫瑰往前靠，就在他開始失去平衡即將跌倒時，他的手臂被古斯塔夫拉住，被這位往昔的敵人給攙扶著。

兩人沉默不語、肩並肩站著，寒風吹拂過樹木、藤蔓與黃玫瑰。對自己過去的所作所為與現在所做之事，克拉倫斯覺得這一切都太不真實了。

一位曾經陌生、如今熟悉的無辜女子，此刻葬在自己的腳前，而站在他一旁的，卻是他當年的敵人。

在科隆，沒有其他地方能讓悲劇能有如此鮮明的對比。

戰爭摧殘了所有人。

——

克拉倫斯和古斯塔夫從石窟內離開後，克拉倫斯關上了大門，他並沒有一走了之。他徘徊在石窟外，手抓著護欄、盯著那陰暗的角落。縱使她躺在無名氏之墓之中，但克拉倫斯知道她就在那等著。

在寂靜中，克拉倫斯對凱瑟琳娜・艾瑟做出了承諾。

他永遠不會忘記她。

——

古斯塔夫看著克拉倫斯一動也不動地盯著木頭十字架，開始擔心了起來，趕緊要求翻譯關心一下他的朋友。

「克拉倫斯，你還好嗎？」翻譯問。

克拉倫斯這才將手從護欄上鬆開，開始走動。

他聳聳肩、點了頭說：「我現在沒事了。」

——

兩人進入聖格里安聖殿的前廳，摘下了帽子。在黑暗的前廳裡，佈滿了褪色的中世紀壁畫，但在穹頂之下卻充滿了陽光。

他們接近那排在早晨彌撒後仍在點著的蠟燭，接著各自將硬幣投入了助貧箱，再各自點亮了蠟燭，為整排搖曳的燭光增添了新的成員。

寂靜之中，他們用一種人間聽不見的話，表達了各自的敬意。

離開聖殿之後，兩人參與了由克拉倫斯的德國記者朋友所安排，一場令人意外的會面。

一名身材修長、身著冬季大衣的年輕男子正等著他們。他是科隆大學的一名歷史系教授，趁著空堂期間，出來與多年前在他家鄉城市戰鬥的老兵會面。他是馬克．希羅尼穆斯（Marc Hieronimus），三十九歲，戴著眼鏡、修著整齊的鬍子。重點是，他正是凱瑟琳娜．艾瑟姪子的兒子。

克拉倫斯愣住了。

他面對的是凱瑟琳娜的家人，儘管血緣關係頗遠。古斯塔夫退到克拉倫斯的身後徘徊，讓他這位高大的朋友面對這個難關。

馬克率先笑著用英語歡迎他們，打破了僵局。見到馬克的反應後，克拉倫斯展露笑顏，身後的古斯塔夫也冒了出來。

馬克並不是要來這裡評斷他們過去的作為，相反的，他想要幫助這兩位老兵。透過馬克，兩人將會完整地認識他的姨婆，凱瑟琳娜的人生。

——

一輛銀色廂型車橫跨了無數的電車車軌，穿越科隆市。

坐在副駕駛座上的馬克，向後座的克拉倫斯與古斯塔夫導覽著窗外的景色，兩人像小孩一樣乖乖聆聽。

凱瑟琳娜的家，現在是一排紅磚建築。

她家附近的公園，原本的防空避難所入口仍然屹立。

沿著那條街道，她每天都騎著腳踏車到德林的雜貨店去上班。

歷經過一個悲傷的早上後，克拉倫斯和古斯塔夫再次眉開眼笑。透過馬克生動的導覽，他們得以從身歷其境的角度重見凱瑟琳娜的生活。

在這趟導覽結束時，銀色廂型車停在城市的羅馬城牆附近。

從副駕的位置上，馬克回過身來，向克拉倫斯和古斯塔夫提出進一步邀約：「下次如果你們還有來科隆，要不一同共進晚餐？」

這不僅僅是吃頓飯而已，而是與凱瑟琳娜的家庭成員，以朋友的身份共同坐在同一張餐桌。克拉倫斯很清楚地知道，馬克所提出的，正是凱瑟琳娜的家人原諒了他們的過去。

克拉倫斯喜出望外，止不住笑容。

早上待在旅館房間的巴克，接到了來自大廳櫃台的電話。慶幸的是，當這名訪客到來時，他人還沒離開旅館。

在大廳，他看見一名女士正在等他。

她穿著黑色長外套、圍著一條棕色圍巾，及肩的金髮勾勒出的漂亮臉蛋，喚起了令巴克腦海中難以忘去的美麗臉龐。

她長得就像安妮瑪麗。

但她怎麼可能是安妮瑪麗呢？從外觀上判斷，安妮瑪麗應該比她還要老一倍以上。

那位女士對巴克說，工人將巴克的名片交給她，而她正是那間房子的屋主。女士的名字叫做瑪麗昂・普滔（Marion Pütz），正是安妮瑪麗的女兒。

巴克握住了瑪麗昂的手，難以置信地看著這張熟悉的臉蛋說：「你長得就跟妳母親一樣。」

瑪麗昂說能與巴克相會，對她而言有重要的意義，母親在十年前已經過世，這是一個她可以透過瞭解母親的部分過往，並紀念母親的機會。

兩人坐在大廳邊的椅子上。

巴克告訴瑪麗昂當年是如何認識安妮瑪麗，以及他們之間短暫的友情故事。儘管戰後巴克很快淡忘了她，他對此深感自責，但瑪麗昂卻要他不要有任何的罪惡感。

「對她來說，你在正確的時間點出現了，因為那時的生活很苦，你給了她希望，」瑪麗昂安慰著巴克。

這時，巴克靠上前去問了他來到科隆後，一直想要知道答案的問題：「她後來過得還好嗎？」

瑪麗昂表示，她的母親後來繼續學習牙科技術，並持續在她父親開設的牙醫診所工作。她不僅是科隆首批考取駕照的女性，也是首批擁有一輛福斯金龜車的女性車主。

後來，安妮瑪麗嫁給了一名富有的工廠老闆[4]，生下了瑪麗昂，儘管他們的婚姻不長久，至少她過著開心的人生。她還在世時，有時會住在德國，有時會住到瑞士一間湖畔小屋，享受駕駛遊艇的樂趣。

聽完後，巴克十分高興，很感激有人能告訴他這一切。

瑪麗昂起身準備離開時，握住了巴克的手說道：「我想要謝謝你，將快樂帶給了我母親。」

巴克哽咽地回應：「嗯……她也將快樂帶給了我。」

隔天早上

古斯塔夫的兒子去取車，這群老兵走向了科隆大教堂。在短短的時間內，他們已經打成了一片，一次與往昔敵人的會面，最終卻成了對離別依依不捨的戰友團圓會。

天下無不散的宴席。古斯塔夫的兒子明天還需要工作，美國老兵的家人則遠在他鄉等候著。然而，在說再見前，他們還有最後一件事情要做。

老兵們站在大教堂廣場，擺出合照的姿勢，並來回交換著手中的數位相機。

巴克突然跳入跟古斯塔夫的合照，並嘲笑他們的身高差。輪到查克站在古斯塔夫身邊，看著手拿相機、嘴巴喊：「說，起司！」的克拉倫斯。查克知道這趟旅途很值得。而他的朋友，也一定會過得好好的。

最後，在大教堂前，克拉倫斯與古斯塔夫站在一塊、手臂相交，一同對著鏡頭微笑。那一刻，巴克、查克甚至是他們的翻譯，手中的相機都接連不斷地發出嗶嗶聲和閃光燈。

接著，克拉倫斯做了一件出乎意料的事，他出手環抱古斯塔夫，讓相機記錄下這個重要時刻且一點也不想放開，古斯塔夫也同樣抱著他。

也許，周遭經過的年輕人，瞧見一位高大的美國老人和一位矮小的德國老人，兩人在熙來攘往的廣場中央，笑得合不攏嘴相擁時，會覺得這景象荒謬可笑。但是，他們可能永遠不知道這兩人的故事。

———

老兵們發現古斯塔夫兒子的車已經停在了旅館前，準備要將他的父親送回家。

克拉倫斯心裡很清楚，這很可能是他最後一次見到古斯塔夫。

這位矮小的德國老兵對他坦言，自己的健康狀況比其他人想的都還要糟糕，甚至連他的家人也不清楚他的狀況。即便如此，他仍想盡可能跟克拉倫斯保持聯繫。

那天早上，他們懷著彼此瞭解的心情道別。今後不論從戰爭回憶中浮出什麼樣的罪惡感，他們都會一同討論；今後不論再出現什麼惡夢，他們也將一同面對。

古斯塔夫走入車前，他要翻譯帶給克拉倫斯最後一句話。

他的話，令克拉倫斯紅了雙眼。

「告訴克拉倫斯，下一輩子，我們會成為同袍。」

後記

作為美軍在冷戰期間駐在歐洲的最大規模戰鬥部隊，**矛尖師**在防線上與蘇聯部隊對峙，一直準備著一場從未成真的裝甲大決戰。

後來，矛尖師的新戰場轉移到了沙漠。他們從德國開拔，在波灣戰爭中擔任地面部隊的先鋒，發動了自第二次世界大戰以來最大規模的裝甲大戰。在僅僅一百個小時內，矛尖師便毀滅了伊拉克共和衛隊，為這場戰爭劃下了句點。

這是矛尖師的最後一場戰爭。

冷戰已經結束，恐怖主義成為了自由世界的新興威脅，因此大部分的裝甲師都已經解編，並將人力調配到美國陸軍的其他單位去。如今，矛尖師是一個沉睡中的巨人，等待著戰車大決戰的到來。

——

在二〇一七年九月，第三裝甲師協會在費城舉辦最後一次的二戰老兵團圓會。現場只有三個戰車兵參與，而E連只剩下**克拉倫斯**．**史墨爾**與**喬**．**卡塞塔**。

——

至於克拉倫斯車上的弟兄們，早在他們能再次相聚前就已相繼往生。在團圓會上，克拉倫斯得知了他們的餘生。

荷馬「**老煙槍**」**戴維斯**後來成為一名電工，在肯塔基州農村的森林裡度過一生。

威廉「**伍迪**」**麥克維**[1]在底特律附近的汽車維修廠上班，並用他的駕駛技巧來進行車輛試駕。

約翰「**強尼小鬼**」**德里吉**在一年間輾轉於多家軍醫院[2]，從格陵蘭到福吉谷，最後治好了他的臉傷。出院後，在賓夕法尼亞州萊維敦（Levittown）擔任一名鐵工。

包伯・恩利如他所夢想的那樣，在明尼蘇達州噴泉市買了一座農場[3]。他不再是趴在戰車砲塔上的車長，而是坐在牽引機上的農夫。他結了婚、生了幾個小孩。大家都知道他會騎著機車，跨州來參加團圓會。

自從在德國分道揚鑣後，克拉倫斯再也沒見過恩利。那個時候，當他們緊緊握著對方的手，彼此感激著能挺過這一切時，他們的友誼也永存在那個當下。恩利在一九七九年與世長辭。對他來說，自從在科隆直視豹式那烏黑的砲口後，每一天都是恩賜，他也善用這些恩賜過完了他的一生。

為了找到**保羅・菲爾克拉夫**的相關資訊，克拉倫斯打遍了佛州電話簿上的號碼，最終成功找到了保羅的姪子。

他的姪子告訴克拉倫斯，要到保羅的墳上致意是有一定難度，因為他葬在法國的埃皮納爾美軍公墓（Épinal American Cemetery）。

為了要讓他朋友被家鄉銘記，克拉倫斯以保羅的名字，贊助今日興建在諾克斯堡公園裡，由一輛靜置的雪曼戰車作為精神堡壘的第三裝甲師紀念碑。

據**查克．米勒**所說，與克拉倫斯同行前往科隆，可謂此生中最刺激的時刻。在旅途結束幾年後，查克離開了人世。喪禮上，他的孫子與他的機車俱樂部成員護送他的靈車，其雷霆萬鈞之勢，宛如一列正在前進的裝甲縱隊。對於所有認識他本人的親友來說，全都異口同聲地說：「查克一定會同意這麼做的。」

法蘭克「**卡津仔**」**奧迪弗萊德**返鄉後一個月，娶了他的女友，也是連上甜心（當時全連的人都喜歡寫信跟她當筆友）的莉莉。儘管在布拉茨海姆的戰鬥後，雙耳的聽力就嚴重衰退，但他還是在路易斯安那標準石油公司（Standard Oil of Louisiana）成了一名技師。

高齡已九十六歲的他，體內還卡著德軍的砲彈破片，當牙醫師在他的嘴裡發現銀色的鋼片時，他也只是一笑置之。

一九五五年，**巴克．馬許**和**包伯．賈尼基**第一次一同參加了在聖路易斯的師團圓會。賈尼基

雖然依靠義肢走路，但看起來走得依然很穩。賈尼基用他的殘障補貼金簽下了在伊利諾州佛里波特（Freeport）的機車經銷商資格。他的事業拓展成擁有三間店面的規模，累積了一筆可以讓他買下一架私人飛機、享受飛行快感的存款。

一九六〇年代，在巴克發現**拜倫．米契爾**住在亞特蘭大後，便打了電話給他。拜倫的回應一如往常的簡單有力，他說：「我現在在開水泥預拌車，還蠻喜歡這種生活的。」

在這些日子裡，巴克除了成為他過去的部隊——**陸軍第三十六步兵團**的榮譽特等士官長以外，還會到學校裡教導孩童第二次世界大戰的歷史。

想當然爾，有些小孩總會問些不怎麼讓人意外的問題，「你殺過多少個德國人？」每次都因為這些天真的提問而發噱的巴克，總是以同樣的答案回應他們：「我希望一個都沒有。」

——

大西洋彼岸的**古斯塔夫．謝菲爾**參加了幾十年的**第一〇六裝甲旅**老兵團圓會，並希望在會上能看到**羅爾夫．米利策**。

由於全旅幾乎全軍覆沒，團圓會的規模都很小，小到能在餐廳後方的小房間內舉行。然而這些年來，羅爾夫從未現身過。

經過戰俘營受審後，羅爾夫很可能被遣送回到蘇聯控制區內的老家，也就是當時的東德，從此之後消失在鐵幕之後。

——

此外，克拉倫斯與古斯塔夫間的友誼也不須等到「來生」才會發展。兩人成了筆友，彼此寫信、互換聖誕卡片，克拉倫斯還送了一輛小小的壓鑄豹式戰車模型給古斯塔夫作為禮物。

他們甚至還會用電腦視訊交流，在翻譯的協助下，這兩位老兵儘管相隔千里，卻得以面對面聊天。在古斯塔夫的畫面背景上，除了牆上的擺鐘、裝滿圖書的書架外，還放有一輛克拉倫斯送的豹式戰車模型。

在兩人保持聯繫長達四年，一段遠比克拉倫斯想得還久的時光後，古斯塔夫最終在二〇一七年四月罹癌逝世。在他的喪禮上，親朋好友獻上了花束致意，在其中一束綁著絲帶的花束上，寫了這樣一段話：

「我永遠不會忘記你！你的戰友，克拉倫斯。」

當他站在聖格里格聖殿的石窟時，克拉倫斯曾發誓絕不會忘記**凱瑟琳娜·艾瑟**。自從他造訪之後，每年都有人在她的墳前獻上黃色玫瑰花。

每年一到三月六日，花朵又會出現在那裡。

——

在與古斯塔夫會面後，克拉倫斯的惡夢也消失了。戰爭中的痛苦回憶雖然猶存，且永不消逝，但他能繼續帶著這些回憶活下去。

他花了一段時間才讓自己回到榮民醫院，他終究是做到了。

克拉倫斯接近了會議室門口，熟悉的聲音從門內傳了出來。那裡面，有另一組人正要開始進行團體了。

這一次，走過長廊的克拉倫斯．史墨爾已經不再是從前的那個自己。

而是成為了一名生命的勇者。

他面對並克服了自己的心理壓力，他知道當有人願意傾聽並理解他時，他也因此而獲救。

或許，這也是那些較年輕的退伍軍人所需要聆聽的。或許，他的故事也能鼓勵他們繼續說出更深層的東西——也或許，他能成為一個好的聽眾，傾聽著對方的一切。

克拉倫斯走到那扇敞開的門前，他這次不再慢下腳步，或停在遠方盯著門看。這次，他決定不再回頭。

總有人得幫助這群人。

克拉倫斯踏進了那道門。

ARMY

ARMY

ARMY

致謝

對於此書的著成，我想對下列提供寶貴協助的人士表達深切感謝之意。

致那些在此書作為主角的第二次世界大戰老兵們：克拉倫斯・史墨爾、巴克・馬許、古斯塔夫・謝菲爾、查克・米勒和法蘭克・奧迪弗萊德。您們訴說了自己生命中最艱困的那段時光，以讓我們這些後輩了解到有多少人因戰爭而犧牲。感謝您們將這些寶貴的故事託付於我。

致那些接受訪談，令本書富具深度且身歷其境的戰車和步兵老兵們：Harry Chipp、Bill Gast、約翰・歐文、Robert Kauffmann、Marvin Mischnick、Ray Stewart、George Smilanich、Walter Stitt、哈雷・斯文森、Les Underwood和德軍戰車車長迪特・雅恩。透過您們，令我們得以知悉雙邊陣營的人們所面對的希望與恐懼，您們的故事也值得被各自的傳記所記載。

致科隆的記者Hermann Rheindorf，經過你的研究，得以識別出凱瑟琳娜・艾瑟的身分，並且牽成了古斯塔夫與克拉倫斯的會面。你是一位對你的偉大城市——科隆，做出無可比擬之貢獻的記錄者。

致克拉倫斯的女兒Cindy Buervenich。妳照顧了妳的母親妙芭，好讓妳的父親能遠渡重洋親見古斯塔夫。本書正是在此旅途中誕生的，非常感謝妳的支持。

致法蘭克・奧迪弗萊德的女兒Sherry Herringshaw。感謝妳找出許多無價的戰時信件，以及撥冗回應我們不計其數的問題，讓我們能發掘出「卡津仔」，也就是令尊的寶貴故事。

致凱瑟琳娜・艾瑟的曾姪子，歷史學家馬克・希羅尼穆斯。你在百忙之中抽空離開教室，給了克拉倫斯和古斯塔夫難忘的一日和最棒的禮物——一個療傷的機會。

致瑪麗昂・普淄。感謝妳願意向我們公開家人的歷史，得以讓我們了解令堂安妮瑪麗・伯格霍夫的故事。

致我們在科隆的田調研究者Dierk Lürbke。你將科隆大教堂前的戰車決鬥研究得如此透徹，透徹到連克拉倫斯都從中學到了新的事物。感謝你總是在我們需要時接起電話，向我們提供寶貴的協助。

致書中人物的家人與朋友們，你們的回憶、提供的文件和無數貢獻，豐富了本書的內容：Glenn Ahner、John DeRiggi、Craig Earley、John R. Faircloth、Patricia Fischer、Bernard Makos、汪達・馬許、Jim Miller、Dr.-Ing Gunter Prediger、Deborah Rose、Charles Rose、John Rose、Charles Stillman、Deborah Stillman、Luke Salisbury、Helene Winskowski和Carol Westberg。

致我用心的經紀人David Vigliano。在他巧妙引導之下，令此書得以由Ballantine Books出版，也致我的前編輯Ryan Doherty，為此書注入了生命。致我的現任編輯與寫作指導Tracy Devine，用妳那無可挑剔對故事的敏銳度，將原稿修飾至今日的樣貌。致蘭登書屋（Random House）的總裁暨出版人Gina Centrello與Ballantine Bantam Dell的團隊：Kara Welsh、Kim Hovey、Susan Corcoran、Greg Kubie、Quinne Rogers、Lexi Batsides、Evan Camfield以及銷售與營銷部的全體團隊，感謝你們讓這本書得以問世。

致那些帶我和我的研究團隊重回戰場的人，像是帶我們在帕德博恩調查的祖父級史學家Dr.

Friedrich Hohmann，與德國聯邦國防軍現役戰車部隊指揮官Wolfgang Mann上校。此外，還有帶我們到阿登地區Reg Jans這位無與倫比的專家，以及熱情招待我們到他的旅館Guesthouse BoTemps的Bob Konigs。

致我們的裝甲載具顧問：Bill Boller。他不僅是一位裝甲知識大師還是柯林斯基金會（Collings Foundation）的董事。他為了回答我們提出最困難的問題，甚至還會爬上二戰的戰車，拿著皮尺親自測量。致柯林斯基金會的執行長羅伯・柯林斯（Rob Collings）。蓋了讓我們可以研究當年戰車的場地，為史學考據做出貢獻，並讓我們的第三本書得以完成。同時，我們也感謝「酋長」Nicholas Moran，他協助我們進行最終校稿，並分享了他對於裝甲載具的淵博知識，和他在伊拉克戰爭中擔任戰車排排長的經驗。

致Vic Damon和Dan Fong這兩位經營第三裝甲師歷史基金會網頁（3ad.com），讓矛尖師歷史廣為人知的歷史學家；致經營記載步兵歷史之網頁（36air-ad.com）的Jan Ploeg；致A連歷史學家Dan Langhans；也致合著有《莫里斯・羅斯少將：第二次世界大戰被遺忘的最偉大將軍》（暫譯，*Major General Maurice Rose: World War II's Greatest Forgotten Commander General*）一書的Steven Ossad和Don Marsh兩人。

致那些為此書提供了寶貴資料、相片和圖解的用心作者、專家和研究者：Kevin Bailey、Justin Batt、David Boyd、Rita Cann、Lamont Ebbert、Tim Frank、Daniel Glauber、Timm Haasler、David Harper、Gareth Hector、Nick Hopkins、Craig Mackey、Douglas McCabe、Jeannette McDonald、Russ Morgan、Darren Neely、Jaclyn Ostrowski、Debra Richardson、Gordon Ripkey、Matt Scales、Susan Strange、Bill Thomas、Bill Warnock和Steven Zaloga；也致Nicolas Trudgian，他繪製的戰時火車繪畫

讓我成了一輩子的火車迷。

致資深開發編輯Thomas Flannery Jr，指導我從第一章寫到最後，並用你那雙銳利的眼睛打磨著我的一字一句，讓此書變得更好。

致那些試讀過原稿的讀者們：Matt Carlini、Joel Eng、Jaime Hanna、Lauren Heller、Matt Hoover、Tricia Hoover、Joe Gohrs和Rachelle Mandik。

致那些讀完初稿每一頁的「早期預警系統」們，妹妹Erica Makos和母親Karen Makos，妳們的回饋讓我得以修正書中的內容。致鼓勵我的祖父母Francis與Jeanne Panfili給了我鼓勵。也致我最年輕、帶給家裡歡樂的妹妹Elizabeth Makos。致我為家人烹飪美味料理的嫂嫂Agata Makos，再致從遠方關切我的Helga Stigler與Georgea Hudner兩位摯友。

致我朋友皮特・塞馬諾夫。在你考取「鷹級童軍」（Eagle Scout）的時候發現了克拉倫斯這個人，是你讓我得以認識他的故事。不論在大學時、畢業後，甚至是談論伊拉克的沙漠時，你都鼓勵我去找他談談。最後，我真的拜訪了你的大英雄，克拉倫斯本人，這本書正是你孜孜不倦鼓勵我之後的成果。

致我們的德國研究者和夥伴Franz Englram。自從你在科隆擔任克拉倫斯與古斯塔夫的口譯後，你已經成了我們團隊的一員，你不僅幫我們訪談古斯塔夫，還閱覽過無數的外語文件以了解他的單位。在戰爭期間，你的曾叔Gerard在十九歲時就戰死東線，透過你如此細心與書中的老兵們互動，你已經榮耀了他的在天之靈。

致我的父親Robert Makos，您一馬當先地為我們撥出了無數通的電話安排訪談。您豐富的心理學知識也讓您成為一位超凡卓絕的偉大研究者。

致我作為此書的研究負責人和共同創作者的哥哥Bryan Makos。你帶我們前往科隆三次，還帶我們往返了黑森林。你的任務非常崇高，蒐集了橫跨兩個大陸、五個國家和二次大戰間雙邊陣營的歷史資料。克拉倫斯和古斯塔夫的故事，只是在你資料量中的滄海一粟而已。憑著你的才能，令這本書得以加入那書海之中，成為一員。

最後，我想感謝身為讀者的您，在此書的字裡行間中與我們同行，我希望在您闔上此書後，書中的故事仍會長存在您的心中。如果您喜歡此書，請在網路上寫下讀後感，或向其他人分享您在書中認識的英雄。透過您傳揚這些故事，其力量是無比巨大的。

如果您想知道更多，我邀請您上我的網站（AdamMakos.com），裡面有本故事中的歐洲戰場資料、旅程的細節和許許多多的補充資料，包括克拉倫斯戰車決戰的影像，以及他和古斯塔夫那令人感動的團圓影片。

在此，謹代表克拉倫斯、巴克和其他矛尖師仍在世的英雄們，我將這精神的火炬傳承給予您，我親愛的讀者。歷史上那些偉大男女的事蹟，現在傳承到了您的手中。

參考資料

本書是歷史資源寶庫的產物，我們發掘出無數的作戰報告、戰時訪談、命令原件、無線電記錄、早晨匯報、當時報章、單位歷史和許許多多的資料。上述公開資料來源皆來自下列資料庫：

——

德國弗萊堡聯邦軍事檔案室（Bundesarchiv-Militararchiv Freiburg, Germany）

密蘇里州聖路易斯和馬里蘭州大學公園的國家檔案和記錄管理局（National Archives and Records Administration at St. Louis, Mo. and College Park, Md.）

英國國家檔案館（National Archives (UK)）

賓夕法尼亞州卡萊爾的美國陸軍文物教育中心（U.S. Army Heritage and Education Center, Carlisle, Pa）

堪薩斯州阿比林的德懷特・艾森豪總統圖書館（Dwight D. Eisenhower Presidential Library, Abilene, Kans.）

伊利諾大學第三裝甲師協會檔案室（The 3rd Armored Division Association Archives at the University of Illinois）

喬治亞州班寧堡博物館部卓越機動中心（Maneuver Center of Excellence Museum Division, Fort

Benning, Ga）——

但我們最重要的資料來源呢？那就是克拉倫斯、巴克、古斯塔夫、查克、奧迪弗萊德、卡塞塔這些在此書撰寫時仍在世的老兵們，他們盡可能詳實地回憶了當年的記憶。

我們隨時隨地訪談了他們。我們在科隆街頭訪問古斯塔夫，在布拉茨海姆寒冷的鄉間訪問了查克，巴克先到科羅拉多見過我們之後，我們又到阿拉巴馬拜訪他。我還親自到喬·卡塞塔紐澤西家中的餐桌上進行訪談，我的團隊也奔波到路易斯安那訪問了法蘭克·奧迪弗萊德。

在無數次前往賓夕法尼亞州阿倫敦探訪克拉倫斯的過程中，我們投宿的假日旅館工作人員甚至都認得了我們的名字。這五年來，我們幾乎每週都在通電話。原稿完成後，經過克拉倫斯、巴克和其他核心成員的審讀和認可後，此書才得以定稿。

倘若我要為克拉倫斯和他的老兵朋友所說的全部故事留下註釋的話，那恐怕整體內容就會比本文還要落落長了。因此，文中許多的段落如果沒有特別註明，那麼內容的來源就是源自於老兵所言。

但並不是每一個歷史片段都是光憑口頭轉述，老兵們也提供了相關文獻。例如克拉倫斯提供的口述歷史，就是他在三十三年前的一九八五年時留下的。還有戰時通信，像是奧迪弗萊德的家人就保留了他在戰時寄回來的信件。此外，也有自己親筆寫下的歷史，像巴克·馬許寫下的兩百頁回憶錄：《一名二戰步兵的回憶》（暫譯，*Reflections of a World War II Infantryman*）這樣的著作。

透過這些車載斗量的歷史資料，我們全心全意地投身在這些記錄、回憶錄、文字作品和從各方蒐羅來的資訊，得以盡可能精準地建構出故事的輪廓。

古斯塔夫的訪談是從德文翻譯成英文，我冒昧地將德軍軍階轉換成對應美軍的，同時公制也轉換成了美國人習慣的美制單位。

除此之外，我們都盡可能保持資料的原貌。

May 3, 1945, NARA; Frank Woolner, *Spearhead in the West: The 3rd Armored Division in WWII* (Frankfurt, Germany: Kunst and Wervedruck, 1945; reprinted Nashville: Battery Press, 1980), 145.
17 Derek Zumbro, *Battle for the Ruhr: The German Army's Final Defeat in the West* (Lawrence, KS: University Press of Kansas, 2006), 260.
18 James Long, "Last Railway Outlet Cut by Allied Armies," *Denton* (TX) *Record-Chronicle,* April 9, 1945; Woolner, *Spearhead in the West,* 145.
19 33rd Armored Regiment, After Action Report, April 1945, NARA.
20 Monique Laney, *German Rocketeers in the Heart of Dixie: Making Sense of the Nazi Past During the Civil Rights Era* (New Haven: Yale University Press, 2015), 148.
21 2nd Battalion, 32nd Armored Regiment, Journal & Log, April 13, 1945, NARA.
22 Steven Zaloga, *Downfall 1945: The Fall of Hitler's Third Reich* (New York: Osprey, 2016), 34.

第二十五章

1 Ian Gardner, *No Victory in Valhalla: The Untold Story of Third Battalion, 506 Parachute Infantry Regiment from Bastogne to Berchtesgaden* (New York: Osprey, 2014), 35.
2 Steven Zaloga, *Downfall 1945: The Fall of Hitler's Third Reich* (New York: Osprey, 2016), 89.
3 Erich Maschke, *Zur Geschichte der deutschen Kriegsgefangenen des Zweiten Weltkrieges* (Bielefeld, Germany: E. und W. Gieseking, 1967), 207, 224.
4 Nikolaus Wachsmann, *KL: A History of the Nazi Concentration Camps* (New York: Farrar, Straus and Giroux, 2015), 73.

第二十六章

1 作者的敘述，是基於克拉倫斯給他看的一張照片。在照片中，他與妙芭在佛羅里達州春季騎乘腳踏車。
2 "Obituary Record of Graduates of the Undergraduate Schools Deceased During the Year 1950–1951," *Bulletin of Yale University* 48, no. 1 (January 1, 1952); "Mason Salisbury's Services Are Held," *Scarsdale* (NY) *Inquirer,* December 1, 1950.
3 "Mason Salisbury's Services Are Held."
4 Marion Pütz, daughter of Annemarie Berghoff, interviewed by Adam Makos, Franz Englram translator, Germany, March 2013 and August 2014.

後 記

1 "William D. (Dud) McVey," *Jackson* (MI) *Citizen Patriot,* January 18, 1985.
2 Philip DeRiggi, "My Brother John S. DeRiggi," 3rd AD Soldiers' Memoirs, 3ad.com/history/wwll/memoirs.pages /deriggi .htm (accessed September 2, 2017).
3 "Robert M. Earley," *Chatfield* (MN) *News,* October 18, 1979.

5 "OPSUM 297 for the Period from 1100–1600 Hours, Part III: IX TAC," April 1, 1945, Air Force Historical Research Agency, Maxwell AFB, Alabama.
6 Hadsel, interview with Gehman; Hadsel, interview with Palfey.
7 "E Company Hits Paderborn."
8 Derek Zumbro, *Battle for the Ruhr: The German Army's Final Defeat in the West* (Lawrence, KS: University Press of Kansas, 2006), 237–38.
9 2nd Battalion, 32nd Armored Regiment, Journal & Log, April 1, 1945, NARA.
10 "E Company Hits Paderborn."
11 Wilhelm Tieke, *SS Panzer Brigade "Westfalen"* (Winnipeg: J. J. Fedorowicz, 2003), 31.

第二十四章

1 "E Company Hits Paderborn," *Oriole News* (32nd Armored Regiment), July 18, 1945.
2 同上。
3 *Armor-Piercing Ammunition for Gun, 90mm, M3* (Washington, DC: Office of the Chief of Ordnance, 1945), 6–8.
4 "E Company Hits Paderborn."
5 2nd Battalion, 32nd Armored Regiment, After Action Report, April 1945, NARA.
6 Nigel Cawthorne, *Reaping the Whirlwind: The German and Japanese Experience of World War II* (Cincinnati: David & Charles, 2007), 123.
7 E-Company, 32nd Armored Regiment, Morning Report, April 8, 1945, NARA.
8 "Lt. William Boom Killed as Yanks Fight in Germany," *San Bernardino County Sun,* April 24, 1945.
9 Malcolm Marsh Jr., *Reflections of a World War II Infantryman* (Self-published, 2001), 103.
10 "Air Summary of Operations: Ninth Air Force," April 1, 1945, Air Force Historical Research Agency, Maxwell AFB, Alabama; "OPSUM 297 for the Period from Sunrise to 1100 Hours, Part II: IX TAC," April 1, 1945, Air Force Historical Research Agency, Maxwell AFB, Alabama; "OPSUM 297 for the Period from 1100–1600 Hours, Part III: IX TAC," April 1, 1945, Air Force Historical Research Agency, Maxwell AFB, Alabama; "OPSUM 297 for the Period from 1600 Hours to Sunset, Part IV: IX TAC," April 1, 1945, Air Force Historical Research Agency, Maxwell AFB, Alabama.
11 A-Company, 36th Armored Infantry Regiment, Morning Reports, April 3–7, 1945, NARA.
12 Sgt. Sherman Albert, Tec 5 Nestor Flores Jr., Pvt. George Shafer, and PFC Henry Kulik gave their lives that day. E-Company, 32nd Armored Regiment, Morning Reports, April 3–5, 1945, NARA.
13 Dieter Jähn, tank commander, Panzer-Abteilung 507, interviewed by Bryan Makos, Franz Englram translator, Germany, August 2014.
14 Wolfgang Schneider, *Tigers in Combat I* (Mechanicsburg, PA: Stackpole, 2004), 48.
15 Steven Zaloga, *Remagen 1945: Endgame Against the Third Reich* (New York: Osprey, 2006), 84–85.
16 Lt. Fred Hadsel, *Remagen Bridgehead to Mulde River, 25 March–25 April 1945,* interview with Capt. F. F. Flegal (S-3 Air), 1st Battalion, 32nd Armored Regiment, 3rd Armored Division, Bernstedt, Germany,

Endgame Against the Third Reich (New York: Osprey, 2006), 84–85; John Thompson, "Tribune Writer Tells of Fight for Paderborn," *Chicago Tribune,* April 1, 1945.

11 Don Marsh and Steven Ossad, *Major General Maurice Rose: World War II's Greatest Forgotten Commander* (Lanham, MD: Taylor Trade, 2006), 5.

12 "E Company Hits Paderborn," *Oriole News* (32nd Armored Regiment), July 18, 1945.

13 第二排第二班的威爾彭・貝爾夫勞爾（Wilborn Bellflower），是被第一枚鐵拳火箭彈殺死的英勇機槍手，第三枚則殺害了他的班兵，泰德・伯德（Ted Bird）。Malcolm Marsh Jr., *Reflections of a World War II Infantryman* (Self-published, 2001), 98.

14 同上。

15 Zumbro, *Battle for the Ruhr,* 225–26, 237; Woolner, *Spearhead in the West,* 145.

16 被直接命中死亡的步兵是第三排機槍班，來自德州的華特・法蘭克林（Walter Franklin）。Marsh, *Reflections,* 99; "Walter Franklin," 3rd Armored Division Memorial Group, 36air-ad.com/names/serial/14008296 (accessed September 25, 2017).

17 那位無線電手是第二排的保羅「派奇」羅利（Paul "Packy" Rowley），在不久後便傷重不治。根據巴克・馬許所述，「派奇年紀稍長，曾是一名拳擊手，在紐約州約翰斯敦擁有一家酒館。」Marsh, *Reflections,* 99.

18 "E Company Hits Paderborn," *Oriole News* (32nd Armored Regiment), July 18, 1945.

19 2nd Battalion, 32nd Armored Regiment, After Action Report, April 1945, NARA.

20 同上；703rd Tank Destroyer Battalion, After Action Report, April 1945, NARA.

21 703rd Tank Destroyer Battalion, After Action Report, April 1945, NARA.

22 Wilhelm Tieke, *SS Panzer Brigade "Westfalen"* (Winnipeg: J. J. Fedorowicz, 2003), 13.

23 Marsh, *Reflections,* 100.

24 Zumbro, *Battle for the Ruhr,* 173.

第二十三章

1 Lt. Fred Hadsel, *Remagen Bridgehead to Mulde River, 25 March—25 April 1945: Task Force X, Combat Command "A,"* interview with Maj. Ben Rushing (S-2), Task Force X, 3rd Armored Division, Mücheln, Germany, May 4, 1945, NARA; 2nd Battalion, 32nd Armored Regiment, After Action Report, April 1945, NARA.

2 "E Company Hits Paderborn," *Oriole News* (32nd Armored Regiment), July 18, 1945.

3 Lt. Fred Hadsel, *Remagen Bridgehead to Mulde River, 25 March—25 April 1945: Task Force Welborn, Combat Command "B,"* interview with Capt. J. Fred Gehman (S-3), 1st Battalion, 33rd Armored Regiment, 3rd Armored Division, Bad Frankenhausen, Germany, April 30, 1945, NARA; Lt. Fred Hadsel, *Remagen Bridgehead to Mulde River, 25 March—25 April 1945: Task Force Lovelady, Combat Command "B,"* Interview with W.O. A. J. Palfey, Communications Officer, 2nd Battalion, 33rd Armored Regiment, 3rd Armored Division, Tilleda, Germany, April 27, 1945, NARA.

4 2nd Battalion, 32nd Armored Regiment, After Action Report, April 1945, NARA.

39 Ralph Greene, "The Triumph and Tragedy of Major General Maurice Rose," *Armor,* March–April 1991.

40 同上。

41 同上。

42 Marsh and Ossad, *Maurice Rose,* 333.

43 同上，341, 343.

44 同上，343.

45 歷經超過七十年的時間，涉入「韋伯恩大屠殺」的德軍車長全都絕口不提是誰殺害了羅斯將軍。為了揭開謎團，作者與他的團隊遠赴德國考察，成功找出了該人的資料。但出於保密者的意願，本書中只描述殺害者的動機而無姓名。

46 Greene, "The Triumph and Tragedy."

47 Frank Woolner, *Spearhead in the West: The 3rd Armored Division in WWII* (Frankfurt, Germany: Kunst and Wervedruck, 1945; reprinted Nashville: Battery Press, 1980), 3.

48 Robert Riensche, 143rd Armored Signal Corps, recollections, in *Rolling Thunder—The True Story of the 3rd Armored Division,* produced by A & E Entertainment, 2002, DVD.

49 F-Company, 36th Armored Infantry Regiment, Morning Reports, April 2–9, 1945, NARA; F-Company, 33rd Armored Regiment, Morning Report, April 4, 1945, NARA; I-Company, 33rd Armored Regiment, Morning Reports, April 1–10, 1945, NARA.

50 W. C. Heinz, *When We Were One: Stories of World War II* (Cambridge, MA: Da Capo Press, 2002), 154–55.

第二十二章

1 "OPFLASH NO. 1-Y46: 386th Fighter Squadron, 365th Fighter Group," April 1, 1945, Air Force Historical Research Agency, Maxwell AFB, Alabama.

2 Derek Zumbro, *Battle for the Ruhr: The German Army's Final Defeat in the West* (Lawrence, KS: University Press of Kansas, 2006), 208, 214.

3 2nd Battalion, 32nd Armored Regiment, After Action Report, April 1945, NARA.

4 703rd Tank Destroyer Battalion, After Action Report, April 1945, NARA; 703rd Tank Destroyer Battalion, "Tank Destroyer M36," October 27, 1944, NARA.

5 Wolfgang Schneider, *Tigers in Combat II* (Mechanicsburg, PA: Stackpole, 2005), 339.

6 Steven Zaloga, *Downfall 1945: The Fall of Hitler's Third Reich* (New York: Osprey, 2016), 22, 39.

7 "E Company Hits Paderborn," *Oriole News* (32nd Armored Regiment), July 18, 1945.

8 Lt. Fred Hadsel, *Remagen Bridgehead to Mulde River 25 March—25 April 1945: Task Force X, Combat Command "A,"* interview with Maj. Ben Rushing (S-2), Task Force X, 3rd Armored Division, Mücheln, Germany, May 4, 1945, NARA.

9 2nd Battalion, 32nd Armored Regiment, After Action Report, April 1945, NARA.

10 Frank Woolner, *Spearhead in the West: The 3rd Armored Division in WWII* (Frankfurt, Germany：Kunst and Wervedruck, 1945; reprinted Nashville: Battery Press, 1980), 246; Steven Zaloga, *Remagen 1945:*

Armored Division, Summer 1945, University of Illinois Collection, 98.

13 Marsh and Ossad, *Maurice Rose,* 8.

14 同上，34.

15 同上，33.

16 同上，35.

17 Lt. Fred Hadsel, *Remagen Bridgehead to Mulde River, 25 March—25 April 1945: Task Force Welborn, Combat Command "B,"* interview with Capt. J. Fred Gehman (S-3), 1st Battalion, 33rd Armored Regiment, 3rd Armored Division, Bad Frankenhausen, Germany, April 30, 1945, NARA.

18 同上。

19 Marsh and Ossad, *Maurice Rose,* 35.

20 Hadsel, interview with Gehman.

21 Hadsel, interview with Welborn.

22 Marsh and Ossad, *Maurice Rose,* 36.

23 同上，32.

24 2nd Battalion, 32nd Armored Regiment, Journal & Log, March 31, 1945, NARA.

25 同上。

26 391st Armored Field Artillery Battalion, After Action Report, March 1945, NARA.

27 33rd Armored Regiment, After Action Report, March 1945, NARA.

28 391st Armored Field Artillery Battalion, After Action Report, March 1945, NARA.

29 33rd Armored Regiment, After Action Report, March 1945, NARA.

30 391st Armored Field Artillery Battalion, After Action Report, March 1945, NARA.

31 Kramer, 3./schwere Panzer-Abteilung 507, recollections, published in Schneider, *The Combat History of Schwere Panzer Abteilung 507,* 133.

32 「烤火腿」這個詞，是克拉倫斯．史墨爾形容他見到的那個陣亡戰車兵。

33 Col. Frederick Brown, April 1, 1945 Sworn Affidavit, War Crimes, Judge Advocate General's Office, War Department, Washington, DC, NARA。這輛戰車可能在不久後就被修復並重返戰場。首批投入戰區的二十輛潘興戰車都有各自的記錄，但它從未被登記為遭敵擊毀。

34 Lt. Fred Hadsel, *Remagen Bridgehead to Mulde River, 25 March—25 April 1945: Task Force X, Combat Command "A,"* interview with Maj. Ben Rushing (S-2), Task Force X, 3rd Armored Division, Mücheln, Germany, May 4, 1945, NARA; 2nd Battalion, 32nd Armored Regiment, Journal & Log, March 31, 1945, NARA.

35 Koltermann, Commander 3./schwere Panzer-Abteilung 507, recollections, published in Schneider, *The Combat History of Schwere Panzer Abteilung 507,* 131.

36 Walter May, 36th Armored Infantry Regiment, recollections, published in Haynes Dugan et al., *Third Armored Division: Spearhead in the West,* 2nd. ed. (Paducah, KY: Turner, 2001), 93.

37 同上。

38 Marsh and Ossad, *Maurice Rose,* 321.

29 Woolner, *Spearhead in the West,* 142.

30 Marsh and Ossad, *Maurice Rose,* 2.

31 Thompson, "Tribune Man's Eyewitness Story of Armored Force's Dash in Reich."

32 2nd Battalion, 32nd Armored Regiment, After Action Report, March 1945, NARA.

33 Thompson, "Tribune Man's Eyewitness Story of Armored Force's Dash in Reich."

34 Lt. Fred Hadsel and T/3 William Henderson, *The Roer to the Rhine, 26 February to 6 March, 1945: 83rd Recon Battalion,* interview with Capt. Joe Robertson (S-2), Lt. Russel Bonaguidi (S-3), 2nd Lt. Stephen Nicholosen Jr. (Public Relations Officer), Worringen, Germany, March 15, 1945, NARA.

35 2nd Battalion, 32nd Armored Regiment, After Action Report, March 1945, NARA.

36 同上。

37 Kurt Kramer, 3./schwere Panzer-Abteilung 507, recollections, published in Helmut Schneider, ed., *The Combat History of Schwere Panzer Abteilung 507* (Winnipeg: J. J. Fedorowicz, 2003), 134.

38 在一九四四年八月，古斯塔夫．謝菲爾曾在帕德博恩訓練兩週，學習如何操作豹式戰車。

39 Derek Zumbro, *Battle for the Ruhr: The German Army's Final Defeat in the West* (Lawrence, KS: University Press of Kansas, 2006), 225–26.

第二十一章

1 2nd Battalion, 32nd Armored Regiment, After Action Report, March 1945, NARA.

2 2nd Battalion, 32nd Armored Regiment, Journal & Log, March 31, 1945, NARA.

3 2nd Battalion, 32nd Armored Regiment, After Action Report, March 1945, NARA.

4 Wolf Koltermann, Commander 3./schwere Panzer-Abteilung 507, recollections, published in Helmut Schneider, ed., *The Combat History of Schwere Panzer Abteilung 507* (Winnipeg: J. J. Fedorowicz, 2003), 128–31.

5 Don Marsh and Steven Ossad, *Major General Maurice Rose: World War II's Greatest Forgotten Commander* (Lanham, MD: Taylor Trade, 2006), 24.

6 同上，25.

7 Lt. Fred Hadsel, *Remagen Bridgehead to Mulde River, 25 March—25 April 1945: Task Force Welborn, Combat Command "B,"* interview with Col. John Welborn, CO, 33rd Armored Regiment, 3rd Armored Division, Sondershausen, Germany, May 1, 1945, NARA.

8 同上。

9 Kurt Kramer, 3./schwere Panzer-Abteilung 507, recollections, published in Schneider, *The Combat History of Schwere Panzer Abteilung 507*, 133.

10 Koltermann, Commander 3./schwere Panzer-Abteilung 507, recollections, published in Schneider, *The Combat History of Schwere Panzer Abteilung 507,* 130.

11 Fritz Schreiber, 3./schwere Panzer-Abteilung 507, recollections, published in Schneider, *The Combat History of Schwere Panzer Abteilung 507,* 133.

12 Francis Grow and Alfred Summers, *A History of the 143rd Armored Signal Company, 1941–1945,* 3rd

Tribune, March 31, 1945.
5 2nd Battalion, 32nd Armored Regiment, After Action Report, March 1945, NARA.
6 Don Marsh and Steven Ossad, *Major General Maurice Rose: World War II's Greatest Forgotten Commander* (Lanham, MD: Taylor Trade, 2006), 303.
7 Rick Atkinson, *The Guns at Last Light: The War in Western Europe, 1944–1945* (New York: Henry Holt, 2013), 223.
8 Thomas Henry, "Masters of Slash and Surprise; 3rd Armored Division," *Saturday Evening Post,* October 19, 1946.
9 Donald Houston, *Hell on Wheels: The 2nd Armored Division* (Novato, CA：Presidio, 1977), 403.
10 Woolner, *Spearhead in the West,* 142.
11 同上，244.
12 同上，131.
13 同上，244.
14 John Thompson, "Tribune Man's Eyewitness Story of Armored Force's Dash in Reich," *Chicago Daily Tribune,* March 31, 1945.
15 Philip DeRiggi, "My Brother John S. DeRiggi," 3rd AD Soldiers' Memoirs, 3ad.com/history/wwll/memoirs.pages/deriggi.htm (accessed September 2, 2017).
16 James Bates, *A Photographer at War: Award of the Bronze Star Medal to Tec 4 James L. Bates,* unpublished memoir.
17 2nd Battalion, 32nd Armored Regiment, Journal & Log, "Annex B: Awards," NARA.
18 Ken Zumwalt, *The Stars and Stripes: World War II and the Early Years* (Austin: Eakin Press, 1989), 42.
19 Marsh and Ossad, *Maurice Rose,* 321.
20 Richard Hunnicutt, *Pershing: A History of the Medium Tank T20 Series* (Brattleboro, VT: Echo Point Books & Media, 2015), 217.
21 "Sherman I & IC (Typical for II) Outline," War Office Records 194/132, March 14, 1945, National Archives (UK); Steven Zaloga, *Panther vs. Sherman*: *Battle of the Bulge 1944* (New York: Osprey, 2008), 19.
22 Michael Haskew, *M4 Sherman Tanks: The Illustrated History of America's Most Iconic Fighting Vehicles* (Minneapolis: Voyageur Press, 2016), 66.
23 John Irwin, *Another River, Another Town: A Teenage Tank Gunner Comes of Age in Combat—1945* (New York: Random House, 2002), 45.
24 Woolner, *Spearhead in the West,* 142.
25 John Thompson, "Tribune Man's Eyewitness Story of Armored Force's Dash in Reich," *Chicago Daily Tribune,* March 31, 1945.
26 同上。
27 2nd Battalion, 32nd Armored Regiment, Journal & Log, March 29, 1945, NARA.
28 Irwin, *Another River,* 41.

25 Jim Miller, son of Chuck Miller, interviewed by Robert Makos, October, 2017.
26 Ann Stringer, "Nazi Tanks Excel Ours, Troops Say," *Washington Post,* March 8, 1945.
27 Marsh and Ossad, *Maurice Rose,* 378.
28 Ann Stringer, "American Tanks Not Worth Drop of Water, Crews Say," *The Pittsburgh Press,* March 7, 1945.
29 Ann Stringer, "U.S. Tanks No Good in Battle, Say Crewmen After Losing Half of M-4 Machines," *Salt Lake Telegram,* March 7, 1945.
30 Ann Stringer, "American Tanks No Good, Assert Troops in Reich," *San Bernardino Daily Sun,* March 8, 1945.
31 Stringer, "Nazi Tanks Excel Ours, Troops Say."
32 自那天起，安・史金格報導的剪報在米勒家中成了無價之寶。

第十九章

1 Frank Woolner, *Spearhead in the West: The 3rd Armored Division in WWII* (Frankfurt, Germany: Kunst and Wervedruck, 1945; reprinted Nashville: Battery Press, 1980), 131.
2 同上，130.
3 E-Company, 32nd Armored Regiment, Morning Report, March 31, 1945, NARA.
4 2nd Battalion, 32nd Armored Regiment, After Action Report, March 1945, NARA.
5 Woolner, *Spearhead in the West,* 131.
6 同上，137.
7 2nd Battalion, 32nd Armored Regiment, Journal & Log, March 26, 1945, NARA.
8 有其他資料誤指德里吉是站在戰車外搜索狙擊手時遭命中。根據行動報告指出，共有五名戰車兵在埋伏中遭二十公厘機砲所傷，並沒有提及敵人狙擊手，這與克拉倫斯的記憶吻合。
9 2nd Battalion, 32nd Armored Regiment, After Action Report, March 1945, NARA.
10 E-Company, 32nd Armored Regiment, Morning Report, March 28, 1945, NARA.
11 A-Company, 36th Armored Infantry Regiment, Morning Reports, March 27–29, 1945, NARA.
12 Philip DeRiggi, "My Brother John S. DeRiggi," 3rd AD Soldiers' Memoirs, 3ad.com/history/wwll/memoirs.pages/deriggi.htm (accessed September 2, 2017).
13 E-Company, 32nd Armored Regiment, Morning Report, March 28, 1945, NARA.
14 A-Company, 36th Armored Infantry Regiment, Morning Reports, March 27–29, 1945, NARA.

第二十章

1 2nd Battalion, 32nd Armored Regiment, After Action Report, March 1945, NARA.
2 Frank Woolner, *Spearhead in the West: The 3rd Armored Division in WWII* (Frankfurt, Germany: Kunst and Wervedruck, 1945; reprinted Nashville: Battery Press, 1980), 138.
3 E-Company, 32nd Armored Regiment, Morning Report, April 1, 1945, NARA.
4 John Thompson, "Tribune Man's Eyewitness Story of Armored Force's Dash in Reich," *Chicago Daily*

Verlag GmbH, 2014), 160–61, 171, 175, 210; *March 1945—Duel at the Cathedral,* produced by Hermann Rheindorf, Kölnprogramm, 2015, DVD.

6 James Bates, *A Photographer at War: The Battle of Cologne (Second Day),* unpublished memoir, 5.

7 Don Marsh and Steven Ossad, *Major General Maurice Rose: World War II's Greatest Forgotten Commander* (Lanham, MD: Taylor Trade, 2006), 292–93.

8 Frank Woolner, *Spearhead in the West: The 3rd Armored Division in WWII* (Frankfurt, Germany: Kunst and Wervedruck, 1945; reprinted Nashville: Battery Press, 1980), 130.

9 Lt. Colonel W. G. Barnwell, "Memo to All Units Combat Command A," 3rd Armored Division, Cologne, Germany, March 6, 1945, NARA.

10 Howard Katzander, "Allies Govern Germany," *Yank* 3, no. 44, April 20, 1945.

11 Dr. Werner Jung, *Cologne During National Socialism: A Short Guide Through the EL-DE House* (Cologne: Hermann-Josef Emons Verlag, 2011), 87.

12 Carsten Dams and Michael Stolle, *The Gestapo: Power and Terror in the Third Reich* (Oxford, England: Oxford University Press, 2014), 34; Jung, *Cologne During National Socialism,* 40.

13 Marion Pütz, daughter of Annemarie Berghoff, interviewed by Adam Makos, Franz Englram translator, Germany, March 2013 and August 2014.

14 Anna Berghoff trial documents, "Sondergericht 1S Js 42/43: Anklageschrift," Cologne, Germany, April 13, 1943; Anna Berghoff trial documents, "Sondergericht 1S Ms 13/43: Sitzungsbericht zu 39–266/43," Cologne, Germany, December 2, 1943.

15 同上。

16 同上。

17 Dr. Karola Fings, *Cologne During National Socialism: A Short Guide Through the EL-DE House* (Cologne: Hermann-Josef Emons Verlag, 2011), 193–95, 246.

18 Eric Johnson, "German Women and Nazi Justice: Their Role in the Process from Denunciation to Death," *Historical Social Research* 20, no. 1 (1995); Karel Margry, "The Battle for Cologne," *After the Battle* 104 (1999).

19 Anna Berghoff trial documents, "Sondergericht 1S Js 42/43: Anklageschrift," Cologne, Germany, April 13, 1943; Anna Berghoff trial documents, "Sondergericht 1S Ms 13/43: Sitzungsbericht zu 39–266/43," Cologne, Germany, December 2, 1943.

20 Joseph Balkoski, *The Last Roll Call: The 29th Infantry Division Victorious, 1945* (Mechanicsburg, PA: Stackpole, 2015), 19.

21 繪畫者對於克拉倫斯的描繪，是根據對該畫作的觀察而得出的論述。該畫作於 1945 年 3 月於德國的科隆完成。它是克拉倫斯送給作者的禮物，是作者收藏品當中的一件珍品。

22 Katzander, "Allies Govern Germany."

23 Lt. Colonel W. G. Barnwell, "Memo to All Units Combat Command A," 3rd Armored Division, Cologne, Germany, March 7, 1945, NARA.

24 Sidney Olson, "Underground Cologne," *Life,* March 19, 1945.

22 *Scenes of War*.
23 James Bates, *A Photographer at War: First Day of Closing the Bulge,* unpublished memoir, 2.
24 *Scenes of War*.
25 Bates, *A Photographer at War*, 4.
26 Wilhelm Bartelborth, letter to Dr. Siegfried Grasmann, published in Rheindorf, *1945 Kriegsende in Köln,* 160–61, 171, 175, 210; *March 1945—Duel at the Cathedral.*
27 *Scenes of War*.
28 "US Army 1944 Firing Test No. 2," Wargaming, wargaming.info/1998/us-army-1944-firing-test-no2 (accessed June 15, 2017).
29 *Armor-Piercing Ammunition for Gun, 90mm, M3* (Washington, DC: Office of the Chief of Ordnance, 1945), 8.
30 *90-mm Gun M3 Mounted in Combat Vehicles* (Washington, DC: War Department, 1944), 6.
31 這段敘述，是基於美國陸軍第一六五通信攝影連於一九四五年三月六日在科隆戰役拍攝的影片所寫的。此片段取自國家檔案館。
32 Wilhelm Bartelborth, letter to Dr. Siegfried Grasmann, published in Rheindorf, *1945 Kriegsende in Köln,* 160–61, 171, 175, 210; *March 1945—Duel at the Cathedral*.
33 Hans Krupp report, *Kölner Stadtanzeiger,* November 4, 1980. Republished in Rheindorf, *1945 Kriegsende in Köln,* 199.
34 同上。
35 這段敘述，是基於吉姆・貝茨於一九四五年三月六日在科隆戰役拍攝的影片所寫的。此片段取自國家檔案館。
36 Bates, *A Photographer at War,* 5.
37 2nd Battalion, 32nd Armored Regiment, Journal & Log, March 6, 1945, NARA.
38 Mike Levin, Overseas News Agency, March 7, 1945; Karel Margry, "The Battle for Cologne," *After the Battle* (104)：1999; Hans Krupp report, *Kölner Stadtanzeiger,* November 4, 1980. Republished in Rheindorf, *1945 Kriegsende in Köln,* 199.
39 Lt. Fred Hadsel, *The Roer to the Rhine, 26 February to 6 March, 1945*: *Enemy Order of Battle,* interview with M/Sgt. Angelo Cali (G-2), OB Team, 3rd Armored Division, Cologne, Germany, March 13, 1945, NARA.

第十八章

1 Bill Stillman, letter to John Huffman, March 10, 1945.
2 Jim Bates, letter to Clarence Smoyer, October 21, 1996.
3 Al Newman, "Al Newman in Cologne: Madness, Death, Poison," *Newsweek,* March 19, 1945.
4 Robert Earley, 1942 Enlistment Record, NARA.
5 Wilhelm Bartelborth, letter to Dr. Siegfried Grasmann, published in Hermann Rheindorf, ed., *1945 Kriegsende in Köln: Die komplette Fotoedition von Hermann Rheindorf* (Rheinbach, Germany: Regionalia

片所寫的。此片段取自國家檔案館。

2 Clifford Miller, letter to Clarence Smoyer, June 21, 2001.

3 這段敘述，是基於美國陸軍第一六五通信攝影連於一九四五年三月六日在科隆戰役拍攝的影片所寫的。此片段取自國家檔案館。

4 "Lt. Karl E. Kellner Reported Killed in Action on March 6," *Sheboygan* (WI) *Press,* April 6, 1945.

5 Clifford Miller, letter to Clarence Smoyer, June 21, 2001.

6 2nd Battalion, 32nd Armored Regiment, Journal & Log, March 6, 1945, NARA.

7 Timothy Gay, *Assignment to Hell: The War Against Nazi Germany with Correspondents Walter Cronkite, Andy Rooney, A. J. Liebling, Homer Bigart, and Hal Boyle* (New York: NAL Caliber, 2012), xiv.

8 Andy Rooney, *My War* (New York: PublicAffairs, 2002), 126, 186, 212.

9 同上，249.

10 Dierk Lürbke, "Skirmish Panther vs. Sherman," Tank Duel at the Cathedral, anicursor.com/colpicwar2.html (accessed September 15, 2017).

11 Hans Krupp report, *Kölner Stadtanzeiger,* November 4, 1980. Republished in: Hermann Rheindorf, ed., *1945 Kriegsende in Köln: Die komplette Fotoedition von Hermann Rheindorf* (Rheinbach, Germany: Regionalia Verlag GmbH, 2014), 199.

12 Rooney, *My War*, 251.

13 Al Newman, "Al Newman in Cologne: Madness, Death, Poison," *Newsweek*, March 19, 1945.

14 Rooney, *My War*, 250.

15 Mike Levin, Overseas News Agency, March 7, 1945.

16 "Lt. Karl E. Kellner Reported Killed in Action on March 6," *Sheboygan* (WI) *Press,* April 6, 1945.

17 "Patrick H Julian," 3rd Armored Division Memorial Group, 36air-ad.com/names/serial/15056008 (accessed September 15, 2017); "WWII: The Face of War," Getty Images, gettyimages.com/detail/news-photo/ view-of-dead-american-soldier-julian-patrick-from-kentucky-news -photo/50496163#view-of-dead-american-soldier-julian-patrick-from-kentucky-us-3rd -picture-id50496163 (accessed September 15, 2017); Lürbke, "Skirmish Panther vs. Sherman." Also giving his life in that tank was twenty-two-year-old T/5 Grade Curtis Speer of Fort Worth, Texas.

18 Lürbke, "Skirmish Panther vs. Sherman"; Wilhelm Bartelborth, letter to Dr. Siegfried Grasmann, published in Rheindorf, *1945 Kriegsende in Köln,* 160–61, 171, 175, 210; *March 1945—Duel at the Cathedral,* produced by Hermann Rheindorf, Kölnprogramm, 2015, DVD.

19 Wilhelm Bartelborth, letter to Dr. Siegfried Grasmann, published in Rheindorf, *1945 Kriegsende in Köln,* 160–61, 171, 175, 210; *March 1945—Duel at the Cathedral.*

20 *Scenes of War: Combat Photographer Jim Bates,* produced by Steve Antonuccio, Jim Bates, Ree Mobley, and Dave Richkert, Pikes Peak Library District, 1994, vimeo.com/122653345 (accessed January 19, 2017).

21 這段敘述，是基於美國陸軍第一六五通信攝影連於一九四五年三月六日在科隆戰役拍攝的影片所寫的。此片段取自國家檔案館。

German City Raids 30 Years After the End of World War Two," DailyMail, dailymail.co.uk/news/article -2276944 /I-destroyed -Dresden -Bomber -Harris -unrepentant -German -city -raids -30-years-end-World-War-Two .html (accessed August 25, 2017).

18 Ian Kershaw, *The End: The Defiance and Destruction of Hitler's Germany, 1944–1945* (New York: Penguin Books, 2011), 239.

19 Beevor, *Ardennes 1944,* 99.

20 Nigel Cawthorne, *Reaping the Whirlwind: The German and Japanese Experience of World War II* (Cincinnati: David & Charles, 2007), 122.

21 United States Holocaust Memorial Museum, "The Soviet Union and the Eastern Front," Holocaust Encyclopedia, ushmm.org/wlc/ en/article.php?ModuleId=10005507 (accessed September 26, 2017).

22 Robert Morries, Report of Physical Examination and Induction, US Army, August 13, 1943, NARA.

23 同上。

24 Richard Baughn, 1944 Enlistment Record, NARA.

25 理查德・鮑恩的陣亡報告，登載時間為一九四五年三月三十日，記載於華盛頓特區陸軍部行政官室（Adjutant General's Office, War Department, Washington, DC），存於國家檔案館（NARA）。A 連的陣亡士官兵的陣亡登載日期通常會晚於實際日期數天，因為連上文書和一等士官長通常位在支援單位，前線部隊如果身處戰鬥中，有時會很難聯絡到他們。

26 這段敘述，是基於美國陸軍第一六五通信攝影連於一九四五年三月六日在科隆戰役拍攝的影片所寫的。此片段取自國家檔案館。

27 2nd Battalion, 32nd Armored Regiment, Journal & Log, March 6, 1945, NARA.

28 Bruns, *Panzerbrigade 106 Feldherrnhalle,* 596.

29 Rainer Rudolph, "Katharina starb an St. Gereon," *Kölner Stadt Anzeiger* (Cologne, Germany), July 30, 2007.

30 Marc Hieronimus, grand-nephew of Katharina Esser, interviewed by Adam Makos, March 2013.

31 Helene Winskowski, niece of Katharina Esser, interviewed by Bryan Makos, Franz Englram translator, August 2014.

32 Rudolph, "Katharina starb an St. Gereon."

33 Helene Winskowski, niece of Katharina Esser, interviewed by Bryan Makos, Franz Englram translator, August, 2014.

34 Katharina Esser, letter to Karl and Gertrud Esser, February 23, 1945.

35 Jean-Denis Lepage, *German Military Vehicles of World War II* (Jefferson, NC: 2007), 53; Reinhold Busch, ed., *Survivors of Stalingrad: Eyewitness Accounts from the Sixth Army, 1942–43* (London: Frontline Books, 2014), 4.

36 Frieda Taisakowski, "Statement Under Oath," Cologne, Germany, January 16, 1946.

第十七章

1 這段敘述，是基於美國陸軍第一六五通信攝影連於一九四五年三月六日在科隆戰役拍攝的影

36 Steven Zaloga, *Panzer IV vs. Sherman: France 1944* (New York: Osprey, 2015), 16.
37 Margry, "The Battle for Cologne."
38 A. C. Grayling, *Among The Dead Cities: The History and Moral Legacy of the WWII Bombing* (New York: Walker, 2006), 283.

第十六章

1 Steven Zaloga, *Panzer IV vs. Sherman: France 1944* (New York: Osprey, 2015), 13.
2 E-Company, 32nd Armored Regiment, Morning Report, March 7, 1945, NARA.
3 "Cologne Cathedral," UNESCO, whc.unesco.org/en/list/292 (accessed September 26, 2017).
4 Karel Margry, "The Battle for Cologne," *After the Battle* 104 (1999).
5 Friedrich Koechling, "Defensive Combat of the LXXXI. Armeekorps During the Period from 25 January 1945 to 13 April 1945," US Army Foreign Military Studies, B-576, April 10, 1947.
6 *March 1945—Duel at the Cathedral,* produced by Hermann Rheindorf, Kölnprogramm, 2015, DVD.
7 Friedrich Bruns, *Panzerbrigade 106 Feldherrnhalle* (Celle, Germany: Eigenverlag, 1988), 36.
8 Michael Green and Gladys Green, *Panther: Germany's Quest for Combat Dominance* (New York: Osprey, 2012), 150.
9 Louis Lochner, "Hitler Commits Germany to Suicide, Says Lochner," *Lansing* (MI) *State Journal*, March 8, 1945.
10 Charles MacDonald, *Victory in Europe, 1945: The Last Offensive of World War II* (Mineola, NY: Dover Publications, 2007), 190.
11 Lt. Fred Hadsel and T/3 William Henderson, *The Roer to the Rhine, 26 February to 6 March, 1945: "Volksturn in Cologne" to Enemy Order of Battle*, March 8, 1945, NARA; Koechling, "Defensive Combat," 66.
12 "March 6, 1945, HQ Twelfth Army Group Situation Map," Army Group, 12th Engineer Section, and 1st Headquarters United States Army, loc.gov/item/2004631894/ (accessed September 26, 2017).
13 Antony Beevor, *Ardennes 1944: Hitler's Last Gamble* (New York: Viking, 2015), 26, 88.
14 Derek Zumbro, *Battle for the Ruhr: The German Army's Final Defeat in the West* (Lawrence, KS: University Press of Kansas, 2006), 26.
15 Margry, "The Battle for Cologne"; "Fighting Fronts," *Newsweek*, March 19, 1945.
16 Alan Taylor, "World War II: The Fall of Nazi Germany," *The Atlantic,* October 9, 2011, theatlantic.com/photo/2011/10/world -war-ii-the-fall-of-nazi-germany/100166/ (accessed September 26, 2017); Robert Philpot, "The Carpet-Bombing of Hamburg Killed 40,000 People. It Also Did Good," *The Spectator,* May 9, 2015, spectator.co.uk/2015/05/the-carpet -bombing-of-hamburg-killed-40000-people-it-also-did-good/ (accessed September 26, 2017).
17 Ian Carter, "RAF Bomber Command During the Second World War," Imperial War Museums, iwm.org.uk/history/raf -bomber-command-during-the-second-world-war (accessed August 25, 2017); Suzannah Hills, " 'I Would Have Destroyed Dresden Again': Bomber Harris Was Unrepentant over

8 Isaac White, *United States vs. German Equipment* (Bennington, VT: Merriam Press, 2005), 70.
9 2nd Battalion, 32nd Armored Regiment, After Action Report, March 1945, NARA.
10 Steven Zaloga, *Remagen 1945: Endgame Against the Third Reich* (New York: Osprey, 2006), 12.
11 Steven Zaloga, *Downfall 1945: The Fall of Hitler's Third Reich* (New York: Osprey, 2016), 89.
12 Dr. Martin Rüther, *Cologne During National Socialism: A Short Guide Through the EL-DE House,* 247.
13 Bill Stillman, letter to John Huffman, March 10, 1945.
14 *Technical Manual 9-735: Pershing Heavy Tank T26E3* (Washington, DC: War Department, 1945), 452.
15 2nd Battalion, 32nd Armored Regiment, After Action Report, March 1945, NARA.
16 Karel Margry, "The Battle for Cologne," *After the Battle* 104 (1999).
17 Woolner, *Spearhead in the West,* 128.
18 同上，127.
19 Friedrich Koechling, "Defensive Combat of the LXXXI. Armeekorps During the Period from 25 January 1945 to 13 April 1945," US Army Foreign Military Studies, B-576, April 10, 1947; Charles MacDonald, *Victory in Europe, 1945: The Last Offensive of World War II* (Mineola, NY: Dover Publications, 2007), 190.
20 Howard Katzander, "Allies Govern Germany," *Yank* 3, no. 44 (April 20, 1945).
21 Sidney Olson, "Underground Cologne," *Life,* March 19, 1945.
22 415th Infantry Regiment, 104th Infantry Division, Intelligence Report, March 3, 1945, NARA.
23 巴克原以為這事情是在早幾天的艾爾夫特運河（Erft Canal）那裡發生，但當我們造訪科隆並喚起他更進一步的記憶後，他終於確認這件事是發生在科隆的第一天戰鬥之中。
24 Lt. Fred Hadsel, *The Roer to the Rhine, 26 February to 6 March, 1945*: *Enemy Order of Battle,* interview with M/Sgt. Angelo Cali (G-2), OB Team, 3rd Armored Division, Cologne, Germany, March 13, 1945, NARA.
25 同上。
26 Ann Stringer, "Deserted Avenues Echo U.S. Advances in Cologne," *The Times* (Shreveport, LA), March 6, 1945.
27 HQ, 1st Battalion, 36th Armored Infantry Regiment, Unit Report No. 114, March 4–7, 1945, NARA.
28 E-Company, 32nd Armored Regiment, Morning Report, August 8, 1944, NARA.
29 E-Company, 32nd Armored Regiment, Morning Report, March 12, 1945, NARA.
30 "The Press: The Rhine Maidens," *Newsweek,* March 19, 1945.
31 Woolner, *Spearhead in the West,* 66, 76, 88.
32 Ann Stringer, "U.S. Tanks No Good in Battle, Say Crewmen After Losing Half of M-4 Machines," *Salt Lake Telegram,* March 7, 1945.
33 "People: William John Stringer," The Baron, thebaron.info/people/memorial-book/william-john-stringer (accessed August 25, 2017).
34 "The Press: The Rhine Maidens," *Newsweek*, March 19, 1945.
35 2nd Battalion, 32nd Armored Regiment, Tank Status Report, March 5, 1945, NARA.

Green and Gladys Green, *Panther: Germany's Quest for Combat Dominance* (New York: Osprey, 2012), 248.

4 Derek Zumbro, *Battle for the Ruhr: The German Army's Final Defeat in the West* (Lawrence, KS: University Press of Kansas, 2006), 85.

5 Karel Margry, "The Battle for Cologne," *After the Battle* 104 (1999).

6 Paul Eisenberg, ed., *Fodor's Europe* (New York: Random House, 2004), 380.

7 Chris McNab, ed., *Hitler's Elite: The SS, 1939–45* (New York: Osprey, 2013), 80–81.

8 Antony Beevor, *Ardennes 1944: Hitler's Last Gamble* (New York: Viking, 2015), 33, 99; Nigel Cawthorne, *Reaping the Whirlwind: The German and Japanese Experience of World War II* (Cincinnati: David & Charles, 2007), 141.

9 Beevor, *Ardennes 1944,* 40–41.

10 同上。

11 "Law on Treacherous Attacks Against State and Party, and for the Protection of Party Uniforms," *Reichsgesetzblatt* 1 (December 20, 1934): 1269.

12 "Subversion of the War Effort," *Reichsgesetzblatt* 1 (August 17, 1938): 1455.

13 這個笑話令古斯塔夫印象深刻，即便在七十年後仍記得笑話中的每字每句。

14 Jackson Spielvogel, *Western Civilization: A Brief History,* vol. 1 (Boston: Wadsworth, 2005), 204.

15 *Encyclopaedia Britannica Online,* "Bombing of Dresden," britannica.com/event/bombing-of-Dresden (accessed September 15, 2017).

16 Victor Gregg, "Dresden Bombing 70 Years On: A Survivor Recalls the Horror He Witnessed in the German City," *Independent*, independent.co.uk/news/world/world-history/dresden-bombing-70-years-on-a-survivor-recalls-the-horror-he-witnessed-in-the-german-city-10042770.html (accessed September 15, 2017).

17 Zumbro, *Battle for the Ruhr,* 85.

第十五章

1 E-Company, 32nd Armored Regiment, Morning Report, March 7, 1945, NARA.

2 Frank Woolner, *Spearhead in the West: The 3rd Armored Division in WWII* (Frankfurt, Germany：Kunst and Wervedruck, 1945; reprinted Nashville: Battery Press, 1980), 127.

3 Bill Stamm, letter to John Huffman, March 12, 1945.

4 Karel Margry, "The Battle for Cologne," *After the Battle* 104 (1999).

5 Ann Stringer, "Deserted Avenues Echo U.S. Advances in Cologne," *The Times* (Shreveport, LA), March 6, 1945.

6 "Traded Saddle for a 'Sherman,' " *Oriole News* (32nd Armored Regiment), July 18, 1945.

7 Dr. Horst Matzerath, *Cologne During National Socialism: A Short Guide Through the EL-DE House* (Cologne: Hermann-Josef Emons Verlag, 2011), 104; Richard Weikart, *Hitler's Ethic: The Nazi Pursuit of Evolutionary Progress* (New York: Palgrave Macmillan, 2009), 105.

26 Philip DeRiggi, "My Brother John S. DeRiggi," 3rd AD Soldiers' Memoirs, 3ad.com/history/wwll/memoirs.pages/deriggi.htm (accessed September 2, 2017).
27 Malcolm Marsh Jr., *Reflections of a World War II Infantryman* (Self-published, 2001), 75.
28 同上，76.
29 HQ, 1st Battalion, 36th Armored Infantry Regiment, Unit Report No. 110, February 25–28, 1945, NARA; 2nd Battalion, 32nd Armored Regiment, After Action Report, February 1945, NARA.
30 2nd Battalion, 32nd Armored Regiment, After Action Report, February 1945, NARA.
31 Koechling, "Defensive Combat of the LXXXI. Armeekorps During the Period from 25 January 1945 to 13 April 1945," 24.
32 Lt. Fred Hadsel and T/3 William Henderson, *The Roer to the Rhine, 26 February to 6 March, 1945: Part III Notes on the Operation, 25 February—28 February 1945,* interview with Lt. Col. John Boles (XO), Task Force X, 3rd Armored Division, Königswinter, Germany, March 28, 1945, NARA; E-Company, 32nd Armored Regiment, Morning Reports, February 27–March 11, 1945, NARA; B-Company, 32nd Armored Regiment, Morning Report, February 28, 1945, NARA; 2nd Battalion, 32nd Armored Regiment, Journal & Log, "Annex B: Losses in Action," NARA.
33 Oda "Chuck" Miller, *Life & Death on a Tank Crew,* unpublished memoir, 1997, Army Heritage Center Foundation Collection.
34 "New U.S. Super Tank Bears Name of Gen. Pershing," *Daily Press* (Newport News, VA), 2.
35 Raymond Juilfs Individual Deceased Personnel File, Office of Human Resources Command, US Army, Fort Knox, KY; Robert Bower Individual Deceased Personnel File, Office of Human Resources Command, US Army, Fort Knox, KY; "Branning A Samuel," 3rd Armored Division Memorial Group, 36air-ad.com/names/serial/34982223 (accessed September 6, 2017); "8 Give Lives in War, 18 Wounded in Action," *St. Louis Post-Dispatch,* March 23, 1945; Fred A. Lee, 1943 Enlistment Record, NARA.

第十三章

1 E-Company, 32nd Armored Regiment, Morning Report, March 3, 1945, NARA.
2 2nd Battalion, 32nd Armored Regiment, After Action Report, March 1945, NARA.
3 Frank Woolner, "Drive on the Rhine," The Writings of Frank Woolner, 3ad.com/history/wwll/woolner.pages/drive.on .rhine .htm (accessed September 8, 2017).
4 "Officer Awarded Silver Star Posthumously," *San Bernardino County Sun,* October 14, 1945.

第十四章

1 George Bradshaw, *Bradshaw's Illustrated Hand-book for Belgium and the Rhine; and Portions of Rhenish Germany, Including Elsass and Lothringen (Alsace and Lorraine), with a Ten Days' Tour in Holland* (London: W. J. Adams & Sons, 1896), 149.
2 Steven Zaloga, *Operation Nordwind 1945: Hitler's Last Offensive in the West* (New York: Osprey, 2010), 13.
3 Steven Zaloga, *Panther vs. Sherman: Battle of the Bulge 1944* (New York: Osprey, 2008), 29; Michael

and Wervedruck, 1945; reprinted Nashville: Battery Press, 1980), 122.

6 Lt. Fred Hadsel and T/3 William Henderson, *The Roer to the Rhine, 26 February to 6 March, 1945*, interview with Lt. Col. C. L. Miller (CO), Maj. R. S. Lawry (XO), 2nd Battalion, 32nd Armored Regiment, 3rd Armored Division, Cologne, Germany, March 13, 1945, NARA.

7 William Hey Individual Deceased Personnel File, Office of Human Resources Command, US Army, Fort Knox, KY.

8 Isaac White, *United States vs. German Equipment* (Bennington, VT: Merriam Press, 2005), 5.

9 Robert Cameron, *Mobility, Shock, and Firepower: The Emergence of the U.S. Army's Armor Branch, 1917–1945* (Washington, DC: US Army Center of Military History, 2008), 464.

10 Hadsel and Henderson, interview with Miller and Lawry.

11 B-Company, 32nd Armored Regiment, Morning Report, February 28, 1945, NARA.

12 Hadsel and Henderson, interview with Miller and Lawry.

13 HQ, 1st Battalion, 36th Armored Infantry Regiment, Unit Report No. 110, February 25–28, 1945, NARA.

14 *Technical Manual E9–369A: German 88-mm Antiaircraft Gun Material* (Washington, DC: War Department, 1943), 87; Phil Zimmer, "WWII Weapons: The German 88mm Gun," Warfare History Network, warfarehistorynetwork.com/daily/wwii/wwii-weapons-the-german-88mm-gun/ (accessed August 14, 2017).

15 2nd Battalion, 32nd Armored Regiment, After Action Report, February 1945, NARA.

16 James Brown and Michael Green, *M4 Sherman at War* (St. Paul: Zenith, 2007), 92–93.

17 Aaron Elson, *Tanks for the Memories* (Hackensack, NJ: Chi Chi Press, 2001), 95.

18 Hadsel and Henderson, interview with Miller and Lawry.

19 HQ, 1st Battalion, 36th Armored Infantry Regiment, Unit Report No. 110, February 25–28, 1945, NARA; Friedrich Koechling, "Defensive Combat of the LXXXI. Armeekorps During the Period from 25 January 1945 to 13 April 1945," US Army Foreign Military Studies, B-576, April 10, 1947.

20 B-Company, 32nd Armored Regiment, Morning Report, December 31, 1944, NARA; E-Company, 32nd Armored Regiment, Morning Report, January 29, 1945, NARA.

21 Robert L. Bower, 1940 Draft Registration Card, NARA.

22 Frederick Karl, *Python Tales: World War II Memories of a Young Soldier* (Self-published, printed by CreateSpace, 2014), 68; Blaine Taylor, "M4 Sherman: 'Blunder' or 'Wonder' Weapon?" Warfare History Network, warfarehistorynetwork.com/daily/wwii/m4-sherman-blunder -or -wonder -weapon/ (accessed August 16, 2017).

23 Steven Zaloga, *Armored Thunderbolt* (Mechanicsburg, PA: Stackpole, 2008), 117–18.

24 "World War II Casualties: Sgt. Raymond W. Juilfs," Jones County Iowa Military, iowajones.org/military/WWII_Casualties_Juilfs _Raymond .htm (accessed September 1, 2017).

25 Robert Bower Individual Deceased Personnel File, Office of Human Resources Command, US Army, Fort Knox, KY.

10 "February 20, 1945, HQ Twelfth Army Group situation map," Army Group, 12th Engineer Section, and 1st Headquarters United States Army, loc.gov/item/2004631880 (accessed April 23, 2015).

11 Steven Zaloga, *Armored Thunderbolt* (Mechanicsburg, PA: Stackpole, 2008), 283–85.

12 E-Company, 32nd Armored Regiment, Morning Report, February 8, 1945, NARA.

13 "Chasing the Tiger," *Newsweek*, March 19, 1945; "New U.S. Super Tank Bears Name of Gen. Pershing," *Daily Press* (Newport News, VA), March 8, 1945.

14 Richard Hunnicutt, *Pershing: A History of the Medium Tank T20 Series* (Brattleboro, VT: Echo Point Books & Media, 2015), 13.

15 Wes Gallagher, "Gen. Pershing Tank Was Capable of Dealing with German Armor," *Harrisburg* (PA) *Telegraph*, May 16, 1945; Steven Zaloga, *Panther vs. Sherman: Battle of the Bulge 1944* (New York: Osprey, 2008), 11, 19; Hunnicutt, *Pershing*, 201; Steven Zaloga, *T-34–85 vs. M26 Pershing: Korea 1950* (New York: Osprey, 2010), 18.

16 "The Heavy Tank T26E3 Training Film F.B.-191," U.S. Army Signal Corps 1945, youtube.com/watch?v=XWF83bNq_LQ&t=101s (accessed August 31, 2017).

17 Frank Woolner, *Spearhead in the West: The 3rd Armored Division in WWII* (Frankfurt, Germany: Kunst and Wervedruck, 1945; reprinted Nashville: Battery Press, 1980), 56.

18 Marsh and Ossad, *Maurice Rose*, 231.

19 Woolner, *Spearhead in the West*, 3.

20 同上，3.

21 同上。

22 Marsh and Ossad, *Maurice Rose*, 231.

23 Hunnicutt, *Pershing*, 13.

24 *Armor-Piercing Ammunition for Gun, 90mm, M3* (Washington, DC: Office of the Chief of Ordnance, 1945), 12.

25 *90-mm Gun M3 Mounted in Combat Vehicles* (Washington, DC: War Department, 1944), 6.

26 Hunnicutt, *Pershing*, 117.

27 Michael Green and Gladys Green, *Panther: Germany's Quest for Combat Dominance* (New York: Osprey, 2012), 180.

28 Marsh and Ossad, *Maurice Rose*, 378–79.

第十二章

1 E-Company, 32nd Armored Regiment, Morning Report, February 28, 1945, NARA; B-Company, 32nd Armored Regiment, Morning Report, February 28, 1945, NARA.

2 Steven Zaloga, *Remagen 1945: Endgame Against the Third Reich* (New York: Osprey, 2006), 12.

3 2nd Battalion, 32nd Armored Regiment, After Action Report, February 1945, NARA.

4 Zaloga, *Remagen 1945*, 21.

5 Frank Woolner, *Spearhead in the West: The 3rd Armored Division in WWII* (Frankfurt, Germany: Kunst

13 Zaloga, *Panzer IV vs. Sherman,* 16.

14 Zaloga, *Armored Thunderbolt,* 33.

15 Thomas Anderson, Michael Green, and Frank Schulz, *German Tanks of World War II in Color* (Osceola, WI: MBI Publishing 291), 7.

16 Don Marsh and Steven Ossad, *Major General Maurice Rose: World War II's Greatest Forgotten Commander* (Lanham, MD: Taylor Trade, 2006), 279; Theodore Draper, *The 84th Infantry Division in the Battle of the Ardennes* (Historical Section, 84th Infantry Division, 1945), 25.

17 2nd Battalion, 32nd Armored Regiment, Journal & Log, January 7, 1945, NARA.

18 2nd Battalion, 32nd Armored Regiment, After Action Report, January 1945, NARA.

19 Schrijvers, *The Unknown Dead,* 357.

20 Beevor, *Ardennes 1944,* 366.

21 Aaron Elson, *Tanks for the Memories* (Hackensack, NJ: Chi Chi Press, 2001), 77.

22 Zaloga, *Panzer IV vs. Sherman*, 17.

23 Zaloga, *Armored Thunderbolt,* 329.

24 2nd Battalion, 32nd Armored Regiment, Journal & Log, January 7, 1945, NARA.

25 Frank Audiffred, letter to Lillian Zeringue, January 14, 1945.

26 Malcolm Marsh Jr., *Reflections of a World War II Infantryman* (Self-published, 2001), 57.

27 2nd Battalion, 32nd Armored Regiment, After Action Report, January 1945, NARA.

28 Schrijvers, *The Unknown Dead,* 357.

29 Beevor, *Ardennes 1944,* 176.

30 同上，343.

31 同上，345.

32 Schrijvers, *The Unknown Dead,* 219.

第十一章

1 E-Company, 32nd Armored Regiment, Morning Report, February 9, 1945, NARA.

2 Haynes Dugan et. al., *Third Armored Division: Spearhead in the West,* 2nd. ed. (Paducah, KY: Turner, 2001), 66.

3 Antony Beevor, *Ardennes 1944: Hitler's Last Gamble* (New York: Viking, 2015), 218.

4 Don Marsh and Steven Ossad, *Major General Maurice Rose: World War II's Greatest Forgotten Commander* (Lanham, MD: Taylor Trade, 2006), 378–79.

5 Ernest Leiser, "Shells Bounce Off Tigers, Veteran U.S. Tankmen Say," *Stars and Stripes,* February 23, 1945.

6 Beevor, *Ardennes 1944,* 27.

7 Frank Audiffred, letter to Lillian Zeringue, February 16, 1945.

8 E-Company, 32nd Armored Regiment, Morning Report, February 23, 1945, NARA.

9 Frank Audiffred, letter to Lillian Zeringue, February 23, 1945.

查克・米勒持續與羅斯的家人保持聯繫，並告訴他們每逢平安夜都會想起查理。

7 E-Company, 32nd Armored Regiment, Morning Report, November 27, 1944, NARA.

8 "Hey Memorial Rite Conducted," *Asbury Park* (NJ) *Evening Press*, March 15, 1945.

9 Frank Audiffred, letter to Lillian Zeringue, December 8, 1944.

10 Steven Zaloga, *Panther vs. Sherman*: *Battle of the Bulge 1944* (New York: Osprey, 2008), 28.

11 James Brown and Michael Green, *Tiger Tanks at War* (Minneapolis: Zenith Press, 2008), 19.

12 Marsh and Ossad, *Maurice Rose,* 278.

13 E-Company, 32nd Armored Regiment, Morning Report, December 26, 1944, NARA; 2nd Battalion, 32nd Armored Regiment, After Action Report, December 1944, NARA.

14 Schrijvers, *The Unknown Dead,* 248.

15 Frank Woolner, *Spearhead in the West: The 3rd Armored Division in WWII* (Frankfurt, Germany: Kunst and Wervedruck, 1945; reprinted Nashville: Battery Press, 1980), 114.

16 Lamont Ebbert and Gordon Ripkey, telephone interview by Peter Semanoff, April 2017.

17 Eric Hammel, *Air War Europa: America's Air War Against Germany in Europe and North Africa* (Pacifica, CA: Pacifica Press, 1994), 427.

18 "Bomber Command Campaign Diary: December 1944," National Archives, webarchive.nationalarchives.gov.uk/20070706054631/http://www.raf.mod.uk/bombercommand/dec44.html (accessed April 15, 2017).

19 Nigel Cawthorne, *Reaping the Whirlwind: The German and Japanese Experience of World War II* (Cincinnati: David & Charles, 2007), 91–92.

20 Donald Edwards, *A Private's Diary* (Self-published, 1994), 264.

第十章

1 G-3 Periodic Report No. 195, 3rd Armored Division, January 7, 1945, NARA.

2 E-Company, 32nd Armored Regiment, Morning Report, January 9, 1945, NARA.

3 E-Company, 32nd Armored Regiment, Morning Reports, January 2–9, 1945, NARA.

4 Frank Audiffred, letter to Lillian Zeringue, January 24, 1945.

5 Steven Smith, *2nd Armored Division "Hell on Wheels"* (Surrey, England: Ian Allan, 2003), 54.

6 Peter Schrijvers, *The Unknown Dead: Civilians in the Battle of the Bulge* (Lexington, KY: University Press of Kentucky, 2005), 324–25, 351.

7 Smith, *2nd Armored Division,* 54.

8 Antony Beevor, *Ardennes 1944: Hitler's Last Gamble* (New York: Viking, 2015), 358.

9 E-Company, 32nd Armored Regiment, Morning Report, January 6, 1945, NARA; Frank Audiffred, interviewed by Robert Makos, April 2016.

10 Steven Zaloga, *Armored Thunderbolt* (Mechanicsburg, PA: Stackpole, 2008), 116.

11 Steven Zaloga, *Panzer IV vs. Sherman*: *France 1944* (New York: Osprey, 2015), 16.

12 Zaloga, *Armored Thunderbolt,* 346.

18 Dick Goodie, "The Battle of the Bulge Remembered: View from My Snowfields," Battle of the Bulge Memories, battleofthebulgememories.be/stories26/32-battle-of-the-bulge-us-army/832-the-battle-of-the-bulge -remembered.html (accessed August 18, 2017).

19 E-Company, 32nd Armored Regiment, Morning Report, December 20, 1944, NARA.

20 同上。

第八章

1 Danny Parker, *Battle of the Bulge: Hitler's Ardennes Offensive, 1944–1945* (Cambridge, MA: Da Capo Press, 2004), 216.

2 "Battle of the Bulge Facts," Historynet, historynet.com/battle-of-the-bulge (accessed August 28, 2017).

3 Frederick Karl, *Python Tales: World War II Memories of a Young Soldier* (Self-published, printed by CreateSpace, 2014), 111.

4 Frank Woolner, *Spearhead in the West: The 3rd Armored Division in WWII* (Frankfurt, Germany: Kunst and Wervedruck, 1945; reprinted Nashville: Battery Press, 1980), 108–9.

5 E-Company, 32nd Armored Regiment, Morning Reports, December 20–24, 1944, NARA.

6 Peter Schrijvers, *The Unknown Dead: Civilians in the Battle of the Bulge* (Lexington, KY: University Press of Kentucky, 2005), xiii.

7 同上。

8 Woolner, *Spearhead in the West,* 53.

9 Steven Zaloga, *Armored Thunderbolt* (Mechanicsburg, PA: Stackpole, 2008), 231.

10 2nd Battalion, 32nd Armored Regiment, After Action Report, December 1944, NARA.

11 Schrijvers, *The Unknown Dead,* 247.

12 Don Marsh and Steven Ossad, *Major General Maurice Rose: World War II's Greatest Forgotten Commander* (Lanham, MD: Taylor Trade, 2006), 269.

13 Steven Zaloga, *Panther vs. Sherman: Battle of the Bulge 1944* (New York: Osprey, 2008), 24–25.

第九章

1 Antony Beevor, *Ardennes 1944: Hitler's Last Gamble* (New York: Viking, 2015), 259.

2 Don Marsh and Steven Ossad, *Major General Maurice Rose: World War II's Greatest Forgotten Commander* (Lanham, MD: Taylor Trade, 2006), 381.

3 Peter Schrijvers, *The Unknown Dead: Civilians in the Battle of the Bulge* (Lexington, KY: University Press of Kentucky, 2005), 247.

4 據第三十二裝甲團的日誌記載，該單位在十二月二十三日至二十四日之間的夜晚通過赫德雷的座標，但這跟老兵們的說法有出入；法蘭克．奧迪弗萊德記得該單位初次重返村莊的時間點為十二月二十四日的白天。當時他正在追擊敵戰車，但發現對方早已溜走了。

5 Schrijvers, *The Unknown Dead,* 247.

6 在高中的時候，查理．羅斯少尉最年輕的弟弟，約翰，回想起老師如何向他講述查理的故事。

10 Steven Zaloga, *Siegfried Line 1944–45: Battles on the German Frontier* (New York: Osprey, 2007), 17.
11 Frank Audiffred, letter to Lillian Zeringue, December 4, 1944.
12 Woolner, *Spearhead in the West,* 10.
13 同上，98.
14 Thomas Henry, "Masters of Slash and Surprise; 3rd Armored Division," *Saturday Evening Post,* October 19, 1946.
15 David Zabecki, ed., *World War II in Europe: An Encyclopedia* (New York: Routledge, 1999), 1254.
16 Antony Beevor, *Ardennes 1944: Hitler's Last Gamble* (New York: Viking, 2015), 16.
17 Woolner, *Spearhead in the West,* 98.
18 "Highpockets' " 1940 Draft Registration Card and 1942 Enlistment Record, NARA.
19 Woolner, *Spearhead in the West,* 101.

第七章

1 Frank Woolner, *Spearhead in the West: The 3rd Armored Division in WWII* (Frankfurt, Germany：Kunst and Wervedruck, 1945; reprinted Nashville: Battery Press, 1980), 103.
2 同上。
3 Derek Zumbro, *Battle for the Ruhr: The German Army's Final Defeat in the West* (Lawrence, KS: University Press of Kansas, 2006), 388.
4 "Obituary Record of Graduates of the Undergraduate Schools Deceased During the Year 1950–1951," *Bulletin of Yale University* 48, no. 1 (January 1, 1952).
5 "U.S. Army 1944 Firing Test No. 2," Wargaming, wargaming.info/1998/us-army-1944-firing-test-no2 (accessed June 15, 2017).
6 Ed Hoy, *From KP to Combat, Recollections of a WWII Topkick,* unpublished memoir.
7 E-Company, 32nd Armored Regiment, Morning Report, December 1944, NARA.
8 Wilson Heefner, *Dogface Soldier: The Life of General Lucian K. Truscott, Jr.* (Columbia, MO: University of Missouri Press, 2010), 330.
9 Woolner, *Spearhead in the West,* 103.
10 Antony Beevor, *Ardennes 1944: Hitler's Last Gamble* (New York: Viking, 2015), 105.
11 Woolner, *Spearhead in the West,* 108–9.
12 Jim Cullen, interviewed by Charles Corbin, video interview, 1995, vimeo.com/channels/ww2vets/4692409 (accessed August 17, 2017).
13 Peter Schrijvers, *The Unknown Dead: Civilians in the Battle of the Bulge* (Lexington, KY: University Press of Kentucky, 2005), xiv.
14 Beevor, *Ardennes 1944*, 120, 138.
15 同上，127, 164.
16 Steven Zaloga, *Armored Thunderbolt* (Mechanicsburg, PA: Stackpole, 2008), 222–24.
17 Beevor, *Ardennes 1944,* 366.

units/47AFA.html (accessed June 15, 2016).
23 Antony Beevor, *Ardennes 1944: Hitler's Last Gamble* (New York: Viking, 2015), 44.

第五章

1 Nicholas Moran, "US Army Anti-Armor Firing Tests of 1944," The Chieftain's Hatch, worldoftanks.com/en/news/chieftain/chieftains -hatch-us-guns-vs-german-armour-part-1/ (accessed June 10, 2017).
2 Ray Merriam, ed., *World War 2 in Review: German Fighting Vehicles No. 3* (Hoosick Falls, NY: Merriam Press, 2017), 25.
3 Christopher Miskimon, "Repurposing German Vehicles by Allied Troops," Warfare History Network, warfarehistorynetwork.com /daily/wwii/repurposing-german-vehicles-by-allied-troops/ (accessed August 7, 2017).
4 同上。
5 "Frank Bäke," WWII Forums, ww2f.com/threads/franz-b%C3%A4ke.21649/page-2 (accessed June 13, 2016).
6 Friedrich Bruns, *Panzerbrigade 106 Feldherrnhalle* (Celle, Germany: Eigenverlag, 1988), 49.
7 Vic Hillery and Emerson Hurley, *Paths of Armor: The Fifth Armored Division in World War II* (Nashville: Battery Press, 1986), 111.
8 Charles MacDonald, *The Siegfried Line Campaign* (Washington, DC: US Army Center of Military History, 1990), 3.
9 同上。
10 同上。

第六章

1 Weather description is based on period photos and B-Company, 32nd Armored Regiment, Morning Report, September 15, 1944, NARA.
2 Associated Press, "Third Armored Units Break Siegfried Line," *Tucson Daily Citizen*, October 4, 1944.
3 Haynes Dugan et al., *Third Armored Division: Spearhead in the West,* 2nd. ed. (Paducah, KY: Turner, 2001), 207.
4 E-Company, 32nd Armored Regiment, Morning Report, September 15, 1944, NARA.
5 Lt. Fred Hadsel, *Battle of Mons, 1–4 September, 1944*: *Summary Statement*, 2nd Information and Historical Service, VII Corps, Breinig, Germany, February 16, 1945, NARA.
6 Steven Zaloga, *Armored Thunderbolt* (Mechanicsburg, PA: Stackpole, 2008), 116.
7 同上，340.
8 Frank Woolner, *Spearhead in the West: The 3rd Armored Division in WWII* (Frankfurt, Germany: Kunst and Wervedruck, 1945; reprinted Nashville: Battery Press, 1980), 211.
9 Nigel Cawthorne, *Reaping the Whirlwind: The German and Japanese Experience of World War II* (Cincinnati: David & Charles, 2007), 75.

founded by Jacques Littlefield.

3 Steven Zaloga, *Panther vs. Sherman: Battle of the Bulge 1944* (New York: Osprey, 2008), 21.

4 同上。

5 同上。

第四章

1 Friedrich Bruns, *Panzerbrigade 106 Feldherrnhalle* (Celle, Germany: Eigenverlag, 1988), 159.

2 Bob Carruthers, *The Panther V in Combat: Guderian's Problem Child* (Barnsley, England: Pen & Sword, 2013), 26.

3 Zaloga, *Armored Thunderbolt,* 332.

4 Steven Zaloga, *Armored Thunderbolt* (Mechanicsburg, PA: Stackpole, 2008), 177–78; Michael Green and Gladys Green, *Panther: Germany's Quest for Combat Dominance* (New York: Osprey, 2012), 38, 209.

5 Bruns, *Panzerbrigade 106 Feldherrnhalle,* 56.

6 Christer Bergstrom, *The Ardennes, 1944–1945: Hitler's Winter Offensive* (Havertown, PA: Casemate, 2014), 431.

7 "Headquarters IX Tactical Air Command: Operation Summary #93 for Period 1100–1600 Hours," September 9, 1944, Air Force Historical Research Agency, Maxwell AFB, Alabama.

8 Steven Zaloga, *Panther vs. Sherman: Battle of the Bulge 1944* (New York: Osprey, 2008), 11.

9 Green and Green, *Panther,* 239.

10 同上。

11 United States Holocaust Memorial Museum, "Indoctrinating Youth," Holocaust Encyclopedia, ushmm.org/wlc/en/article .php?ModuleId=10007820 (accessed August 3, 2017).

12 Vic Hillery and Emerson Hurley, *Paths of Armor: The Fifth Armored Division in World War II* (Nashville: Battery Press, 1986), 111.

13 Zaloga, *Panther vs. Sherman*, 11.

14 同上，28.

15 Don Marsh and Steven Ossad, *Major General Maurice Rose: World War II's Greatest Forgotten Commander* (Lanham, MD: Taylor Trade, 2006), 382.

16 Green and Green, *Panther,* 59.

17 Hillery and Hurley, *Paths of Armor,* 110–11.

18 Zaloga, *Panther vs. Sherman*, 28.

19 C-Company, 34th Tank Battalion, Morning Report, September 9, 1944, NARA; "Combat History 47th. Armd. F.A. Bn., 5th Armd. Div., August 6, 1944–April 26, 1945," 5ad.org/units/47AFA.html (accessed June 15, 2016).

20 Gordon Rottman, *World War II Infantry Fire Support Tactics* (New York: Osprey, 2016).

21 Hillery and Hurley, *Paths of Armor,* 111.

22 "Combat History 47th Armd. F.A. Bn., 5th Armd. Div., August 6, 1944–April 26, 1945," 5ad.org/

15 Nicholas Moran, "US Army Anti-Armor Firing Tests of 1944," The Chieftain's Hatch, worldoftanks.com/en/news/chieftain/chieftains-hatch -us -guns-vs-german-armour-part-1 (accessed June 10, 2017).
16 Michael Green, *Images of War: Axis Tanks of the Second World War* (South Yorkshire, England: Pen & Sword Military, 2017), 61.
17 Zaloga, *Panzer IV vs. Sherman,* 4–5, 8, 20.

第二章

1 Steven Zaloga, *Panzer IV vs. Sherman*: *France 1944* (New York: Osprey, 2015), 17.
2 "Sherman I & IC (Typical for II) Outline," War Office Records 194/132, March 14, 1945, National Archives (UK).
3 Zaloga, *Panzer IV vs. Sherman,* 17.
4 Frank Woolner, *Spearhead in the West: The 3rd Armored Division in WWII* (Frankfurt, Germany: Kunst and Wervedruck, 1945; reprinted Nashville: Battery Press, 1980), 88.
5 Georges Licope, *La bataille dite de Mons, des 2, 3 et 4 septembre 1944* (Mons, Belgium: Musée de Guerre à Mons, 1973), 44–47.
6 Don Marsh and Steven Ossad, *Major General Maurice Rose: World War II's Greatest Forgotten Commander* (Lanham, MD: Taylor Trade, 2006), 227.
7 Woolner, *Spearhead in the West,* 86.
8 同上，209.
9 同上，87.
10 同上，86.
11 Marsh and Ossad, *Maurice Rose,* 230.
12 Lt. Fred Hadsel and T/3 William Henderson, *Battle of Mons, 1–4 September, 1944*, interviews with Maj. Jame Byron (S-3), Maj. Thomas Curlee (Assistant S-3), Capt. Charles Echerd (S-2), Capt. Robert Russell, 36th Armored Infantry Regiment, CCR 3rd Armored Division, Breinig, Germany, February 15, 1945, NARA.
13 Woolner, *Spearhead in the West,* 86.
14 Paul Faircloth Individual Deceased Personnel File, Office of Human Resources Command, US Army, Fort Knox, KY.
15 "Army Battle Casualties and Nonbattle Deaths: Final Report, 7 December 1941–31 December 1946," Statistical and Accounting Branch, Office of the Adjutant General, Washington, DC, June 1, 1953.
16 Steven Zaloga, *Armored Thunderbolt* (Mechanicsburg, PA: Stackpole, 2008), 342–43.

第三章

1 Timm Haasler, *Hold the Westwall: The History of Panzer Brigade 105* (Mechanicsburg, PA: Stackpole, 2008), 29.
2 Measurement and calculation by Bill Boller, president of the Military Vehicle Technology Foundation,

註　釋

前言

1 Frank Woolner, *Spearhead in the West: The 3rd Armored Division in WWII* (Frankfurt, Germany: Kunst and Wervedruck, 1945; reprinted Nashville: Battery Press, 1980), 10.
2 Philip DeRiggi, "My Brother John S. DeRiggi," 3rd AD Soldiers' Memoirs, 3ad.com/history/wwll/memoirs.pages/deriggi.htm (accessed September 2, 2017).
3 Omar Bradley, *A Soldier's Story* (New York: Modern Library, 1999), 226.
4 同上。
5 同上。

第一章

1 E-Company, 32nd Armored Regiment, Morning Report, September 3, 1944, National Archives and Records Administration (henceforth NARA).
2 同上。
3 Steven Zaloga, *Panzer IV vs. Sherman: France 1944* (New York: Osprey, 2015), 43.
4 Frank Woolner, *Spearhead in the West: The 3rd Armored Division in WWII* (Frankfurt, Germany: Kunst and Wervedruck, 1945; reprinted Nashville: Battery Press, 1980), 5.
5 Harold Denny, "U.S. Tank Division Honored as Heroic," *New York Times,* August 25, 1944.
6 German Fifteenth and Seventeenth Armies: Lt. Fred Hadsel and T/3 William Henderson, *Battle of Mons, 1–4 September, 1944,* 2nd Information and Historical Service, VII Corps, Breinig, Germany, February 16, 1945, NARA.
7 E-Company, 32nd Armored Regiment, Morning Report, September 3, 1944, NARA.
8 E-Company, 32nd Armored Regiment, Morning Report, August 25, 1944, NARA.
9 Woolner, *Spearhead in the West,* 86.
10 David Crossland, "World War II Bunkers Turn into Wildlife Haven," Spiegel Online, spiegel.de/international/germany/from -wehrmacht-to-wildcats-world-war-ii-bunkers-turn-into-wildlife-haven-a-507880.html (accessed August 1, 2017).
11 Lt. Fred Hadsel and T/3 William Henderson, *Battle of Mons, 1–4 September, 1944*, interview with Maj. W. K. Bailey, CCR 3rd Armored Division, Breinig, Germany, February 15, 1945, NARA.
12 James Brown and Michael Green, *M4 Sherman at War* (St. Paul: Zenith, 2007), 60–61.
13 同上，61.
14 Frank Woolner, "Texas Tanker," *Yank* 1, no. 16 (November 12, 1944).

48：Clarence Smoyer
49：Buck Marsh
50：National Archives via Darren Neely
51：Courtesy of ValorStudios.com
52：Chuck Miller
53：Clarence Smoyer
54：Chuck Miller
55：Chuck Miller
56：Craig Earley
57：Clarence Smoyer

地圖

地圖全由 Valor Studios, Inc. 的 Bryan Makos 所提供

11：National Archives
12：Clarence Smoyer
13：National Archives via Darren Neely
14：National Archives via Steven Zaloga
15：Clarence Smoyer
16：Clarence Smoyer
17：Chuck Miller
18：Chuck Miller
19：Clarence Smoyer
20：Chuck Miller
21：Clarence Smoyer
22：National Archives
23：National Archives via Darren Neely
24：National Archives
25：National Archives
26：National Archives
27：The Esser Family
28：The Esser Family
29：National Archives
30：Photograph by Jim Bates, courtesy of Special Collections, Pikes Peak Library District, 161–3326
31：National Archives
32：National Archives
33：National Archives
34：National Archives
35（三圖）：National Archives
36：National Archives via Darren Neely
37：U.S. Army photo by William B. Allen, courtesy of Dave Allen and Darren Neely
38：U.S. Army photo by William B. Allen, courtesy of Dave Allen and Darren Neely
39：National Archives via Darren Neely
40：Courtesy of ValorStudios.com
41：U.S. Army photo by William B. Allen, courtesy of Dave Allen and Darren Neely
42：National Archives
43：Photograph by Jim Bates, courtesy of Special Collections, Pikes Peak Library District, 161–3307
44：Photograph by Jim Bates, courtesy of Special Collections, Pikes Peak Library District, 161–3314
45：Photograph by Jim Bates, courtesy of Special Collections, Pikes Peak Library District, 161–3328.
46：Buck Marsh
47：Steven Zaloga

圖片來源

內文

頁 13、16、87、119、394：Clarence Smoyer

頁 15、40：Steven Zaloga

頁 23、71、153、199、218、228、246、255、258、270、397：National Archives

頁 39：Gustav Schaefer

頁 69：Craig Earley

頁 84：Luke Salisbury

頁 98：Thomas A. Rose Family Archive

頁 106、217：Chuck Miller

頁 108、163：National Archives, courtesy of Carol Westberg

頁 109、143、168、259：Photograph by Jim Bates. Courtesy of Special Collections, Pikes Peak Library District, 161-3328, 161-3311, 161-3327, 161-3331-1, and 161-3331-2

頁 129、212、221：Buck Marsh

頁 141、378：National Archives, courtesy of Darren Neely

頁 161：Frank Audiffred

頁 179：U.S. Army

頁 244：The Esser Family

頁 292：Chuck Miller via Jim Miller

頁 430-431：Valor Studios

插圖頁

01：National Archives via Darren Neely

02：National Archives via Steven Zaloga

03：Steven Zaloga

04：Steven Zaloga

05：National Archives via Darren Neely

06：National Archives

07：Frank Audiffred

08：Clarence Smoyer

09：Photograph by Jim Bates, courtesy of Special Collections, Pikes Peak Library District, 161–8919

10：Frank Audiffred

裝甲先鋒：美國戰車兵從突出部、科隆到魯爾的作戰經歷

SPEARHEAD: An American Tank Gunner, His Enemy, and a Collision of Lives in World War II

作者　亞當・馬科斯（Adam Makos）
譯者　李思平
主編　區肇威（查理）
封面設計　倪旻鋒
內頁排版　宸遠彩藝

出版　燎原出版／遠足文化事業股份有限公司
發行　遠足文化事業股份有限公司（讀書共和國出版集團）
地址　新北市新店區民權路 108-2 號 9 樓
電話　02-22181417
信箱　sparkspub@gmail.com
法律顧問　華洋法律事務所／蘇文生律師
印刷　博客斯彩藝有限公司
出版　二〇二三年八月／初版一刷
　　電子書二〇二三年八月／初版

定價／七五〇元

讀者服務

ISBN　9786269720392（平裝）
　　9786269762507（EPUB）
　　9786269762514（PDF）

裝甲先鋒：美國戰車兵從突出部、科隆到魯爾的作戰經歷 / 亞當 . 馬科斯 (Adam Makos) 作 ; 李思平譯 . -- 初版 . -- 新北市 : 遠足文化事業股份有限公司燎原出版 , 2023.08
504 面 ; 17×22 公分

譯自 : Spearhead : an American tank gunner, his enemy, and a collision of lives in World War II

ISBN 978-626-97203-9-2 (平裝)

1. 史墨爾 (Smoyer, Clarence, 1923-)　2. 第二次世界大戰
3. 戰史　4. 裝甲兵　5. 傳記　6. 美國

592.9154　　112011642